网络是怎样连接的

TURING

图灵程序设计丛书

[日] 户根勤 / 著　周自恒 / 译

How Networks Work

人民邮电出版社
北　京

图书在版编目（CIP）数据

网络是怎样连接的 /（日）户根勤著；周自恒译
.-- 北京：人民邮电出版社，2017.1
（图灵程序设计丛书）
ISBN 978-7-115-44124-9

Ⅰ.①网… Ⅱ.①户… ②周… Ⅲ.①计算机网络－连接技术 Ⅳ.①TP393

中国版本图书馆CIP数据核字（2016）第283424号

内 容 提 要

本书以探索之旅的形式，从在浏览器中输入网址开始，一路追踪了到显示出网页的内容为止的整个过程，以图配文，讲解了网络的全貌，并重点介绍了实际的网络设备和软件是如何工作的。目的是帮助读者理解网络的本质意义，理解实际的设备和软件，进而熟练运用网络技术。同时，专设了“网络术语其实很简单”专栏，以对话的形式介绍了一些网络术语的词源，颇为生动有趣。

本书图文并茂，通俗易懂，非常适合计算机、网络爱好者及相关从业人员阅读。

◆ 著　［日］户根勤
　译　周自恒
　责任编辑　傅志红
　执行编辑　高宇涵　侯秀娟
　责任印制　彭志环
◆ 人民邮电出版社出版发行　北京市丰台区成寿寺路11号
　邮编　100164　电子邮件　315@ptpress.com.cn
　网址　https://www.ptpress.com.cn
　北京鑫丰华彩印有限公司印刷
◆ 开本：880×1230　1/32
　印张：11.25　2017年1月第1版
　字数：333千字　2025年3月北京第59次印刷
著作权合同登记号　图字：01-2016-0667号

定价：69.80元

读者服务热线：(010)84084456-6009　印装质量热线：(010)81055316
反盗版热线：(010)81055315

推荐序

两个月前就听说花卷[①]在翻译一本网络书。作为技术圈的活跃分子，我自然是要第一时间讨来看的。

样书寄来时我正因为感冒而昏昏欲睡，没想到翻了十来页，人顿时就清醒过来了——这不正是我想象中一本网络科普书该有的样子吗？从浏览器输入网址开始，引入了 HTTP 消息；由于消息要交给服务器，所以用 DNS 来解析其域名；消息到达服务器之前需要传输，就要懂得 TCP 和路由交换……环环相扣，如流水般自然，结构上完全顺应了人类的思维习惯。传统的网络教材我也读过不少，基本上是以五层（老书甚至有七层）网络模型来划分章节，然后再一板一眼地讲解概念，结构上完全不同。

接下来我又花了两天时间，把全书读完了（我看书速度向来很快，请勿模仿）。越读越觉得作者户根勤是个全栈工程师，从软件到硬件，从服务器到交换机，似乎每一方面都在行，很好奇他究竟换过多少工作。我认识的技术人员中，知识面这么广的几乎没有，比如第 4 章的大部分内容就是我从未涉猎的。跟很多日本作者一样，他的表达风格也是细致周全，所以不用担心阅读压力。毫不夸张地说，读懂了这本书，你就理解了网络世界的全貌。这一点对初学者尤为重要，因为想要在学习中触类旁通，前提就是知识面到位。

对于引进型书籍，读者们最担忧的其实还是翻译质量，我也曾经因为拒绝翻译腔而只读原版。不过花卷的语言能力一向让人放心，我几年前买了他译的一本《30 天自制操作系统》就知道了。这些年来他翻译的技术书有十册了吧？假如不看作者名字，我甚至都看不出这些书是外文翻译而来的。花卷的技术功底对我来说也是个谜，我看过他关于操作系统的书，和他探讨过不同类型的 VPN 如何架设，有一天我 Google 搜索固态硬盘的工

① 指本书译者周自恒，其在新浪微博上的昵称为 @ 馒头家的花卷。

——编者注

作原理，搜到的一篇科普文章竟然也是他写的。也就是如此深不可测的译者，才能驾驭覆盖面这么广的书吧。

当然了，一本书不可能兼顾广度和深度，否则篇幅就太大了。指望这本书深挖难点，甚至分析具体的问题，也是不现实的。假如想学得再深一点，我建议自己多做一些实验（其实对于任何技术书都一样）。比如书中第 176 页讲到的地址转换，我们完全可以在家里配置一下试试。又比如书里第 79 页讲到了用 ACK 来确认网络包，我们可以装个 Wireshark，然后抓些包来看看 ACK 究竟是什么样的。在配置或者分析网络包的过程中，你很可能会遇到问题并解决它，这样就能理解得更深入了。

最后祝大家跟我一样，从这本书中学有所获。

林沛满

2016 年 11 月

译者序

很多人说现在是“互联网时代”，我们身边出现了好多“互联网公司”，互联网已经成为我们日常生活中的一部分了。

互联网其实是个非常复杂的玩意儿。我们每天都在上网，网络正常的时候大家都觉得“上网嘛，不就这么简单”。可是一旦出了问题，上不去了，你就会发现要想把问题找出来并解决真不是一件容易的事。这次是这里出问题，下次是另一个地方出问题，能出问题的环节太多了，这就说明网络真的很复杂。

我上高中的时候，曾经有同学来找我帮忙，说家里电脑上不了网了。我跑到他家里一看，网页确实怎么都打不开，但奇怪的是 QQ 居然能上，而且还能正常跟人聊天。当时的搜索引擎还没有这么强大，这个问题让我很是困扰。忽然我发现他电脑上 TCP/IP 设置中没有使用自动分配的 DNS 服务器，而且他自行设定的 DNS 服务器地址是错误的，改回自动配置 DNS 之后，故障就解决了。可是为什么 DNS 不对，QQ 却可以正常上呢？后来我才知道，因为 QQ 是直接使用 IP 地址来连接服务器的，所以即便 DNS 失效，它依然可以“屹立不倒”，以至于现在有很多人把 QQ 当成一个排查 DNS 问题的“参照物”。

上面这个例子现在看起来其实非常小儿科，不过这也恰恰说明了网络很复杂，你看我只是上个网而已，怎么又冒出来一个 DNS 呢？即便到了现在，要跟周围不大懂网络的朋友解释什么叫 DNS，也得花上点功夫才行。

其实，不说 DNS，就说家里上网用的那个路由器，也不是什么省油的灯。很多人又要说了，我把电脑插到路由器上就能上网了，这又有什么复杂的嘛？那么我再讲个故事吧。有一次公司网络要改造，换了一台用 RouterOS 系统的网关。RouterOS 这个系统，识货的人都知道，它的性能非常棒，灵活性也非常高，但是你要对网络特别了解才能玩得转。网关装上去之后，我想咱们先做个最简单的配置吧，就跟家里路由器一样，电脑插上去能上外网就行了。

然而，真配起来才发现，想要手动实现家里路由器的那些功能还真没那么容易。首先，接在路由器上的电脑需要彼此能够通信，这需要配置一个基本的交换机功能。其次，接在路由器上的电脑要自动获取 IP 地址等配置，这需要配置一个 DHCP 服务器。然后，连接外网的端口需要单独配置它的 IP 地址等参数，或者配置 PPP 连接，还得配置相应的路由表。到这里还不算完，因为内网的电脑要访问外网，还得配置好网络地址转换（NAT）！想要上个网还真挺复杂的是不是？你觉得简单是因为你家的路由器帮你把这些功能都集成好了而已。

如果上面这一段让你看得有点晕，那么这本书就是为你准备的。上面提到的这些东西，本书中都有深入浅出的介绍。我读过很多计算机网络方面的书，但也正是因为网络太复杂了，这些书一般都只讲其中的一个协议（比如 HTTP），或者是一个局部的技术（比如网络设备的部署），很少有像这本书一样，从一个常见的场景切入，把整个网络的全貌如此清晰地展现出来。用本书作者的话说就是：不理解网络的全貌，也就无法理解每一种网络技术背后的本质意义。

如果你经常和网络技术打交道，特别是从事网络分析工作的话，这本书可以作为深入学习具体技术的前置读本或者补充读物。因为当你纵览全局之后，在学习具体技术时遇到的一些问题自然也就迎刃而解了。此外，我在这里还想友情安利两本林沛满老师写的关于 Wireshark 网络分析的书：《Wireshark 网络分析就这么简单》和《Wireshark 网络分析的艺术》。我觉得这本书的内容和林老师的两本书配合得非常好，毕竟网络分析涉及网络的方方面面，如果能对网络有一个全面的了解是很有帮助的。

最后感谢图灵教育各位编辑的努力，也希望各位读者能够借这本书发现一个不一样的网络世界。

周自恒

2016 年 10 月于天津

前言

本书是介绍网络技术的图书——《网络是怎样连接的》的第 2 版。和上一版一样，本书具备一些同类图书所没有的特色。

首先，本书讲解了网络的全貌。即便不提互联网（Internet），大家也都知道网络是一个巨大而复杂的系统，因此用一本书的篇幅涵盖所有的知识是不可能的。不过，我们可以开启探索之旅，从在浏览器中输入网址（比如 http://www.nikkeibp.co.jp/）开始，一路追踪到显示出网页内容为止的整个过程，这样就能够用一本书的篇幅讲清楚网络的全貌了。之所以要控制在一本书的篇幅，是因为：如果只是讲解 TCP/IP、以太网这些单独的技术，读者就无法理解网络这个系统的全貌；如果无法理解网络的全貌，也就无法理解每一种网络技术背后的本质意义；而如果无法理解其本质意义，就只能停留在死记硬背的程度，无法做到实际应用。为了避免这一点，即便一本书的篇幅只能介绍有限的一些场景，我们也依然可以涵盖网络系统的全貌。

其次，本书重点介绍了实际的网络设备和软件是如何工作的。TCP/IP、以太网等技术，可以理解为规定网络设备和软件如何工作的一种规则。尽管理解这些规则很重要，但仅仅学习这些规则是无法看到设备和软件的内部构造的。这是因为，为了减少设备生产和软件开发上的制约，网络中的规则将设备和软件的内部构造看作一个黑箱，只从外部视角规定了这些设备和软件的工作方式。而且，实际的设备和软件中还包含很多规则中所没有规定的要素。要想熟练运用网络技术，理解实际的设备和软件是非常重要的，但这一点单靠学习规则本身是无法做到的。考虑到上述原因，本书将重点介绍设备和软件的内部工作方式。

正是因为本书的上述特色受到了读者的好评（至少笔者是这样认为的），第 1 版的销量远远超出了笔者的预期。这是一件值得高兴的事，但也暴露出一些问题。因为读者群之广，远远超过了当初设想的范围。要理解实际设备和软件的工作方式，需要一定程度的基础知识，而第 1 版中对这些内容的讲解并不充分。因此，在第 2 版的编写中，笔者将这部分内容作为重点，全面修订了讲解的内容，大幅增加了对于基础知识的介绍。结果，这本书的篇幅比第 1 版增加了将近 100 页，这也充分体现了此次修订的成果。本书内容繁多，这里对各位读者的耐心表示感谢。

户根勤

2007 年 3 月

本书的结构

探索之旅指南

从在浏览器中输入网址，到屏幕上显示出网页的内容，在这个只有几秒钟的过程中，很多硬件和软件都在各自的岗位上相互配合完成了一系列的工作。本书将以探索之旅的形式，带领大家探索这一系列工作中的每一个环节。每个单独的环节都并不复杂，只要仔细阅读就一定能够理解。不过，探索之旅中出现的硬件和软件数量庞大，如果仅从微观的视角关注每一个单独的点，可能就会因为看不到整体而迷失了方向。因此，在真正出发开始探索之前，我们先来对这次探索之旅作个简单的介绍。下面的介绍中还包含一张探索之旅的路线图，万一在旅途中迷失了方向，请大家务必回来看一看这张地图。

网络的全貌

让我们先来看一下浏览器访问 Web 服务器这一过程的全貌。访问 Web 服务器并显示网页这一过程包含了浏览器和 Web 服务器之间的一系列交互，主要是下面这样的交互。

(1) 浏览器："请给我 ××× 网页的数据。"
(2) Web 服务器："好的，这就是你要的数据。"

在这一系列交互完成后，浏览器就会将从 Web 服务器接收到的数据显示在屏幕上。虽然显示网页这个过程非常复杂，但浏览器和服务器之间通过网络进行的交互却出乎意料地简单。我们在网上商城购物时输入商品名称和收货地址并发送给 Web 服务器的操作其实也差不多，如下。

(1) 浏览器："请处理这些订单数据。"
(2) Web 服务器："好的，订单数据已收到。"

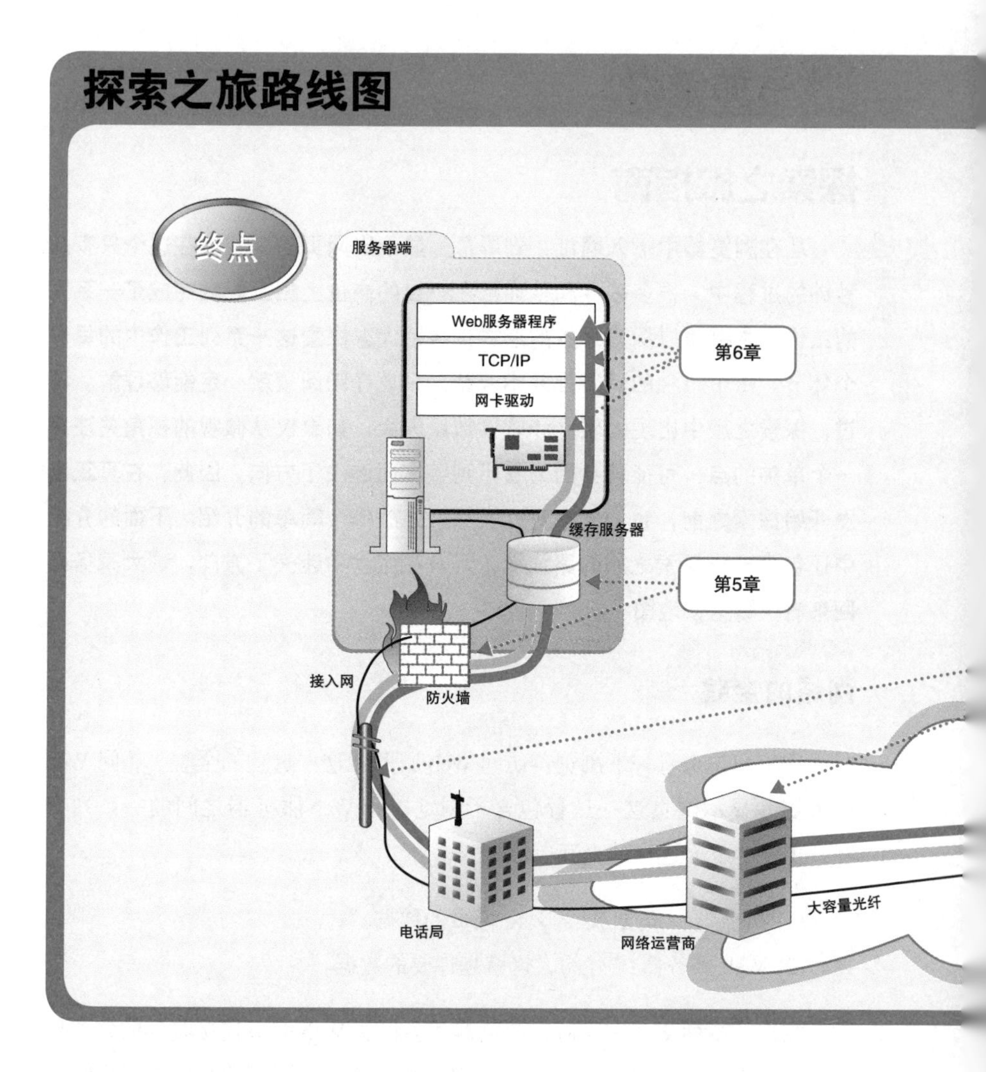

虽然 Web 服务器在收到订单数据之后和销售系统一起对订单进行实际处理的操作很复杂，但其实浏览器和 Web 服务器之间的交互却很简单，概括如下。

(1) 浏览器向 Web 服务器发送请求。

(2) Web 服务器根据请求向浏览器发送响应。

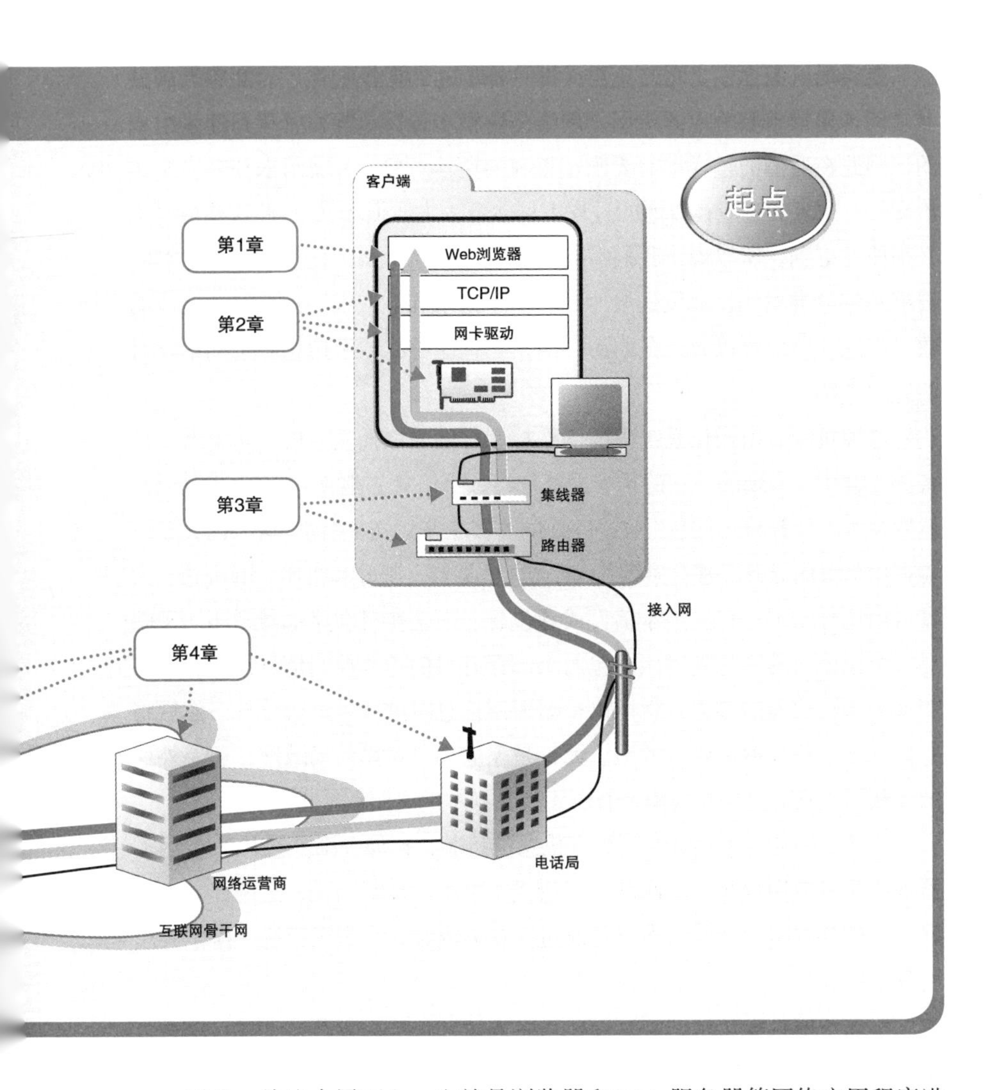

因此，从这个层面上，也就是浏览器和 Web 服务器等网络应用程序进行交互的层面上来看，其工作方式应该还是比较容易理解的。这个层面上的交互和人类之间的对话非常相似，从这一点来说也更加容易理解[①]。

---

① 尽管思路很简单，但实际编写这些应用程序并不容易，需要事无巨细地设计好所有的功能，还要编写大量的代码才能完成。

要实现应用程序之间的交互，我们需要一个能够在浏览器和 Web 服务器之间传递请求和响应的机制。网络是由很多计算机等设备相互连接组成的，因此在通信的过程中需要确定正确的通信对象，并将请求和响应发送给它们。请求和响应在传递的过程中可能会丢失或损坏①，因此这些情况也必须要考虑到。所以说，我们需要一种机制，无论遇到任何情况都能够将请求和响应准确无误地发送给对方。由于请求和响应都是由 0 和 1 组成的数字信息，所以可以说，我们需要的是一种能够将数字信息搬运到指定目的地的机制。

这种机制是由操作系统中的网络控制软件，以及交换机、路由器等设备分工合作来实现的，它的基本思路是将数字信息分割成一个一个的小块，然后装入一些被称为“包”（Packet）的容器中来运送。“包”这个词大家可能在用手机的时候经常会碰到②，但在这里类似于邮政和快递中的概念。大家可以这样理解：包相当于信件或者包裹，而交换机和路由器则相当于邮局或快递公司的分拣处理区。包的头部存有目的地等控制信息，通过许多交换机和路由器的接力，就可以根据控制信息对这些包进行分拣，然后将它们一步一步地搬运到目的地。无论是家庭和公司里的局域网，还是外面的互联网，它们只是在规模上有所不同，基本的机制都是相同的。

前面介绍的这个负责搬运数字信息的机制，再加上浏览器和 Web 服务器这些网络应用程序，这两部分就组成了网络。也就是说，这两部分组合起来，就是网络的全貌。本书将通过 6 章的内容，带领大家逐一探索其中的各个环节。

第 1 章 Web浏览器

我们将首先探索浏览器的工作方式。大家可以认为我们的探索之旅是

① 请求和响应的本质都是电信号和光信号，这些信号可能会因受到杂音等的干扰而损坏。

② 在日语中，Packet 一词在手机中指的是“移动数据流量”，这个词来自最早的移动数据网络 GPRS（General Packet Radio Service）中的 P。——译者注

从在浏览器中输入网址（URL）开始的。例如，当我们输入下面这样的网址时，浏览器就会按照一定的规则去分析这个网址的含义，然后根据其含义生成请求消息。

http://www.lab.glasscom.com/sample1.html

在上面这个例子中，浏览器生成的请求消息表示“请给我 sample1.html 这一文件中储存的网页数据”，接着浏览器会将请求消息发送给 Web 服务器。

当然，浏览器并不会亲自负责数据的传送。传送消息是搬运数字信息的机制负责的工作，因此浏览器会委托它将数据发送出去。具体来说，就是委托操作系统中的网络控制软件将消息发送给服务器。第 1 章中，我们会探索到浏览器将数据委托出去为止。

第 2 章 协议栈、网卡

第 2 章我们将探索搬运数据的机制。其中最先出场的是协议栈（网络控制软件叫作协议栈）。这个软件会将从浏览器接收到的消息打包，然后加上目的地址等控制信息。如果拿邮局来比喻，就是把信装进信封，然后在信封上写上收信人的地址。这个软件还有其他一些功能，例如当发生通信错误时重新发送包，或者调节数据发送的速率等，或许我们可以把它当作一位帮我们寄信的小秘书。

接下来，协议栈会将包交给网卡（负责以太网或无线网络通信的硬件）。然后，网卡会将包转换为电信号并通过网线发送出去。这样一来，包就进入到网络之中了。

第 3 章 集线器、交换机、路由器

接下来出场的物品会根据接入互联网的形式不同而不同。客户端计算机可以通过家庭或公司的局域网接入互联网，也可以单独直接接入互联网。

很遗憾，我们的探索之旅无法涵盖所有这些可能性，因此只能以现在最典型的场景为例，假设客户端计算机是连接到家庭或公司的局域网中，然后再通过 ADSL 和光纤到户（FTTH）等宽带线路接入互联网。

在这样的场景中，网卡发送的包会经过交换机等设备，到达用来接入互联网的路由器。路由器的后面就是互联网，网络运营商会负责将包送到目的地，就好像我们把信投到邮筒中之后，邮递员会负责把信送给收件人一样。

第4章 接入网、网络运营商

接下来，数据从用来接入互联网的路由器出发，进入了互联网的内部。互联网的入口线路称为接入网。一般来说，我们可以用电话线、ISDN、ADSL、有线电视、光纤、专线等多种通信线路来接入互联网，这些通信线路统称为接入网。接入网连接到签约的网络运营商，并接入被称为接入点（Point of Presence，PoP）的设备。

接入点的实体是一台专为运营商设计的路由器，我们可以把它理解为离你家最近的邮局。从各个邮筒中收集来的信件会在邮局进行分拣，然后被送往全国甚至全世界，互联网也是一样，网络包首先通过接入网被发送到接入点，然后再从这里被发送到全国甚至全世界。接入点的后面就是互联网的骨干部分了。

在骨干网中存在很多运营商和大量的路由器，这些路由器相互连接，组成一张巨大的网，而我们的网络包就在其中经过若干路由器的接力，最终被发送到目标 Web 服务器上。其中的具体细节我们会在正文中进行讲解，但其实它的基本原理和家庭、公司中的路由器是相同的。也就是说，无论是在互联网中，还是在家庭、公司的局域网中，包都是以相同的方式传输的，这也是互联网的一大特征。

不过，运营商使用的路由器可跟我们家用的小型路由器不一样，它是一种可以连接几十根网线的高速大型路由器。在互联网的骨干部分，存在着大量的这种路由器，它们之间以复杂的形式连接起来，而网络包就在这些路由器之间穿行。

此外，路由器不但在规模上存在差异，在路由器间的连接方式上也存在差异。家庭和公司局域网中一般采用以太网线进行连接，而互联网中除了以太网线连接之外，还会使用比较古老的电话技术和最新的光通信技术来传送网络包。这一部分所使用的技术是当今网络中最热门的部分，可以说是最尖端技术的结晶。

防火墙、缓存服务器

通过骨干网之后，网络包最终到达了 Web 服务器所在的局域网中。接着，它会遇到防火墙，防火墙会对进入的包进行检查。大家可以把防火墙想象成门口的保安，他会检查所有进入的包，看看有没有危险的包混在里面。检查完之后，网络包接下来可能还会遇到缓存服务器。网页数据中有一部分是可以重复利用的，这些可以重复利用的数据就被保存在缓存服务器中。如果要访问的网页数据正好在缓存服务器中能够找到，那么就可以不用劳烦 Web 服务器，直接从缓存服务器读出数据。此外，在大型网站中，可能还会配备将消息分布到多台 Web 服务器上的负载均衡器，还有可能会使用通过分布在整个互联网中的缓存服务器来分发内容的服务。经过这些机制之后，网络包才会到达 Web 服务器。

Web服务器

当网络包到达 Web 服务器后，数据会被解包并还原为原始的请求消息，然后交给 Web 服务器程序。和客户端一样，这个操作也是由操作系统中的协议栈（网络控制软件）来完成的。接下来，Web 服务器程序分析请求消息的含义，并按照其中的指示将数据装入响应消息中，然后发回给客户端。响应消息回到客户端的过程和之前我们介绍的过程正好相反。

当响应到达客户端之后，浏览器会从中读取出网页的数据并在屏幕上显示出来。到这里，访问 Web 服务器的一系列操作就全部完成了，我们的探索之旅也到达了终点。

网络是怎样连接的

——本书中涉及的主要关键词

第1章　浏览器生成消息

浏览器、Web服务器、网址（URL）、HTTP、HTML、协议、URI、请求消息、解析器、Socket库、DNS服务器、域名

第2章　用电信号传输TCP/IP数据

TCP/IP、套接字、协议栈、IP地址、端口号、包、头部、网卡、网卡驱动、MAC地址、以太网控制器、ICMP、UDP

第3章　从网线到网络设备

局域网（LAN）、双绞线、串扰、中继式集线器、MDI、MDI-X、交换式集线器、全双工、半双工、碰撞、自动协商、路由器、路由表、子网掩码、默认网关、分片、地址转换、公有地址、私有地址

通过阅读本书，大家可以了解从在浏览器中输入网址到显示出网页内容这一过程中的具体原理。

第4章 通过接入网进入互联网内部

ADSL、FTTH、光纤、接入网、
ADSL Modem集成式路由器、ATM、信元、
正交振幅调制、分离器、DSLAM、
宽带接入服务器、远程接入服务器、PPP、
网络运行中心（NOC）、光纤、
IX（Internet eXchange，互联网交换）

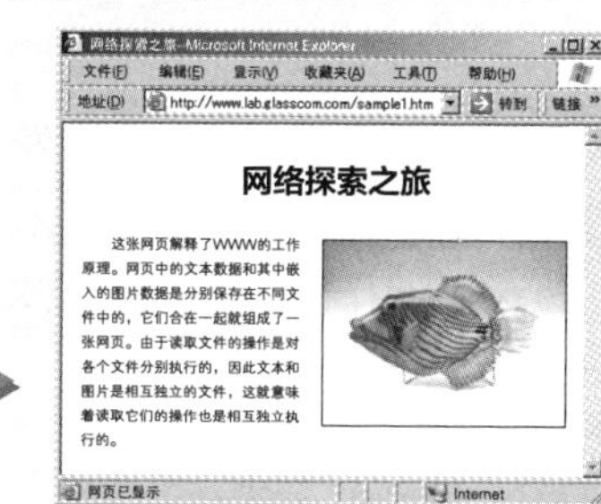

第5章 服务器端的局域网中有什么玄机

防火墙、包过滤、数据中心、轮询、负载均衡器、
缓存服务器、代理、代理服务器、内容分发服务、
重定向

第6章 请求到达Web服务器，响应返回浏览器

响应消息、多任务、多线程、虚拟目录、CGI、
表单、访问控制、密码、数据格式、MIME

各章的结构

各章的内容分为热身问答、探索之旅的看点、正文、小测验几个部分，还有若干个专栏。

●热身问答

在各章的开头有一些简单的热身题，都是判断对错的题目，大家一定要试试看。

●探索之旅的看点

探索之旅的看点总结了正文将要介绍的主题，可以以此来了解该章的梗概。

●正文

熟悉了看点之后就该正式出发了。在这一部分，我们将邀请经验丰富的导游来进行讲解，相信即便是不具备任何网络知识的读者也能够想象出现实中网络的样子。请大家静下心来，慢慢欣赏。

●小测验

这是一些和正文内容相关的测试题，大家可以用这些题目来确认自己的理解程度。答案位于下一页中的专栏的最后。

●专栏“网络术语其实很简单”

在专栏中，探索队长和探索队员会以对话的形式介绍一些网络术语的词源。这些术语大家平时可能感觉很难，但通过了解它们的词源，就能够理解其本质含义。读完这部分会让你觉得这些术语变得亲切了。

●关于插图

在画图时，一般来说箭头都是从左到右绘制的，但本书则正好相反，是从右到左绘制的，这是为了和介绍包格式的图以及介绍信号波形的图的位置关系保持一致。箭头的方向和一般的习惯相反，这一点希望大家理解。

目录

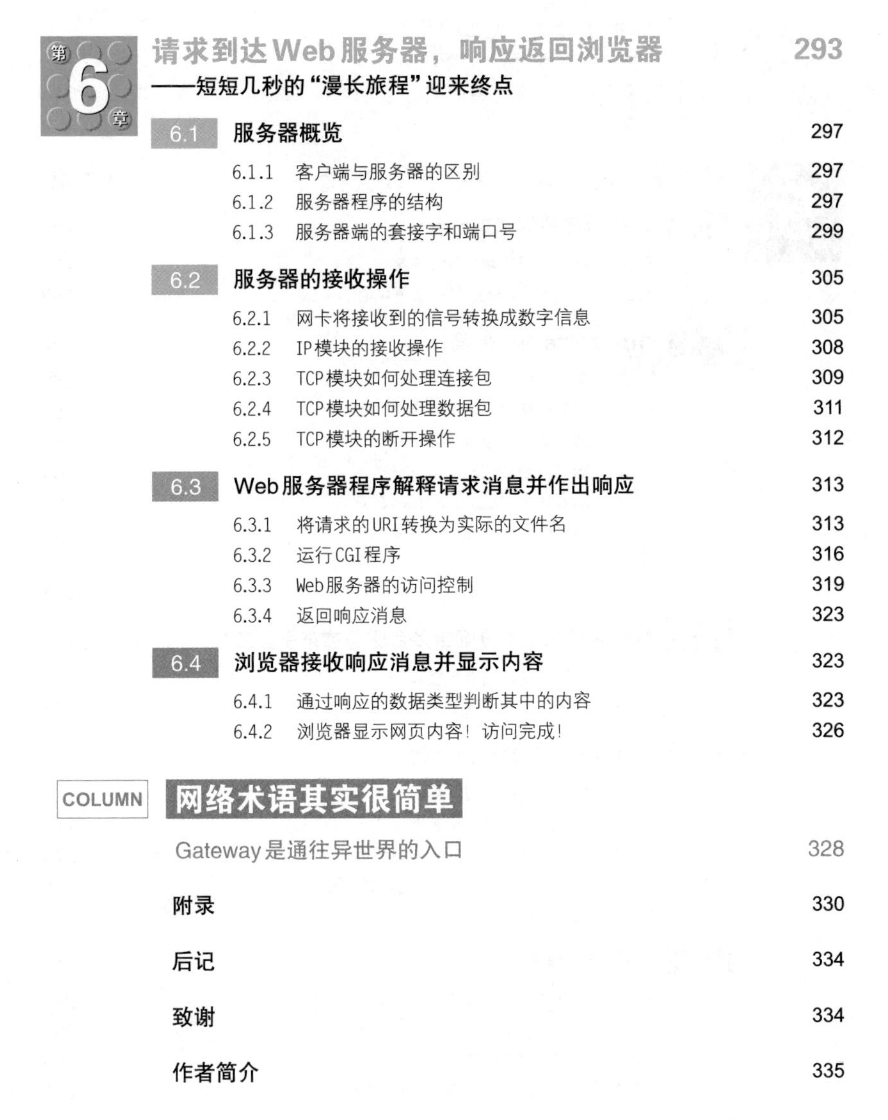

第 1 章

浏览器生成消息

——探索浏览器内部

热身问答

在开始探索之旅之前，我们准备了一些和本章内容有关的小题目，请大家先试试看。

这些题目是否答得出来并不影响接下来的探索之旅，因此请大家放轻松。

下列说法是正确的（√）还是错误的（×）？

1. http://www.nikkeibp.co.jp/ 中的 www 代表 World Wide Web 协议（对通信操作规则所作的定义）。
2. 个人也可以申请注册互联网中的域名。
3. 浏览器等网络应用程序实际上并不具备网络控制功能。

答案

1. ×。http://www.nikkeibp.co.jp/ 中的 www 只是 Web 服务器上的一种命名。而且，World Wide Web 也不是一个协议的名字，而是 Web 的提出者最早开发的浏览器兼 HTML 编辑器的名字。
2. √。如果是“.com”“.net”“.org”“.jp”（除“co.jp”“ne.jp”等“xx.jp”格式的域名外）[①] 等没有对注册对象范围进行限制的域名，任何个人都可以申请注册。此外，也有一种“.name”域名是专门为个人申请者准备的。
3. √。应用程序并不是自己去控制网络，而是委托操作系统来控制网络。

① 在中国，个人可以申请“.cn”域名，包括“.com.cn”“.net.cn”等域名，但“.gov.cn”“.edu.cn”等域名则是不开放给个人注册的。此外，日本的域名体系中，“.jp”下级的域名用的是两个字母的命名，例如“.co.jp”“.ne.jp”，而中国使用的是三个字母的命名，例如“.com.cn”“.net.cn”。

——译者注

探索之旅即将出发，出发之前我们先来介绍一下本次的看点。

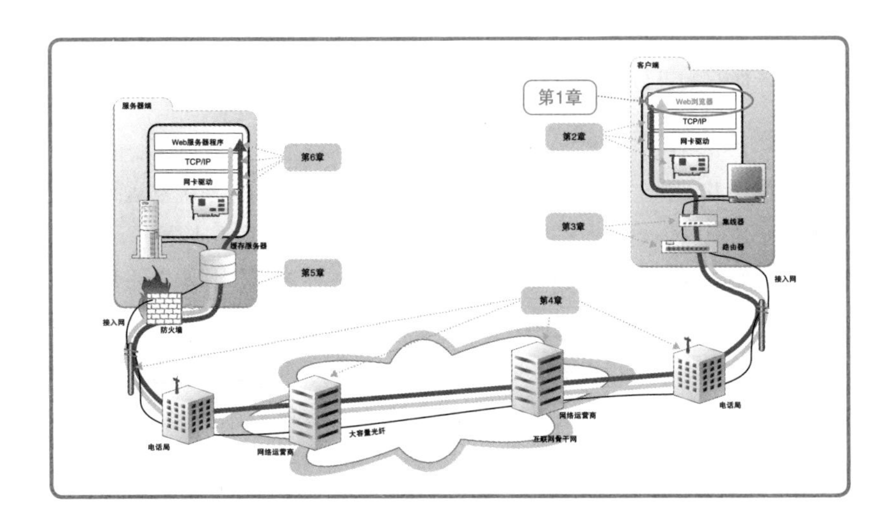

(1) 生成 HTTP 请求消息

本次探索之旅从用户在浏览器中输入网址（URL）开始。接下来，浏览器的工作会从对用户输入的网址进行解析开始。浏览器如何解析网址就是我们的第一个看点。然后，浏览器会根据网址的含义来生成请求消息。浏览器通过请求消息将用户需要哪些数据告知服务器，而请求消息实际的样子就是我们的第二个看点。只要理解了具体的消息长什么样，我们也就能够理解访问 Web 服务器时使用的 HTTP 协议的原理了。

(2) 向 DNS 服务器查询 Web 服务器的 IP 地址

请求消息生成之后，浏览器会委托操作系统向 Web 服务器发送请求，但浏览器必须告诉操作系统接收方的 IP 地址才行，因此浏览器必须先查出 Web 服务器的 IP 地址。网址中只有 Web 服务器的域名，因此浏览器需要向 DNS 服务器查询域名对应的 IP 地址，浏览器如何进行这一操作也是本章看点之一。

（3）全世界 DNS 服务器的大接力

这时，我们的旅程进入到了 DNS 服务器帮助浏览器查询 IP 地址这一环节了。全世界共有上万台 DNS 服务器，它们相互接力才能完成 IP 地址的查询，而它们进行接力的方法也是本章看点之一。

（4）委托协议栈发送消息

查询到 IP 地址之后，浏览器就可以将消息委托给操作系统发送给 Web 服务器了，但这个委托到底是如何完成的呢？这也是本章看点之一。“委托给操作系统”这句话看似简单，但关于委托给操作系统，其实有非常详细的规则，必须要遵守这些规则才能完成操作。由于只有编写程序的人才需要精通这些规则，所以面向一般读者的图书中几乎很少见到对这些规则的解释。不过，对这些规则有个大概的理解还是会有很多好处的，因为理解了向操作系统进行委托时的规则，我们就能够明白做出某个委托时操作系统会给我们怎样的反馈，这可以说是相当于具体地理解了网络的潜在能力。这一点对于没有编程经验的人来说也很重要。

1.1 生成 HTTP 请求消息

1.1.1 探索之旅从输入网址开始

我们的探索之旅从在浏览器中输入网址开始[①]，在介绍浏览器的工作方式之前，让我们先来介绍一下网址。网址，准确来说应该叫 URL[②]，如果我说它就是以 http:// 开头的那一串东西，恐怕大家一下子就明白了，但实际上除了"http:"，网址还可以以其他一些文字开头，例如"ftp:""file:""mailto:"[③]等。

之所以有各种各样的 URL，是因为尽管我们通常是使用浏览器来访问 Web 服务器的，但实际上浏览器并不只有这一个功能，它也可以用来在 FTP[④] 服务器上下载和上传文件，同时也具备电子邮件客户端的功能。可以说，浏览器是一个具备多种客户端功能的综合性客户端软件，因此它需要一些东西来判断应该使用其中哪种功能来访问相应的数据，而各种不同的 URL 就是用来干这个的，比如访问 Web 服务器时用"http:"，而访问 FTP 服务器时用"ftp:"。

图 1.1 列举了现在互联网中常见的几种 URL，根据访问目标的不同，URL 的写法也会不同。例如在访问 Web 服务器和 FTP 服务器时，URL 中会包含服务器的域名[⑤]和要访问的文件的路径名等，而发邮件的 URL 则包

---

① 某些情况下，浏览器的工作是从点击网页中的一个链接开始，大家可以认为这种情况与将链接中所包含的网址输入到浏览器的地址栏中是一样的。——译者注

② URL：Uniform Resource Locator，统一资源定位符。

③ 如果没有正确配置电子邮件软件，则即使在地址栏中输入"mailto:"也是无法正常工作的。

④ FTP：File Transfer Protocol，文件传送协议。这是一种在上传、下载文件时使用的协议。使用 FTP 协议来传送文件的程序也被叫作 FTP。

⑤ 域名：就是像 www.glasscom.com 这样以句点（.）分隔的名称。关于域名，1.2.2 节和 1.3.2 节有详细说明。

含收件人的邮件地址。此外，根据需要，URL 中还会包含用户名、密码、服务器端口号[①]等信息。

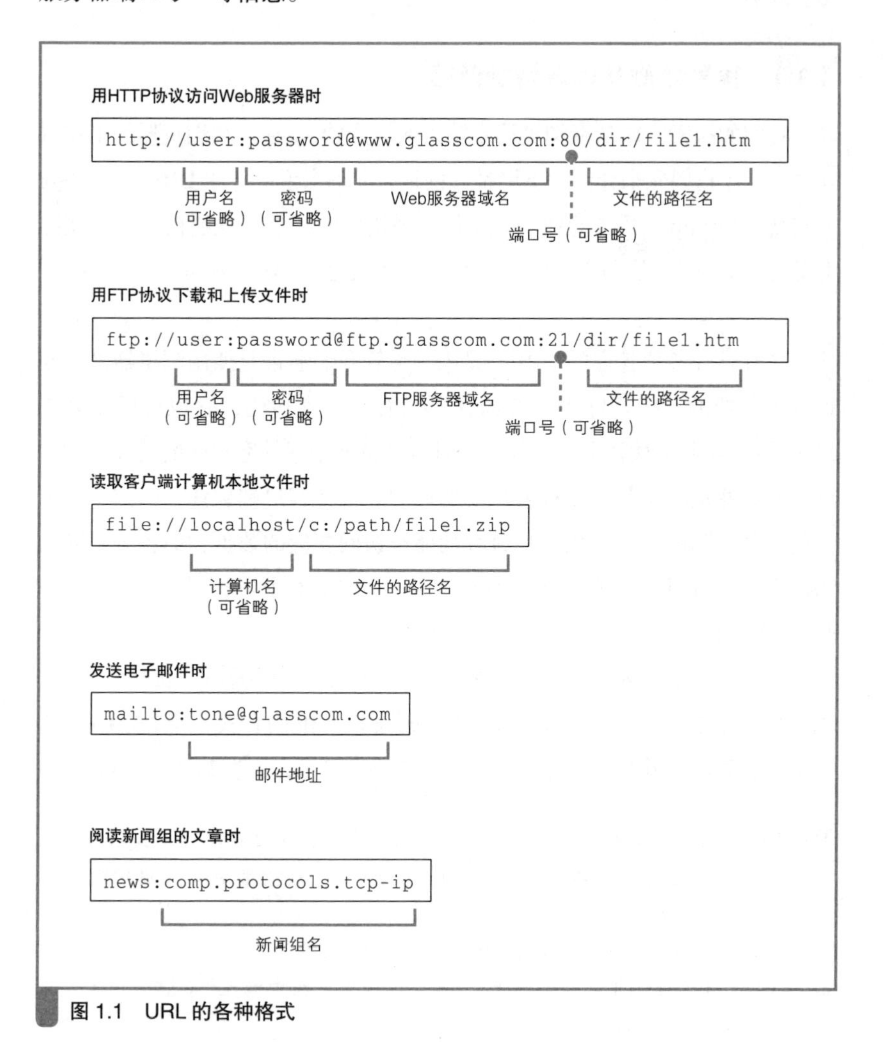

图 1.1 URL 的各种格式

① 端口号：1.4.3 节和第 6 章的 6.1.3 节有详细说明，这里请大家理解为一个用来识别要连接的服务器程序的编号。不同的服务器程序会使用不同的编号，例如 Web 是 80，邮件是 25 等。

尽管URL有各种不同的写法，但它们有一个共同点，那就是URL开头的文字，即“http:”“ftp:”“file:”“mailto:”这部分文字都表示浏览器应当使用的访问方法。比如当访问Web服务器时应该使用HTTP[①]协议，而访问FTP服务器时则应该使用FTP协议。因此，我们可以把这部分理解为访问时使用的协议[②]类型[③]。尽管后面部分的写法各不相同，但开头部分的内容决定了后面部分的写法，因此并不会造成混乱。

1.1.2 浏览器先要解析URL

浏览器要做的第一步工作就是对URL进行解析，从而生成发送给Web服务器的请求消息。刚才我们已经讲过，URL的格式会随着协议的不同而不同，因此下面我们以访问Web服务器的情况为例来进行讲解。

根据HTTP的规格，URL包含图1.2（a）中的这几种元素。当对URL进行解析时，首先需要按照图1.2（a）的格式将其中的各个元素拆分出来，例如图1.2（b）中的URL会拆分成图1.2（c）的样子。然后，通过拆分出来的这些元素，我们就能够明白URL代表的含义。例如，我们来看拆分结果图1.2（c），其中包含Web服务器名称www.lab.glasscom.com，以及文件的路径名/dir1/file1.html，因此我们就能够明白，图1.2（b）中的URL表示要访问www.lab.glasscom.com这个Web服务器上路径名为/dir1/file1.html的文件，也就是位于/dir1/目录[④]下的file1.html这个文件（图1.3）。

---

① HTTP：Hypertext Transfer Protocol，超文本传送协议。

② 协议：通信操作的规则定义称为协议（protocol）。

③ 像“file:”这样的URL在访问时是不使用网络的，因此说URL的开头部分表示的是协议类型并不完全准确，也许理解为“访问方法”会更好一些。

④ 目录（directory）这个词的意思相当于Windows中的文件夹（folder）。

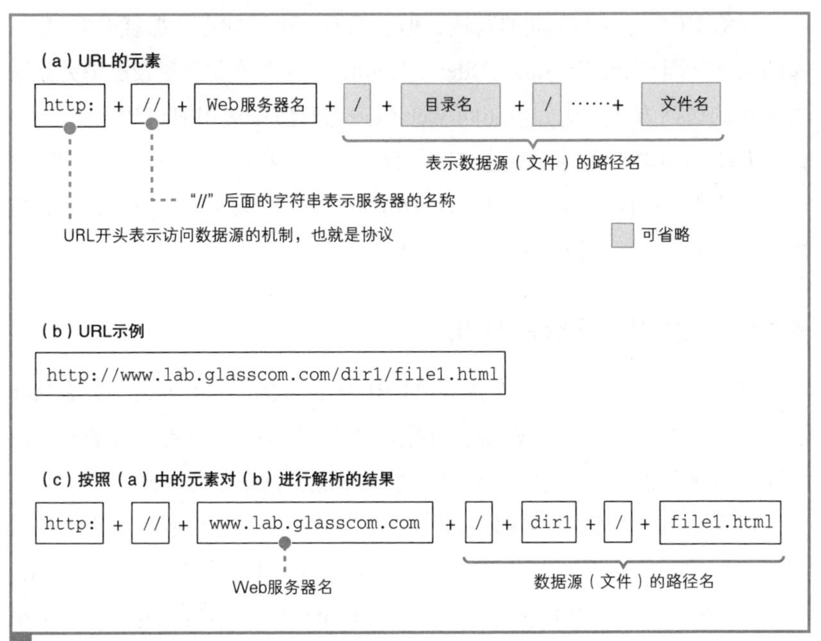

图 1.2　Web 浏览器解析 URL 的过程

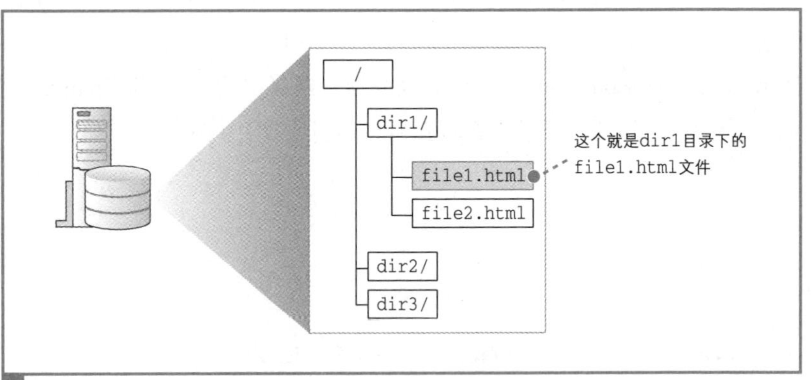

图 1.3　路径名为 /dir1/file1.html 的文件

1.1.3 省略文件名的情况

图 1.2（b）是一个以“http:”开头的典型 URL，但有时候我们也会见到一些不太一样的 URL，例如下面这个 URL 是以“/”来结尾的。

（a）http://www.lab.glasscom.com/dir/

我们可以这样理解，以“/”结尾代表 /dir/ 后面本来应该有的文件名被省略了。根据 URL 的规则，文件名可以像前面这样省略。

不过，没有文件名，服务器怎么知道要访问哪个文件呢？其实，我们会在服务器上事先设置好文件名省略时要访问的默认文件名。这个设置根据服务器不同而不同，大多数情况下是 index.html 或者 default.htm 之类的文件名。因此，像前面这样省略文件名时，服务器就会访问 /dir/index.html 或者 /dir/default.htm。

还有一些 URL 是像下面这样只有 Web 服务器的域名的，这也是一种省略了文件名的形式。

（b）http://www.lab.glasscom.com/

这个 URL 也是以“/”结尾的，也就是说它表示访问一个名叫“/”的目录[①]。而且，由于省略了文件名，所以结果就是访问 /index.html 或者 /default.htm 这样的文件了。

那么，下面这个 URL 又是什么意思呢？

① “/”目录表示目录层级中最顶层的“根目录”。也许单独一个“/”表示根目录的写法看上去很奇怪，其实只要明白目录的规则就很容易理解了。我们写目录名时会像“dir/”一样在末尾加上一个“/”，这一点大家应该没什么疑问，那么如果目录本身没有名字的话会怎么样呢？在上面的例子中，就相当于“dir/”去掉了其中的 dir，这样一来就只剩下一个“/”了，这就是表示根目录的“/”。对于目录层级最顶层的那个目录，我们出于方便的考虑把它叫作根目录，其实它本身并没有名字，因此我们仅用“/”来表示它。

(c) `http://www.lab.glasscom.com`

这次连结尾的“/”都省略了。像这样连目录名都省略时，真不知道到底在请求哪个文件了，实在有些过分。不过，这种写法也是允许的。当没有路径名时，就代表访问根目录下事先设置的默认文件[①]，也就是 /index.html 或者 /default.htm 这些文件，这样就不会发生混乱了。

不过，下面这个例子就更诡异了。

(d) `http://www.lab.glasscom.com/whatisthis`

前面这个例子中，由于末尾没有“/”，所以 whatisthis 应该理解为文件名才对。但实际上，很多人并没有正确理解省略文件名的规则，经常会把目录末尾的“/”也给省略了。因此，或许我们不应该总是将 whatisthis 作为文件名来处理。一般来说，这种情况会按照下面的惯例进行处理：如果 Web 服务器上存在名为 whatisthis 的文件，则将 whatisthis 作为文件名来处理；如果存在名为 whatisthis 的目录，则将 whatisthis 作为目录名来处理[②]。

浏览器的第一步工作就是对 URL 进行解析。

1.1.4 HTTP 的基本思路

解析完 URL 之后，我们就知道应该要访问的目标在哪里了。接下来，浏览器会使用 HTTP 协议来访问 Web 服务器，不过在介绍这一环节之前，

---

① 最早的时候这个文件被叫作“主页”(home page)，意思就是当省略文件名时访问的那个默认的页面。随着 Web 的普及，这个词的意义似乎并没有被正确理解，现在不光是默认页面，似乎随便什么网页都可以被叫作主页了。

② 我们无法创建两个名字相同的文件和目录，因此不可能既有一个名为 whatisthis 的文件，同时又有一个名为 whatisthis 的目录。只要查询一下磁盘中的文件和目录，就可以知道 whatisthis 究竟是一个文件还是一个目录了，并不会产生歧义。

我们先来讲一讲 HTTP 协议到底是怎么回事。

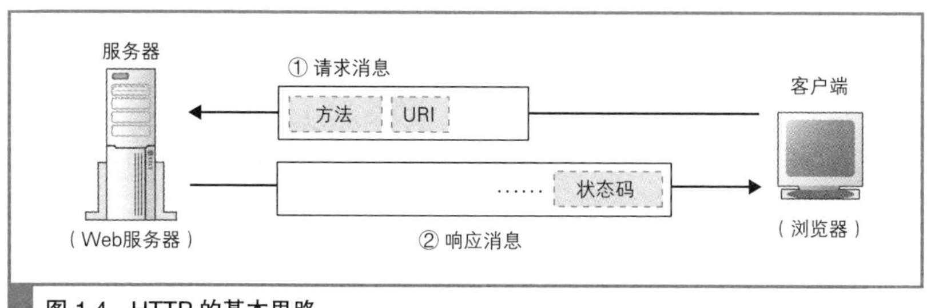

图 1.4 HTTP 的基本思路

HTTP 协议定义了客户端和服务器之间交互的消息内容和步骤，其基本思路非常简单。首先，客户端会向服务器发送请求消息（图 1.4）。请求消息中包含的内容是“对什么”和“进行怎样的操作”两个部分。其中相当于“对什么”的部分称为 URI[①]。一般来说，URI 的内容是一个存放网页数据的文件名或者是一个 CGI 程序[②]的文件名，例如“/dir1/file1.html”“/dir1/program1.cgi”等[③]。不过，URI 不仅限于此，也可以直接使用“http:”开头的 URL[④]来作为 URI。换句话说就是，这里可以写各种访问目标，而这些访问目标统称为 URI。

相当于接下来“进行怎样的操作”的部分称为方法[⑤]。方法表示需要让 Web 服务器完成怎样的工作，其中典型的例子包括读取 URI 表示的数据、将客户端输入的数据发送给 URI 表示的程序等。表 1.1 列举了主要的方法，通过这张表大家应该能够理解通过方法可以执行怎样的操作。

① URI：Uniform Resource Identifier，统一资源标识符。

② CGI 程序：对 Web 服务器程序调用其他程序的规则所做的定义就是 CGI，而按照 CGI 规范来工作的程序就称为 CGI 程序。

③ 实际上，这个文件在 Web 服务器上未必是真实存在的，因为 Web 服务器可以通过重写规则对虚拟的 URI 进行映射。——译者注

④ 5.4.3 节有详细说明。

⑤ 也叫 HTTP 谓词，或者 HTTP 动词。——译者注

表 1.1 HTTP 的主要方法

方法	HTTP 版本		含 义
	1.0	1.1	
GET	○	○	获取 URI 指定的信息。如果 URI 指定的是文件，则返回文件的内容；如果 URI 指定的是 CGI 程序，则返回该程序的输出数据
POST	○	○	从客户端向服务器发送数据。一般用于发送表单中填写的数据等情况下
HEAD	○	○	和 GET 基本相同。不过它只返回 HTTP 的消息头（message header），而并不返回数据的内容。用于获取文件最后更新时间等属性信息
OPTIONS		○	用于通知或查询通信选项
PUT	△	○	替换 URI 指定的服务器上的文件。如果 URI 指定的文件不存在，则创建该文件
DELETE	△	○	删除 URI 指定的服务器上的文件
TRACE		○	将服务器收到的请求行和头部（header）直接返回给客户端。用于在使用代理的环境中检查改写请求的情况
CONNECT		○	使用代理传输加密消息时使用的方法

○：在该版本的规格中定义的项目。
△：并非正式规格，而是在规格书附录（Appendix）中定义的附加功能。
上述 1.0 版本和 1.1 版本的描述分别基于 RFC1945 和 RFC2616。

除了图 1.4 中的内容之外，HTTP 消息中还有一些用来表示附加信息的头字段。客户端向 Web 服务器发送数据时，会先发送头字段，然后再发送数据。不过，头字段属于可有可无的附加信息，因此我们留到后面再讲。

收到请求消息之后，Web 服务器会对其中的内容进行解析，通过 URI 和方法来判断“对什么”“进行怎样的操作”，并根据这些要求来完成自己的工作，然后将结果存放在响应消息中。在响应消息的开头有一个状态码，它用来表示操作的执行结果是成功还是发生了错误。当我们访问 Web 服务器时，遇到找不到的文件就会显示出 404 Not Found 的错误信息，其实这就是状态码。状态码后面就是头字段和网页数据。响应消息会被发送回客户端，客户端收到之后，浏览器会从消息中读出所需的数据并显示在屏幕上。到这里，HTTP 的整个工作就完成了。

现在大家应该已经了解了 HTTP 的全貌，下面我们再补充一些关于 HTTP 方法的知识。表 1.1 列出的方法中，最常用的一个就是 GET 方法了。一般当我们访问 Web 服务器获取网页数据时，使用的就是 GET 方法。所谓一般的访问过程大概就是这样的：首先，在请求消息中写上 GET 方法，然后在 URI 中写上存放网页数据的文件名“/dir1/file1.html”，这就表示我们需要获取 /dir1/file1.html 文件中的数据。当 Web 服务器收到消息后，会打开 /dir1/file1.html 文件并读取出里面的数据，然后将读出的数据存放到响应消息中，并返回给客户端。最后，客户端浏览器会收到这些数据并显示在屏幕上。

还有一个经常使用的方法就是 POST。我们在表单[①]中填写数据并将其发送给 Web 服务器时就会使用这个方法。当我们在网上商城填写收货地址和姓名，或者是在网上填写问卷时，都会遇到带有输入框的网页，而这些可以输入信息的部分就是表单。使用 POST 方法时，URI 会指向 Web 服务器中运行的一个应用程序[②]的文件名，典型的例子包括“index.cgi”“index.php”等。然后，在请求消息中，除了方法和 URI 之外，还要加上传递给应用程序和脚本的数据。这里的数据也就是用户在输入框里填写的信息。当服务器收到消息后，Web 服务器会将请求消息中的数据发送给 URI 指定的应用程序。最后，Web 服务器从应用程序接收输出的结果，会将它存放到响应消息中并返回给客户端。

前面两个方法属于 HTTP 的典型用法，除此之外的其他方法在互联网上几乎见不到使用的例子。因此，只要理解了这两个方法，就能够应付大部分情况了，但如果可以，还是推荐大家看一看表 1.1 中所有方法的说明，

① 表单：网页中的文本框、复选框等能够输入数据的部分。

② 用于处理购物订单数据或者问卷数据的程序。

思考一下它们的含义，以便理解 HTTP 协议具备的所有功能。如果只有 GET 和 POST 方法，我们就只能从 Web 服务器中获取网页数据，以及将网页输入框中的信息发送给 Web 服务器，而有了 PUT 和 DELETE 方法，就能够从客户端修改或者删除 Web 服务器上的文件。有了这些功能，我们甚至可以将 Web 服务器当成文件服务器来用。当然，出于安全上的原因，或者是支持 GET 和 POST 之外的方法的客户端没有广泛普及之类的原因，一般我们并不会碰到这样的用法[①]，但大家应该能够看出，HTTP 协议其实蕴藏着很多的可能性。

1.1.5 生成 HTTP 请求消息

理解了 HTTP 的基本知识之后，让我们回到对浏览器本身的探索中来。

对 URL 进行解析之后，浏览器确定了 Web 服务器和文件名，接下来就是根据这些信息来生成 HTTP 请求消息了。实际上，HTTP 消息在格式上是有严格规定的，因此浏览器会按照规定的格式来生成请求消息（图 1.5）。

首先，请求消息的第一行称为请求行。这里的重点是最开头的方法，方法可以告诉 Web 服务器它应该进行怎样的操作。不过这里必须先解决一个问题，那就是方法有很多种，我们必须先判断应该选用其中的哪一种。

解决这个问题的关键在于浏览器的工作状态。这次探索之旅是从在浏览器顶部的地址栏中输入网址开始的，但浏览器并非只有在这一种场景下才会向 Web 服务器发送请求消息。比如点击网页中的超级链接[②]，或者在表单中填写信息后点击“提交”按钮，这些场景都会触发浏览器的工作，而选用哪种方法也是根据场景来确定的。

---

① 如果能够规避安全问题，例如将访问限制在公司内部网络，那么这种用法还是有效的。（实际上，PUT、DELETE 等方法现在常用于 RESTful API 的设计中，在手机 App 和后端服务器交互时就会经常用到。——译者注）

② 在 HTML 文档中写上 <a href="……"> 标签，其中 "……" 部分为 URL，这就是一个超级链接。

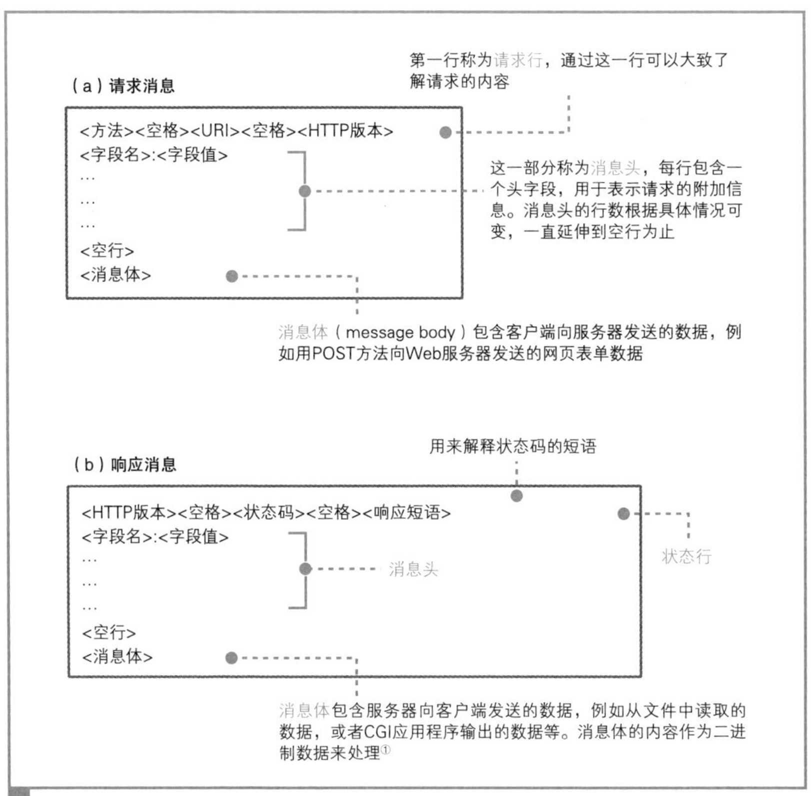

图 1.5 HTTP 消息的格式
浏览器和 Web 服务器根据此格式来生成消息。

我们的场景是在地址栏中输入网址并显示网页，因此这里应该使用 GET 方法。点击超级链接的场景中也是使用 GET 方法。如果是表单，在 HTML 源代码中会在表单的属性中指定使用哪种方法来发送请求，可能是 GET 也可能是 POST（图 1.6）[②]。

---

① 准确来说，消息体的格式会通过消息头中的 Content-Type 字段来定义（MIME 类型），关于 MIME 类型在本书的 6.4 节有详细介绍。——译者注

② GET 方法能够发送的数据只有几百个字节，如果表单中的数据超过这一长度，则必须使用 POST 方法来发送。

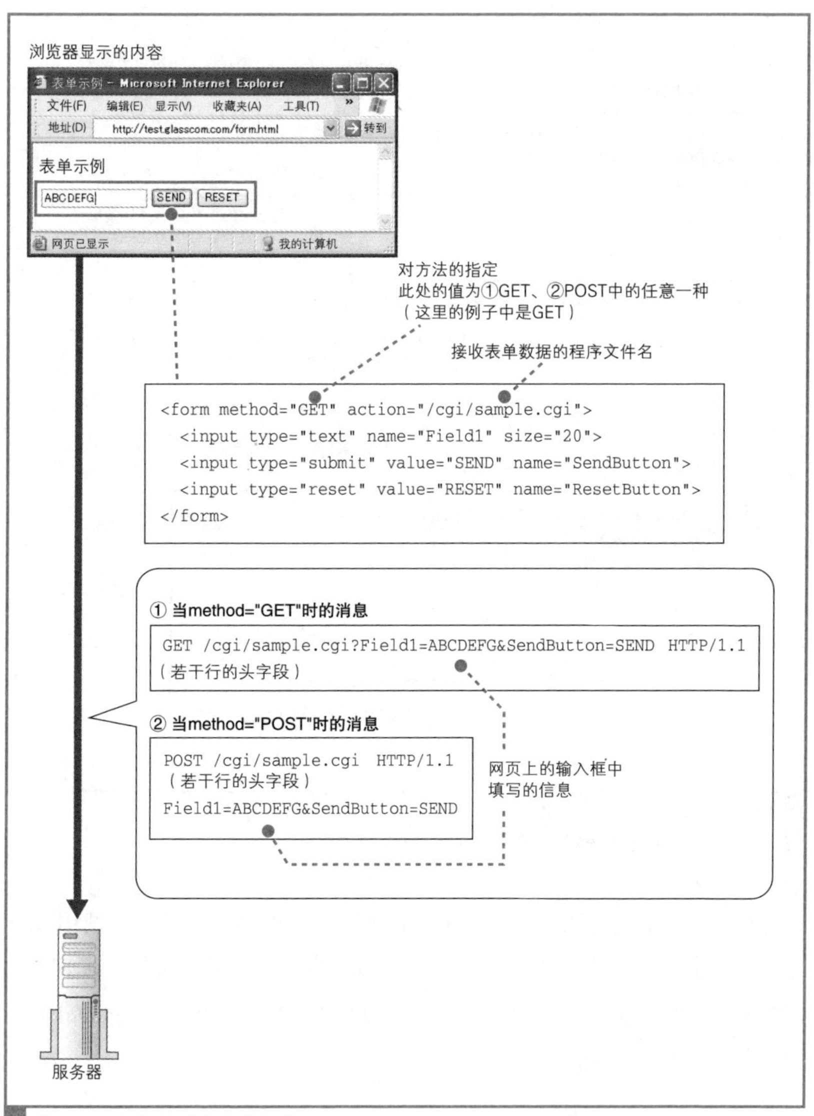

图 1.6　表单中对方法的区分

写好方法之后，加一个空格，然后写 URI。URI 部分的格式如下，一般是文件和程序的路径名。

/< 目录名 >/…/< 文件名 >

前面已经讲过，路径名一般来说已经包含在 URL 中了，因此只要从 URL 中提取出来原封不动地写上去就好了。

第一行的末尾需要写上 HTTP 的版本号，这是为了表示该消息是基于哪个版本的 HTTP 规格编写的。到此为止，第一行就结束了。

第二行开始为消息头。尽管通过第一行我们就可以大致理解请求的内容，但有些情况下还需要一些额外的详细信息，而消息头的功能就是用来存放这些信息。消息头的规格中定义了很多项目，如日期、客户端支持的数据类型、语言、压缩格式、客户端和服务器的软件名称和版本、数据有效期和最后更新时间等。这些项目表示的都是非常细节的信息，因此要想准确理解这些信息的意思，就需要对 HTTP 协议有非常深入的了解。表 1.2 中列举了主要的头字段供大家参考，但不必全部弄明白。消息头中的内容随着浏览器类型、版本号、设置等的不同而不同，大多数情况下消息头的长度为几行到十几行不等。

写完消息头之后，还需要添加一个完全没有内容的空行，然后写上需要发送的数据。这一部分称为消息体，也就是消息的主体。不过，在使用 GET 方法的情况下，仅凭方法和 URI，Web 服务器就能够判断需要进行怎样的操作，因此消息体中不需要填写任何数据。消息体结束之后，整个消息也就结束了。

表 1.2　HTTP 中主要的头字段

头字段类型	HTTP 版本		含　义
	1.0	1.1	
通用头：适用于请求和响应消息的头字段			
Date	○	○	表示请求和响应生成的日期
Pragma	○	○	表示数据是否允许缓存的通信选项
Cache-Control		○	控制缓存的相关信息
Connection		○	设置发送响应之后 TCP 连接是否继续保持的通信选项

（续）

头字段类型	HTTP 版本		含　义
	1.0	1.1	
Transfer-Encoding		○	表示消息主体的编码格式
Via		○	记录途中经过的代理和网关
请求头：用于表示请求消息的附加信息的头字段			
Authorization	○	○	身份认证数据
From	○	○	请求发送者的邮件地址
If-Modified-Since	○	○	如果希望仅当数据在某个日期之后有更新时才执行请求，可以在这个字段指定希望的日期。一般来说，这个功能的用途在于判断客户端缓存的数据是否已经过期，如果已经过期则获取新的数据
Referer	○	○	当通过点击超级链接进入下一个页面时，在这里会记录下上一个页面的 URI
User-Agent	○	○	客户端软件的名称和版本号等相关信息
Accept	△	○	客户端可支持的数据类型（Content-Type），以 MIME 类型来表示
Accept-Charset	△	○	客户端可支持的字符集
Accept-Encoding	△	○	客户端可支持的编码格式（Content-Encoding），一般来说表示数据的压缩格式
Accept-Language	△	○	客户端可支持的语言，汉语为 zh，英语为 en
Host		○	接收请求的服务器 IP 地址和端口号
If-Match		○	参见 Etag
If-None-Match		○	参见 Etag
If-Unmodified-Since		○	当指定日期之后数据未更新时执行请求
Range		○	当需要只获取部分数据而不是全部数据时，可通过这个字段指定要获取的数据范围
响应头：用于表示响应消息的附加信息的头字段			
Location	○	○	表示信息的准确位置。当请求的 URI 为相对路径时，这个字段用来返回绝对路径
Server	○	○	服务器程序的名称和版本号等相关信息

（续）

头字段类型	HTTP 版本		含　义
	1.0	1.1	
WWW-Authenticate	○	○	当请求的信息存在访问控制时，返回身份认证用的数据（Challenge[①]）
Accept-Ranges		○	当希望仅请求部分数据（使用 Range 来指定范围）时，服务器会告知客户端是否支持这一功能
实体头：用于表示实体（消息体）的附加信息的头字段			
Allow	○	○	表示指定的 URI 支持的方法
Content-Encoding	○	○	当消息体经过压缩等编码处理时，表示其编码格式
Content-Length	○	○	表示消息体的长度
Content-Type	○	○	表示消息体的数据类型，以 MIME 规格定义的数据类型来表示
Expires	○	○	表示消息体的有效期
Last-Modified	○	○	数据的最后更新日期
Content-Language		○	表示消息体的语言。汉语为 zh，英语为 en
Content-Location		○	表示消息体在服务器上的位置（URI）
Content-Range		○	当仅请求部分数据时，表示消息体包含的数据范围
Etag		○	在更新操作中，有时候需要基于上一次请求的响应数据来发送下一次请求。在这种情况下，这个字段可以用来提供上次响应与下次请求之间的关联信息。上次响应中，服务器会通过 Etag 向客户端发送一个唯一标识，在下次请求中客户端可以通过 If-Match、If-None-Match、If-Range 字段将这个标识告知服务器，这样服务器就知道该请求和上次的响应是相关的。这个字段的功能和 Cookie 是相同的，但 Cookie 是网景（Netscape）公司自行开发的规格，而 Etag 是将其进行标准化后的规格

○：在规格中定义的项目。

△：并非正式规格，而是在规格书附录（Appendix）中定义的附加功能。

① 这里的 Challenge 指的是 Challenge-Response 身份验证模型中的一环。简单来说，Challenge 相当于“天王盖地虎”，Response 相当于“宝塔镇河妖”。——译者注

当使用 POST 方法时，需要将表单中填写的信息写在消息体中。到此为止，请求消息的生成操作就全部完成了。

1.1.6 发送请求后会收到响应

当我们将上述请求消息发送出去之后，Web 服务器会返回响应消息。关于响应消息我们将在第 6 章详细介绍，这里先粗略地了解一下。响应消息的格式以及基本思路和请求消息是相同的（图 1.5（b）），差别只在第一行上。在响应消息中，第一行的内容为状态码和响应短语，用来表示请求的执行结果是成功还是出错。状态码和响应短语表示的内容一致，但它们的用途不同。状态码是一个数字，它主要用来向程序告知执行的结果（表 1.3）；相对地，响应短语则是一段文字，用来向人们告知执行的结果。

表 1.3　HTTP 状态码概要

状态码的第一位数字表示状态类型，第二、三位数字表示具体的情况。下表列举了第一位数字的含义。

状态码	含　义
1xx	告知请求的处理进度和情况
2xx	成功
3xx	表示需要进一步操作
4xx	客户端错误
5xx	服务器错误

返回响应消息之后，浏览器会将数据提取出来并显示在屏幕上，我们就能够看到网页的样子了。如果网页的内容只有文字，那么到这里就全部处理完毕了，但如果网页中还包括图片等资源，则还有下文。

当网页中包含图片时，会在网页中的相应位置嵌入表示图片文件的标签[①]的控制信息。浏览器会在显示文字时搜索相应的标签，当遇到图片相关

① 标签：编写网页所使用的 HTML 语言中规定的控制信息。例如，当需要在网页中插入图片时，需要在相应位置嵌入形如 <img src="image1.jpg"> 的标签。

的标签时，会在屏幕上留出用来显示图片的空间，然后再次访问 Web 服务器，按照标签中指定的文件名向 Web 服务器请求获取相应的图片并显示在预留的空间中。这个步骤和获取网页文件时一样，只要在 URI 部分写上图片的文件名并生成和发送请求消息就可以了。

由于每条请求消息中只能写 1 个 URI，所以每次只能获取 1 个文件，如果需要获取多个文件，必须对每个文件单独发送 1 条请求。比如 1 个网页中包含 3 张图片，那么获取网页加上获取图片，一共需要向 Web 服务器发送 4 条请求。

判断所需的文件，然后获取这些文件并显示在屏幕上，这一系列工作的整体指挥也是浏览器的任务之一，而 Web 服务器却毫不知情。Web 服务器完全不关心这 4 条请求获取的文件到底是 1 个网页上的还是不同网页上的，它的任务就是对每一条单独的请求返回 1 条响应而已。

到这里，我们已经介绍了浏览器与 Web 服务器进行交互的整个过程。作为参考，图 1.7 展示了浏览器与 Web 服务器之间交互消息的一个实例。在这个例子中，我们需要获取一张名为 sample1.htm 的网页，网页中包含一张名为 picture.jpg 的图片，图中展示了这个过程中产生的消息。

1 条请求消息中只能写 1 个 URI。如果需要获取多个文件，必须对每个文件单独发送 1 条请求。

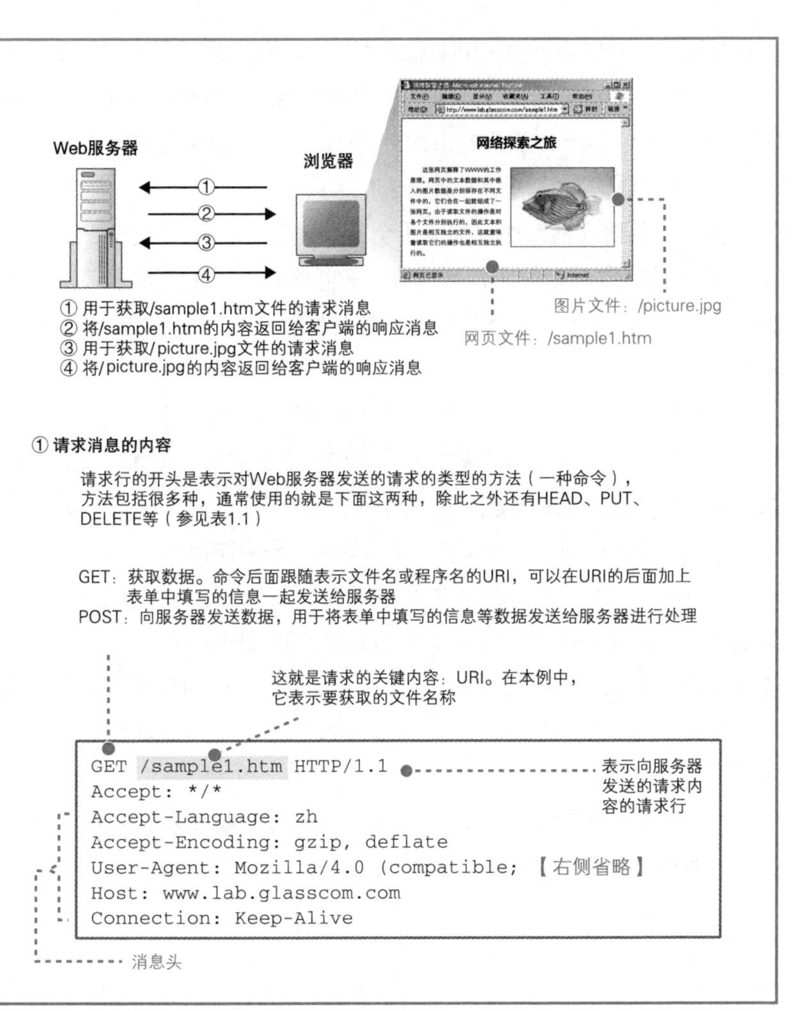

图 1.7 HTTP 消息示例

② 将/sample1.htm的内容返回给客户端的响应消息

服务器程序类型

状态行。“200 OK”表示请求成功完成

```
HTTP/1.1 200 OK
Date: Wed, 21 Feb 2007 09:19:14 GMT
Server: Apache
Last-Modified: Mon, 19 Feb 2007 12:24:51 GMT
ETag: "5a9da-279-3c726b61"
Accept-Ranges: bytes
Content-Length: 632
Connection: close
Content-Type: text/html

<html>
<head>
<meta http-equiv="Content-Type" content="text/html; charset=utf-8">
<title>网络探索之旅</title>
</head>

<body>
<h1 align="center">网络探索之旅</h1>
<img border="1" src="picture.jpg" align="right" width="200" height="150">

这张网页解释了WWW的工作原理。网页中的文本数据和其中嵌入的图片数据是分别
保存在不同文件中的，它们合在一起就组成了一张网页。由于读取文件的操作是对各
个文件分别执行的，因此文本和图片是相互独立的文件，这就意味着读取它们的操作
也是相互独立执行的。

</body>
</html>
```

数据长度

以MIME规格表示的数据格式。text/html表示HTML文档。如果是JPEG格式的图片，这里应该是image/jpeg

这是嵌入的图片文件的名字。在接下来的请求中向服务器获取这个文件（下页❶）

图 1.7 （续）

③ 用于获取/picture.jpg文件的请求消息 ❶

```
GET /picture.jpg HTTP/1.1
Accept: */*
Referer: http://www.lab.glasscom.com/sample1.htm
Accept-Language: zh
Accept-Encoding: gzip, deflate
User-Agent: Mozilla/4.0 (compatible;【右侧省略】
Host: www.lab.glasscom.com
Connection: Keep-Alive
```

④ 将/picture.jpg的内容返回给客户端的响应消息

```
HTTP/1.1 200 OK
Date: Wed, 21 Feb 2007 09:19:14 GMT
Server: Apache
Last-Modified: Mon, 19 Feb 2007 13:50:32 GMT
ETag: "5a9d1-1913-3aefa236"
Accept-Ranges: bytes
Content-Length: 6419
Connection: close
Content-Type: image/jpeg
【下面就是图片数据，因为这些数据都是二进制的，所以我们在此省略】
```

image/jpeg表示JPEG格式的图片数据

图 1.7 （续）

1.2 向 DNS 服务器查询 Web 服务器的 IP 地址

1.2.1 IP 地址的基本知识

生成 HTTP 消息之后，接下来我们需要委托操作系统将消息发送给 Web 服务器。尽管浏览器能够解析网址并生成 HTTP 消息，但它本身并不具备将消息发送到网络中的功能，因此这一功能需要委托操作系统来实现[①]。在进行这一操作时，我们还有一个工作需要完成，那就是查询网址中

① 发送消息的功能对于所有的应用程序来说都是通用的，因此让操作系统来实现这一功能，其他应用程序委托操作系统来进行操作，这是一个比较合理的做法。

服务器域名对应的 IP 地址。在委托操作系统发送消息时，必须要提供的不是通信对象的域名，而是它的 IP 地址。因此，在生成 HTTP 消息之后，下一个步骤就是根据域名查询 IP 地址。在讲解这一操作之前，让我们先来简单了解一下 IP 地址。

互联网和公司内部的局域网都是基于 TCP/IP 的思路来设计的，所以我们先来了解 TCP/IP 的基本思路。TCP/IP 的结构如图 1.8 所示，就是由一些小的子网，通过路由器[①]连接起来组成一个大的网络。这里的子网可以理解为用集线器[②]连接起来的几台计算机[③]，我们将它看作一个单位，称为子网。将子网通过路由器连接起来，就形成了一个网络[④]。

在网络中，所有的设备都会被分配一个地址。这个地址就相当于现实中某条路上的“×× 号 ×× 室”。其中“号”对应的号码是分配给整个子网的，而“室”对应的号码是分配给子网中的计算机的，这就是网络中的地址。“号”对应的号码称为网络号，“室”对应的号码称为主机号，这个地址的整体称为 IP 地址[⑤]。通过 IP 地址我们可以判断出访问对象服务器的位置，从而将消息发送到服务器。消息传送的具体过程在后面的章节有详细讲解，不过现在我们先简单了解一下。发送者发出的消息首先经过子网

① 路由器：一种对包进行转发的设备，在第 3 章有详细介绍。

② 集线器：一种对包进行转发的设备，分为中继式集线器和交换式集线器两种，在第 3 章有详细介绍。

③ 当计算机数量较少时，可以用一台集线器连接起来；当计算机数量较多时，一台集线器可能无法连接这么多计算机，可以增加集线器数量并将集线器相互连接起来，这时，凡是通过集线器连接起来的所有设备都属于同一个子网。

④ 一些家用路由器中已经内置了集线器功能，因此大家可以理解为这种路由器内部同时包含路由器和集线器两种设备，它们在里面已经连接起来了。

⑤ IP 地址和现实中的地址含义是相同的，因此就像“×× 号 ×× 室”不能有两户人家的号码相同一样，也不能有两台设备使用相同的 IP 地址。现实中其实存在因为疏漏两台设备被分配了相同的 IP 地址的情况，但这种情况下网络会发生故障，无法正常工作。

中的集线器[①]，转发到距离发送者最近的路由器上（图 1.8 ①）。接下来，路由器会根据消息的目的地判断下一个路由器的位置，然后将消息发送到下一个路由器，即消息再次经过子网内的集线器被转发到下一个路由器（图 1.8 ②）。前面的过程不断重复，最终消息就被传送到了目的地。

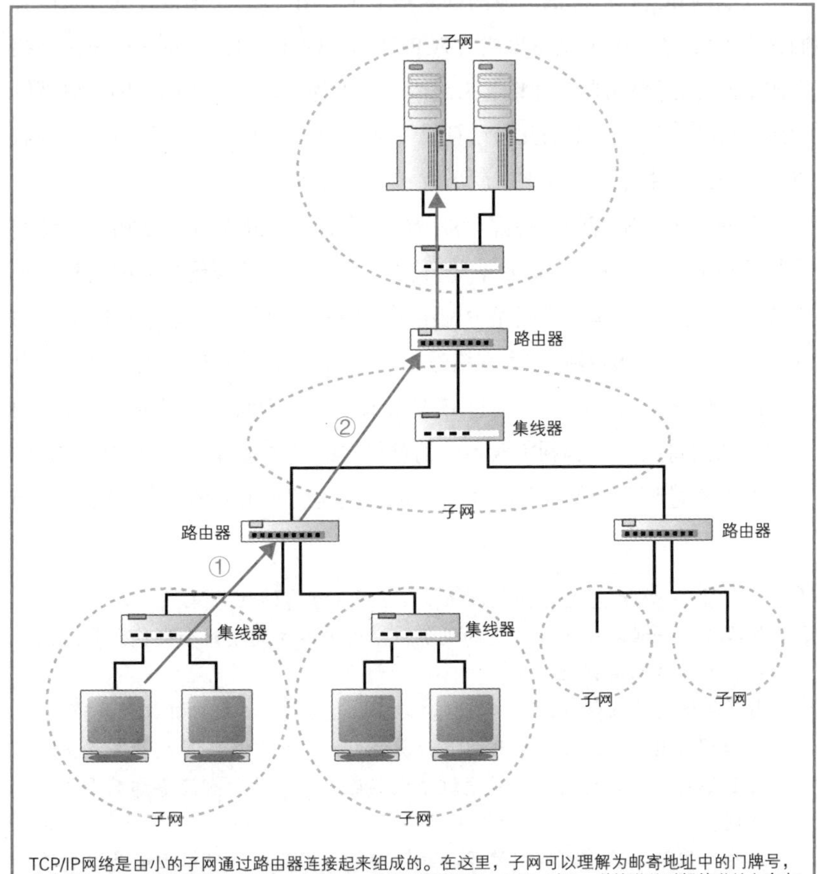

图 1.8 IP 的基本思路

① 数据是以包的形式传送的。

前面这些就是 TCP/IP 中 IP 地址的基本思路。了解了这些知识之后，让我们再来看一下实际的 IP 地址。如图 1.9 所示，实际的 IP 地址是一串 32 比特的数字，按照 8 比特（1 字节）为一组分成 4 组，分别用十进制表示然后再用圆点隔开。这就是我们平常经常见到的 IP 地址格式，但仅凭这一串数字我们无法区分哪部分是网络号，哪部分是主机号。在 IP 地址的规则中，网络号和主机号连起来总共是 32 比特，但这两部分的具体结构是不固定的。在组建网络时，用户可以自行决定它们之间的分配关系，因此，我们还需要另外的附加信息来表示 IP 地址的内部结构。

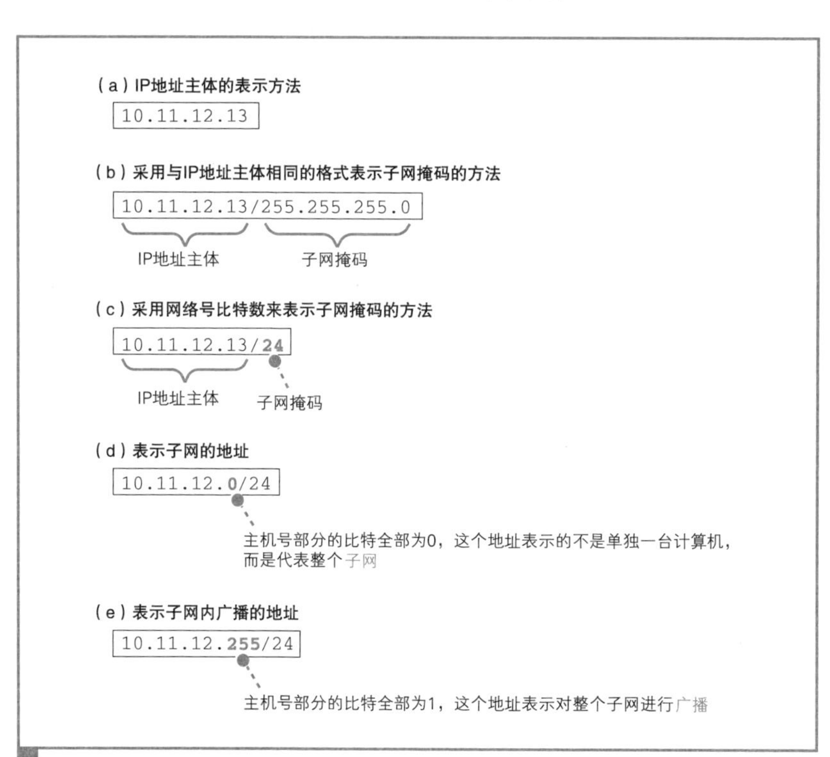

图 1.9　IP 地址的表示方法

这一附加信息称为子网掩码。子网掩码的格式如图 1.10 ②所示，是一串与 IP 地址长度相同的 32 比特数字，其左边一半都是 1，右边一半都是

0。其中，子网掩码为1的部分表示网络号，子网掩码为0的部分表示主机号。将子网掩码按照和IP地址一样的方式以每8比特为单位用圆点分组后写在IP地址的右侧，这就是图1.9（b）的方法。这种写法太长，我们也可以把1的部分的比特数用十进制表示并写在IP地址的右侧，如图1.9（c）所示。这两种方式只是写法上的区别，含义是完全一样的。

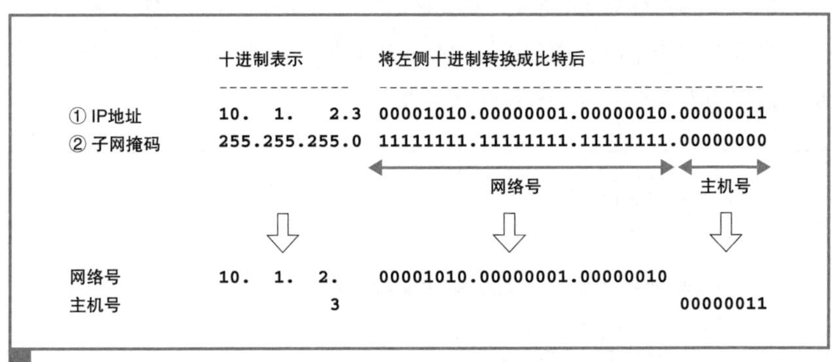

图1.10 IP地址的结构
子网掩码表示网络号与主机号之间的边界。在本例中，这个边界与字节的边界是正好吻合的，也就是正好划分在句点的位置上，实际上也可以划分在字节的中间位置。

顺带一提，主机号部分的比特全部为0或者全部为1时代表两种特殊的含义。主机号部分全部为0代表整个子网而不是子网中的某台设备（图1.9（d））。此外，主机号部分全部为1代表向子网上所有设备发送包，即广播（图1.9（e））。

IP地址的主机号
全0：表示整个子网
全1：表示向子网上所有设备发送包，即“广播”

1.2.2 域名和IP地址并用的理由

TCP/IP网络是通过IP地址来确定通信对象的，因此不知道IP地址就无法将消息发送给对方，这和我们打电话的时候必须要知道对方的电话号码是一个道理。因此，在委托操作系统发送消息时，必须要先查询好对方的 IP 地址。

可能你会问“既然如此，那么在网址中不写服务器的名字，直接写 IP 地址不就好了吗?”实际上，如果用 IP 地址来代替服务器名称也是能够正常工作的[①]。然而，就像你很难记住电话号码一样，要记住一串由数字组成的 IP 地址也非常困难。因此，相比 IP 地址来说，网址中还是使用服务器名称比较好[②]。

那么又有人问了:“既然如此，那干脆不要用 IP 地址，而是用名称来确定通信对象不就好了吗? 互联网中使用的是最新的网络技术，和电话那种老古董可不一样，这样的功能应该还是做得到的吧?”这样的想法其实并不奇怪[③]。

不过从运行效率上来看，这并不能算是一个好主意。互联网中存在无数的路由器，它们之间相互配合，根据 IP 地址来判断应该把数据传送到什么地方。那么如果我们不用 IP 地址而是改用名称会怎么样呢? IP 地址的长度为 32 比特，也就是 4 字节，相对地，域名最短也要几十个字节，最长甚至可以达到 255 字节。换句话说，使用 IP 地址只需要处理 4 字节的数字，而域名则需要处理几十个到 255 个字节的字符，这增加了路由器的负担，传送数据也会花费更长的时间[④]。可能有人会说:“那使用高性能路由器不就能解决这个问题了吗?”然而，路由器的速度是有极限的，而互联网内部流动的数据量已然让路由器疲于应付了，因此我们不应该再采用效率更低的设计。随着技术的发展，路由器的性能也会不断提升，但与此同时，数据量也在以更快的速度增长，在可预见的未来，这样的趋势应该不会发生变化。出

---

① 如果 Web 服务器使用了虚拟主机功能，有可能无法通过 IP 地址来访问。

② 也有人说域名也很难记啊，不过在设计 TCP/IP 架构的当时，在技术上还无法实现我们今天的搜索引擎，因此用名称来代替地址本身是有价值的。

③ 实际上真的存在以名称来确定通信对象的网络，Windows 网络的原型 PC-Networks 就是其中的一个例子。

④ 域名并不仅是长，而且其长度是不固定的。处理长度不固定的数据比处理长度固定的数据要复杂，这也是造成效率低下的重要原因之一。

于这样的原因，使用名称本身来确定通信对象并不是一个聪明的设计。

于是，现在我们使用的方案是让人来使用名称，让路由器来使用 IP 地址。为了填补两者之间的障碍，需要有一个机制能够通过名称来查询 IP 地址，或者通过 IP 地址来查询名称，这样就能够在人和机器双方都不做出牺牲的前提下完美地解决问题。这个机制就是 DNS[①]。

1.2.3 Socket 库提供查询 IP 地址的功能

查询 IP 地址的方法非常简单，只要询问最近的 DNS 服务器“www.lab.glasscom.com 的 IP 地址是什么”就可以了，DNS 服务器会回答说“该服务器的 IP 地址为 xxx.xxx.xxx.xxx”。这一步非常简单，很多读者也都很熟悉，那么浏览器是如何向 DNS 服务器发出查询的呢？让我们把向 Web 服务器发送请求消息的事情放一放，先来探索一下 DNS。

向 DNS 服务器发出查询，也就是向 DNS 服务器发送查询消息，并接收服务器返回的响应消息。换句话说，对于 DNS 服务器，我们的计算机上一定有相应的 DNS 客户端，而相当于 DNS 客户端的部分称为 DNS 解析器，或者简称解析器。通过 DNS 查询 IP 地址的操作称为域名解析，因此负责执行解析（resolution）这一操作的就叫解析器（resolver）了。

解析器实际上是一段程序，它包含在操作系统的 Socket 库中，在介绍解析器之前，我们先来简单了解一下 Socket 库。首先，库到底是什么东西呢？库就是一堆通用程序组件的集合，其他的应用程序都需要使用其中的组件。库有很多好处。首先，使用现成的组件搭建应用程序可以节省编程工作量；其次，多个程序使用相同的组件可以实现程序的标准化。除此之外还有很多其他的好处，因此使用库来进行软件开发的思路已经非常普及，库的种类和数量也非常之多。Socket 库也是一种库，其中包含的程序组件

---

① DNS：Domain Name System，域名服务系统。将服务器名称和 IP 地址进行关联是 DNS 最常见的用法，但 DNS 的功能并不仅限于此，它还可以将邮件地址和邮件服务器进行关联，以及为各种信息关联相应的名称。

可以让其他的应用程序调用操作系统的网络功能[1]，而解析器就是这个库中的其中一种程序组件。

Socket 库中包含很多用于发送和接收数据的程序组件，这些功能我们暂且放一放，先来集中精力探索一下解析器。

Socket 库是用于调用网络功能的程序组件集合。

1.2.4 通过解析器向 DNS 服务器发出查询

解析器的用法非常简单。Socket 库中的程序都是标准组件，只要从应用程序中进行调用就可以了。具体来说，在编写浏览器等应用程序的时候，只要像图 1.11 这样写上解析器的程序名称“gethostbyname”以及 Web 服务器的域名“www.lab.glasscom.com”就可以了，这样就完成了对解析器的调用[2]。

用C语言编写的网络应用程序的源代码示例

```
<应用程序名>  （<参数>）
{
    ....
    ....
    <内存地址> = gethostbyname("www.lab.glasscom.com");
    ....
    ....
    <发送HTTP消息>
    ....
}
```

解析器的程序名

要查询的服务器域名

运行这一行程序后，服务器的IP地址就会被写入指定的内存地址中

图 1.11 解析器的调用方法
在应用程序中编写上图中的一行代码后就能够调用解析器完成向 DNS 服务器查询 IP 地址的操作。

① Socket 库是在加州大学伯克利分校开发的 UNIX 系操作系统 BSD 中开发的 C 语言库，互联网中所使用的大多数功能都是基于 Socket 库来开发的。因此，BSD 之外的其他操作系统以及 C 语言之外的其他编程语言也参照 Socket 库开发了相应的网络库。可以说，Socket 库是网络开发中的一种标准库。

② 实际上，除此之外还需要编写一些用于分配保存 IP 地址的内存空间的语句，并在程序开头使用 #include 命令将其包含进来。

调用解析器后，解析器会向 DNS 服务器发送查询消息，然后 DNS 服务器会返回响应消息。响应消息中包含查询到的 IP 地址，解析器会取出 IP 地址，并将其写入浏览器指定的内存地址中。只要运行图 1.11 中的这一行程序，就可以完成前面所有这些工作，我们也就完成了 IP 地址的查询。接下来，浏览器在向 Web 服务器发送消息时，只要从该内存地址取出 IP 地址，并将它与 HTTP 请求消息一起交给操作系统就可以了。

根据域名查询 IP 地址时，浏览器会使用 Socket 库中的解析器。

1.2.5 解析器的内部原理

下面来看一看当应用程序调用解析器时，解析器内部是怎样工作的（图 1.12）。网络应用程序（在我们的场景中就是指浏览器）调用解析器时，程序的控制流程就会转移到解析器的内部。“控制流程转移”这个说法对于没有编程经验的人来说可能不容易理解，所以这里简单解释一下。

一般来说，应用程序编写的操作内容是从上往下按顺序执行的，当到达需要调用解析器的部分时，对应的那一行程序就会被执行，应用程序本身的工作就会暂停（图 1.12 ①）。然后，Socket 库中的解析器开始运行（图 1.12 ②），完成应用程序委托的操作。像这样，由于调用了其他程序，原本运行的程序进入暂停状态，而被调用的程序开始运行，这就是“控制流程转移”[①]。

当控制流程转移到解析器后，解析器会生成要发送给 DNS 服务器的查询消息。这个过程与浏览器生成要发送给 Web 服务器的 HTTP 请求消息的过程类似，解析器会根据 DNS 的规格，生成一条表示“请告诉我 www.lab.glasscom.com 的 IP 地址”[②] 的数据，并将它发送给 DNS 服务器（图 1.12 ③）。发送消息这个操作并不是由解析器自身来执行，而是要委托给操作系统内

---

① 在图 1.12 中，我们假设 gethostbyname 这个程序实现了解析器的全部功能，实际上，实现解析器的功能需要多个程序相互配合，可能还会从 gethostbyname 程序中调用其他的程序。但如果继续深挖下去的话会变得复杂难懂，因此在这里我们假设 gethostbyname 实现了解析器的全部功能。

② HTTP 消息是用文本编写的，但 DNS 消息是使用二进制数据编写的。

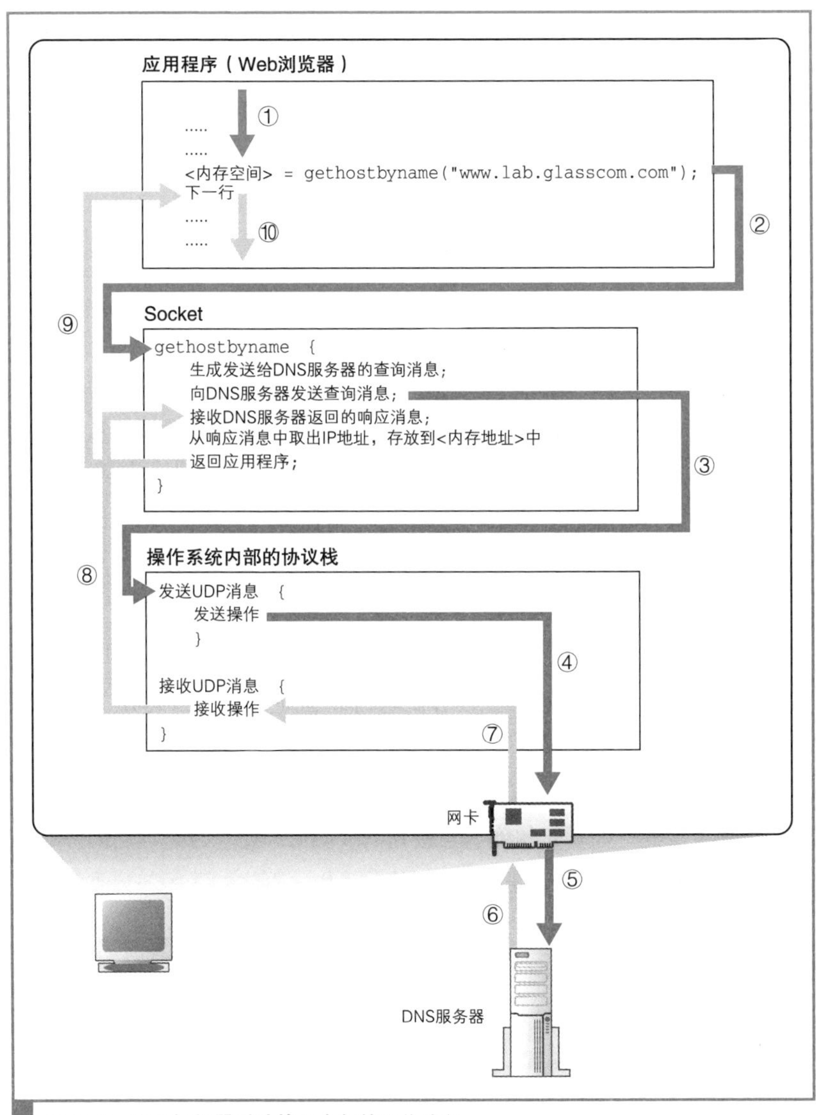

图 1.12 调用解析器时计算机内部的工作流程
通过让多个程序按顺序执行操作，数据就被发送出去了。

部的协议栈①来执行。这是因为和浏览器一样，解析器本身也不具备使用网络收发数据的功能。解析器调用协议栈后，控制流程会再次转移，协议栈会执行发送消息的操作，然后通过网卡将消息发送给 DNS 服务器（图 1.12 ④⑤）。

当 DNS 服务器收到查询消息后，它会根据消息中的查询内容进行查询。这个查询的过程有点复杂，我们稍后会进行讲解，这里先不关心具体的方法。

总之，如果要访问的 Web 服务器已经在 DNS 服务器上注册，那么这条记录就能够被找到，然后其 IP 地址会被写入响应消息并返回给客户端（图 1.12 ⑥）。接下来，消息经过网络到达客户端，再经过协议栈被传递给解析器（图 1.12 ⑦⑧），然后解析器读取出消息取出 IP 地址，并将 IP 地址传递给应用程序（图 1.12 ⑨）。实际上，解析器会将取出的 IP 地址写入应用程序指定的内存地址中，图 1.11 用“< 内存地址 >”来表示，在实际的程序代码中应该写的是代表这一内存地址的名称。

到这里，解析器的工作就完成了，控制流程重新回到应用程序（浏览器）。现在应用程序已经能够从内存中取出 IP 地址了，所以说 IP 地址是用这种方式传递给应用程序的。

计算机的内部结构就是这样一层一层的。也就是说，很多程序组成不同的层次，彼此之间分工协作。当接到上层委派的操作时，本层的程序并不会完成所有的工作，而是会完成一部分工作，再将剩下的部分委派到下层来完成。

顺带一提，向 DNS 服务器发送消息时，我们当然也需要知道 DNS 服务器的 IP 地址。只不过这个 IP 地址是作为 TCP/IP 的一个设置项目事先设置好的，不需要再去查询了。不同的操作系统中 TCP/IP 的设置方法也有差异，Windows 中的设置如图 1.13 所示，解析器会根据这里设置的 DNS 服务器 IP 地址来发送消息。

① 协议栈：操作系统内部的网络控制软件，也叫“协议驱动”“TCP/IP 驱动”等。

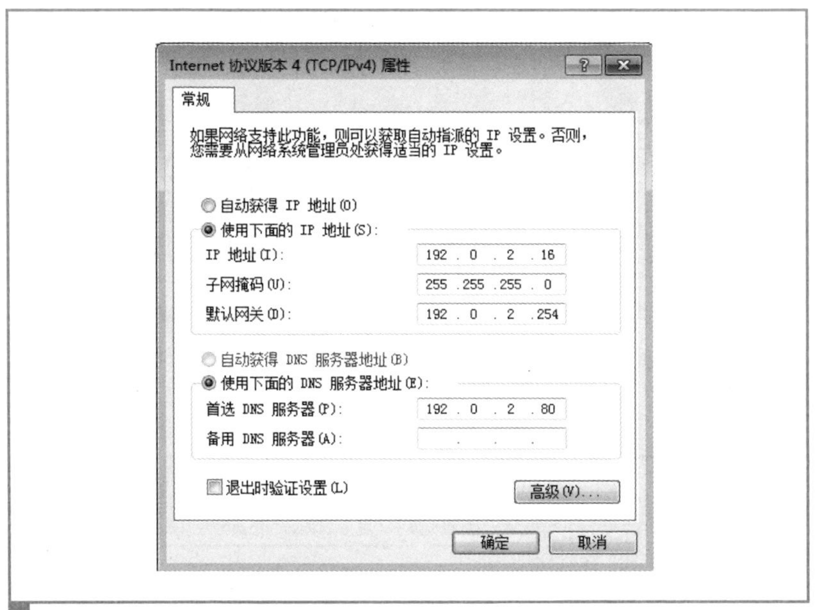

图 1.13　DNS 服务器地址的设置

1.3 全世界 DNS 服务器的大接力

1.3.1 DNS 服务器的基本工作

前文介绍了解析器与 DNS 服务器之间的交互过程，下面来了解一下 DNS 服务器的工作。DNS 服务器的基本工作就是接收来自客户端的查询消息，然后根据消息的内容返回响应。

其中，来自客户端的查询消息包含以下 3 种信息。

（a）域名

服务器、邮件服务器（邮件地址中 @ 后面的部分）的名称

（b）Class

在最早设计 DNS 方案时，DNS 在互联网以外的其他网络中的应用

也被考虑到了，而 Class 就是用来识别网络的信息。不过，如今除了互联网并没有其他的网络了，因此 Class 的值永远是代表互联网的 IN

（c）记录类型

表示域名对应何种类型的记录。例如，当类型为 A 时，表示域名对应的是 IP 地址；当类型为 MX 时，表示域名对应的是邮件服务器。对于不同的记录类型，服务器向客户端返回的信息也会不同

DNS 服务器上事先保存有前面这 3 种信息对应的记录数据，如图 1.14 所示。DNS 服务器就是根据这些记录查找符合查询请求的内容并对客户端作出响应的。

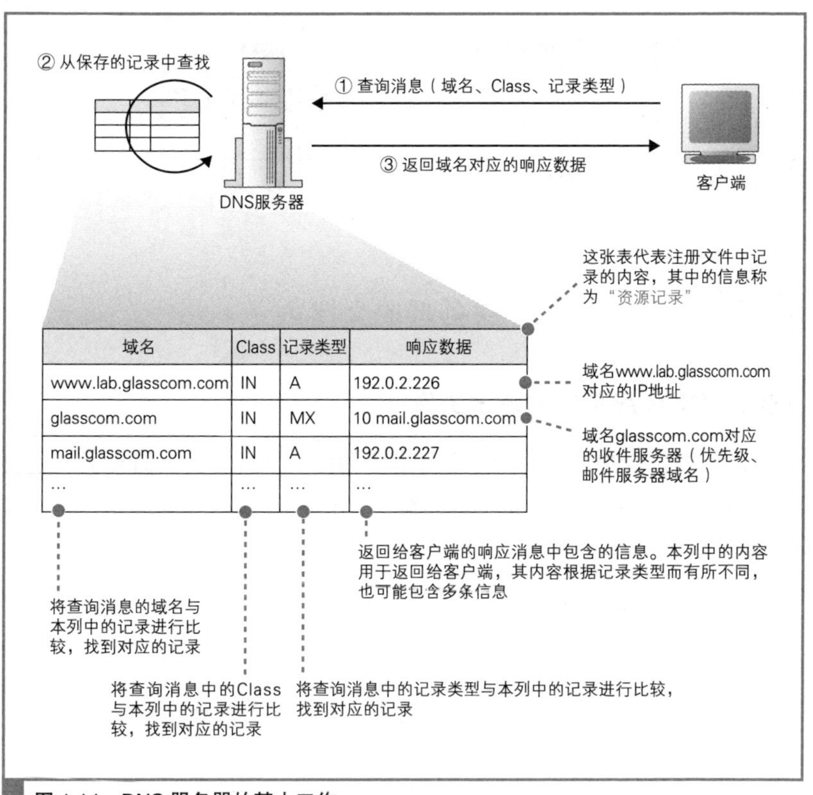

图 1.14　DNS 服务器的基本工作

例如，如果要查询 www.lab.glasscom.com 这个域名对应的 IP 地址，客户端会向 DNS 服务器发送包含以下信息的查询消息。

（a）域名 = www.lab.glasscom.com

（b）Class = IN

（c）记录类型 = A

然后，DNS 服务器会从已有的记录中查找域名、Class 和记录类型全部匹配的记录。假如 DNS 服务器中的记录如图 1.14 所示，那么第一行记录与查询消息中的 3 个项目完全一致。于是，DNS 服务器会将记录中的 192.0.2.226 这个值返回给客户端。然而，Web 服务器的域名有很多都是像 www.lab.glasscom.com 这样以 www 开头的，但这并不是一定之规，只是因为最早设计 Web 的时候，很多 Web 服务器都采用了 www 这样的命名，后来就形成了一个惯例而已。因此，无论是 WebServer1 也好，MySrv 也好，只要是作为 A[①] 记录在 DNS 服务器上注册的，都可以作为 Web 服务器的域名[②]。

在查询 IP 地址时我们使用 A 这个记录类型，而查询邮件服务器时则要使用 MX[③] 类型。这是因为在 DNS 服务器上，IP 地址是保存在 A 记录中的，而邮件服务器则是保存在 MX 记录中的。例如，对于一个邮件地址 tone@glasscom.com，当需要知道这个地址对应的邮件服务器时，我们需要提供 @ 后面的那一串名称。查询消息的内容如下。

（a）域名 = glasscom.com

（b）Class = IN

（c）记录类型 = MX

---

① A 是 Address 的缩写。

② 不仅是 Web 服务器，像邮件服务器、数据库服务器等，无论任何服务器，只要注册了 A 类型的记录，都可以作为服务器的域名来使用。准确来说，A 类型的记录表示与 IP 地址所对应的域名，因此与其说是某个服务器的域名，不如说是被分配了某个 IP 地址的某台具体设备的域名。

③ MX：Mail eXchange，邮件交换。

DNS 服务器会返回 10 和 mail.glasscom.com 这两条信息。当记录类型为 MX 时，DNS 服务器会在记录中保存两种信息，分别是邮件服务器的优先级[①] 和域名。此外，MX 记录的返回消息还包括邮件服务器 mail.glasscom.com 的 IP 地址。上表的第三行就是 mail.glasscom.com 的 IP 地址，因此只要用 mail.glasscom.com 的域名就可以找到这条记录。在这个例子中，我们得到的 IP 地址是 192.0.2.227。

综上所述，DNS 服务器的基本工作就是根据需要查询的域名和记录类型查找相关的记录，并向客户端返回响应消息。

DNS 服务器会从域名与 IP 地址的对照表中查找相应的记录，并返回 IP 地址。

前面只介绍了 A 和 MX 这两个记录类型，实际上还有很多其他的类型。例如根据 IP 地址反查域名的 PTR 类型，查询域名相关别名的 CNAME 类型，查询 DNS 服务器 IP 地址的 NS 类型，以及查询域名属性信息的 SOA 类型等。尽管 DNS 服务器的工作原理很简单，不过是根据查询消息中的域名和记录类型来进行查找并返回响应的信息而已，但通过组合使用不同的记录类型，就可以处理各种各样的信息。

此外，虽然图 1.14 展示的是表格形式，但实际上这些信息是保存在配置文件中的，表格中的一行信息被称为一条资源记录。

1.3.2 域名的层次结构

在前面的讲解中，我们假设要查询的信息已经保存在 DNS 服务器内部的记录中了。如果是在像公司内部网络这样 Web 和邮件服务器数量有限的环境中，所有的信息都可以保存在一台 DNS 服务器中，其工作方式也就完全符合我们前面讲解的内容。然而，互联网中存在着不计其数的服务器，

① 当一个邮件地址对应多个邮件服务器时，需要根据优先级来判断哪个邮件服务器是优先的。优先级数值较小的邮件服务器代表更优先。

将这些服务器的信息全部保存在一台 DNS 服务器中是不可能的，因此一定会出现在 DNS 服务器中找不到要查询的信息的情况。下面来看一看此时 DNS 服务器是如何工作的。

直接说答案的话很简单，就是将信息分布保存在多台 DNS 服务器中，这些 DNS 服务器相互接力配合，从而查找出要查询的信息。不过，这个机制其实有点复杂，因此我们先来看一看信息是如何在 DNS 服务器上注册并保存的。

首先，DNS 服务器中的所有信息都是按照域名以分层次的结构来保存的。层次结构这个词听起来可能有点不容易懂，其实就类似于公司中的事业集团、部门、科室这样的结构。层次结构能够帮助我们更好地管理大量的信息。

DNS 中的域名都是用句点来分隔的，比如 www.lab.glasscom.com，这里的句点代表了不同层次之间的界限，就相当于公司里面的组织结构不用部、科之类的名称来划分，只是用句点来分隔而已[①]。在域名中，越靠右的位置表示其层级越高，比如 www.lab.glasscom.com 这个域名如果按照公司里的组织结构来说，大概就是“com 事业集团 glasscom 部 lab 科的 www”这样。其中，相当于一个层级的部分称为域。因此，com 域的下一层是 glasscom 域，再下一层是 lab 域，再下面才是 www 这个名字。

这种具有层次结构的域名信息会注册到 DNS 服务器中，而每个域都是作为一个整体来处理的。换句话说就是，一个域的信息是作为一个整体存放在 DNS 服务器中的，不能将一个域拆开来存放在多台 DNS 服务器中。不过，DNS 服务器和域之间的关系也并不总是一对一的，一台 DNS 服务器中也可以存放多个域的信息。为了避免把事情搞得太复杂，这里先假设一台 DNS 服务器中只存放一个域的信息，后面的讲解也是基于这个前提来进行的。于是，DNS 服务器也具有了像域名一样的层次结构，每个域的信息都存放在相应层级的 DNS 服务器中。例如，这里有一个公司的域，那么

① 公司里面的部、科之类的名称会让层次变得固化，缺乏灵活性，而用句点来分隔则可以很容易地增加新的层次，从而提高了灵活性。

就相应地有一台 DNS 服务器，其中存放了公司中所有 Web 服务器和邮件服务器的信息[①]。

这里再补充一点。对于公司域来说，例如现在需要为每一个事业集团配备一台 DNS 服务器，分别管理各事业集团自己的信息，但我们之前也说过一个域是不可分割的，这该怎么办呢？没关系，我们可以在域的下面创建下级域[②]，然后再将它们分别分配给各个事业集团。比如，假设公司的域为 example.co.jp，我们可以在这个域的下面创建两个子域，即 sub1.example.co.jp 和 sub2.example.co.jp，然后就可以将这两个下级域分配给不同的事业集团来使用。如果公司下级的组织不是事业部而是子公司，对于域来说也是没有区别的。因为域并不代表“事业集团”这一特定组织，无论是子公司还是什么别的组织名称，都可以分配相应的域。实际上，互联网中的域也是一样，通过创建下级的域来分配给不同的国家、公司和组织使用。通过实际的域名可能更容易理解，比如 www.nikkeibp.co.jp 这个域名，最上层的 jp 代表分配给日本这个国家的域；下一层的 co 是日本国内进行分类的域，代表公司；再下层的 nikkeibp 就是分配给某个公司的域；最下层的 www 就是服务器的名称。

1.3.3 寻找相应的 DNS 服务器并获取 IP 地址

下面再来看一看如何找到 DNS 服务器中存放的信息。这里的关键在于如何找到我们要访问的 Web 服务器的信息归哪一台 DNS 服务器管。

互联网中有数万台 DNS 服务器，肯定不能一台一台挨个去找。我们可以采用下面的办法。首先，将负责管理下级域的 DNS 服务器的 IP 地址注册到它们的上级 DNS 服务器中，然后上级 DNS 服务器的 IP 地址再注册到更上一级的 DNS 服务器中，以此类推。也就是说，负责管理 lab.glasscom.

---

① 实际上，由于一台 DNS 服务器可以存放多个域的信息，因此并不是每个域名都有一台与之相对应的 DNS 服务器。比如网络运营商的 DNS 服务器中就存放了很多个域的信息。

② 下级的域称为“子域”。

com 这个域的 DNS 服务器的 IP 地址需要注册到 glasscom.com 域的 DNS 服务器中，而 glasscom.com 域的 DNS 服务器的 IP 地址又需要注册到 com 域的 DNS 服务器中。这样，我们就可以通过上级 DNS 服务器查询出下级 DNS 服务器的 IP 地址，也就可以向下级 DNS 服务器发送查询请求了。

在前面的讲解中，似乎 com、jp 这些域（称为顶级域）就是最顶层了，它们各自负责保存下级 DNS 服务器的信息，但实际上并非如此。在互联网中，com 和 jp 的上面还有一级域，称为根域。根域不像 com、jp 那样有自己的名字，因此在一般书写域名时经常被省略，如果要明确表示根域，应该像 www.lab.glasscom.com. 这样在域名的最后再加上一个句点，而这个最后的句点就代表根域。不过，一般都不写最后那个句点，因此根域的存在往往被忽略，但根域毕竟是真实存在的，根域的 DNS 服务器中保管着 com、jp 等的 DNS 服务器的信息。由于上级 DNS 服务器保管着所有下级 DNS 服务器的信息，所以我们可以从根域开始一路往下顺藤摸瓜找到任意一个域的 DNS 服务器。

除此之外还需要完成另一项工作，那就是将根域的 DNS 服务器信息保存在互联网中所有的 DNS 服务器中。这样一来，任何 DNS 服务器就都可以找到并访问根域 DNS 服务器了。因此，客户端只要能够找到任意一台 DNS 服务器，就可以通过它找到根域 DNS 服务器，然后再一路顺藤摸瓜找到位于下层的某台目标 DNS 服务器（图 1.15）。分配给根域 DNS 服务器的 IP 地址在全世界仅有 13 个[①]，而且这些地址几乎不发生变化，因此将这些地址保存在所有的 DNS 服务器中也并不是一件难事。实际上，根域 DNS 服务器的相关信息已经包含在 DNS 服务器程序的配置文件中了，因此只要安装了 DNS 服务器程序，这些信息也就被自动配置好了。

到这里所有的准备工作就都完成了。当我们配置一台 DNS 服务器时，必须要配置好上面这些信息，这样 DNS 服务器就能够从上万台 DNS 服务器中找到目标服务器。下面就来看一看这个过程是如何进行的。

---

① 根域 DNS 服务器在运营上使用多台服务器来对应一个 IP 地址，因此尽管 IP 地址只有 13 个，但其实服务器的数量是很多的。

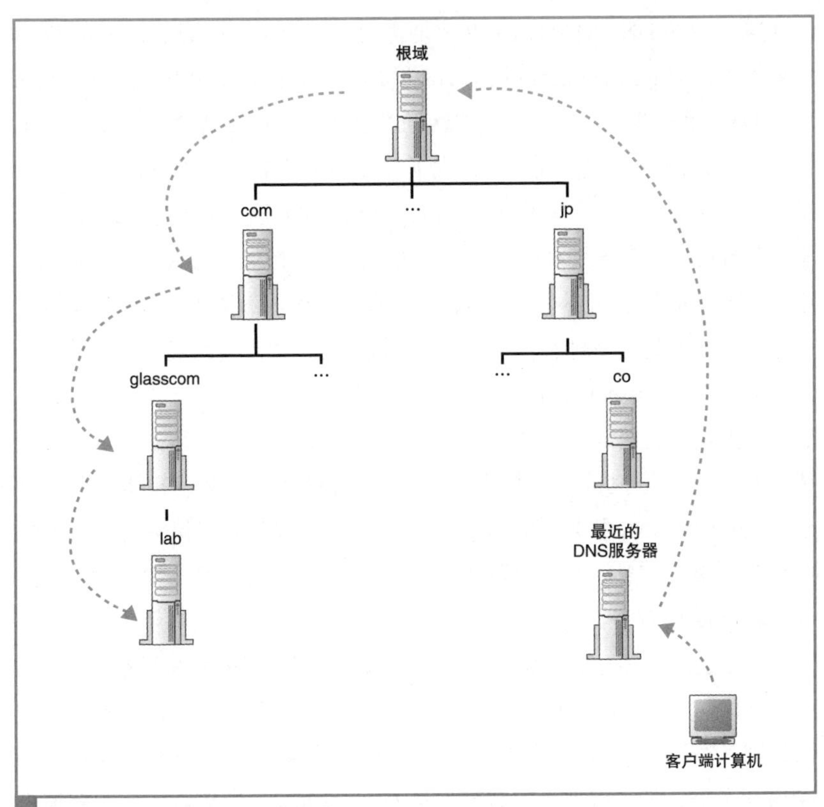

图 1.15 找到目标 DNS 服务器

如图 1.16 所示，客户端首先会访问最近的一台 DNS 服务器（也就是客户端的 TCP/IP 设置中填写的 DNS 服务器地址），假设我们要查询 www.lab.glasscom.com 这台 Web 服务器的相关信息（图 1.16 ①）。由于最近的 DNS 服务器中没有存放 www.lab.glasscom.com 这一域名对应的信息，所以我们需要从顶层开始向下查找。最近的 DNS 服务器中保存了根域 DNS 服务器的信息，因此它会将来自客户端的查询消息转发给根域 DNS 服务器（图 1.16 ②）。根域服务器中也没有 www.lab.glasscom.com 这个域名，但根据域名结构可以判断这个域名属于 com 域，因此根域 DNS 服务器会返回它所管理的 com 域中的 DNS 服务器的 IP 地址，意思是“虽然我不知道你要查的那个域名的地址，但你可以去 com 域问问看”。接下来，最近的 DNS 服务器又会向 com 域的 DNS 服务器发送查询消息（图 1.16 ③）。com 域中也没有 www.lab.glasscom.com 这个域名的信息，和刚才一样，com 域服务器会返回它下面的 glasscom.com 域的 DNS 服务器的 IP 地址。以此类推，只要重复前面的步骤，就可以顺藤摸瓜找到目标 DNS 服务器（图 1.16 ⑤），只要向目标 DNS 服务器发送查询消息，就能够得到我们需要的答案，也就是 www.lab.glasscom.com 的 IP 地址了。

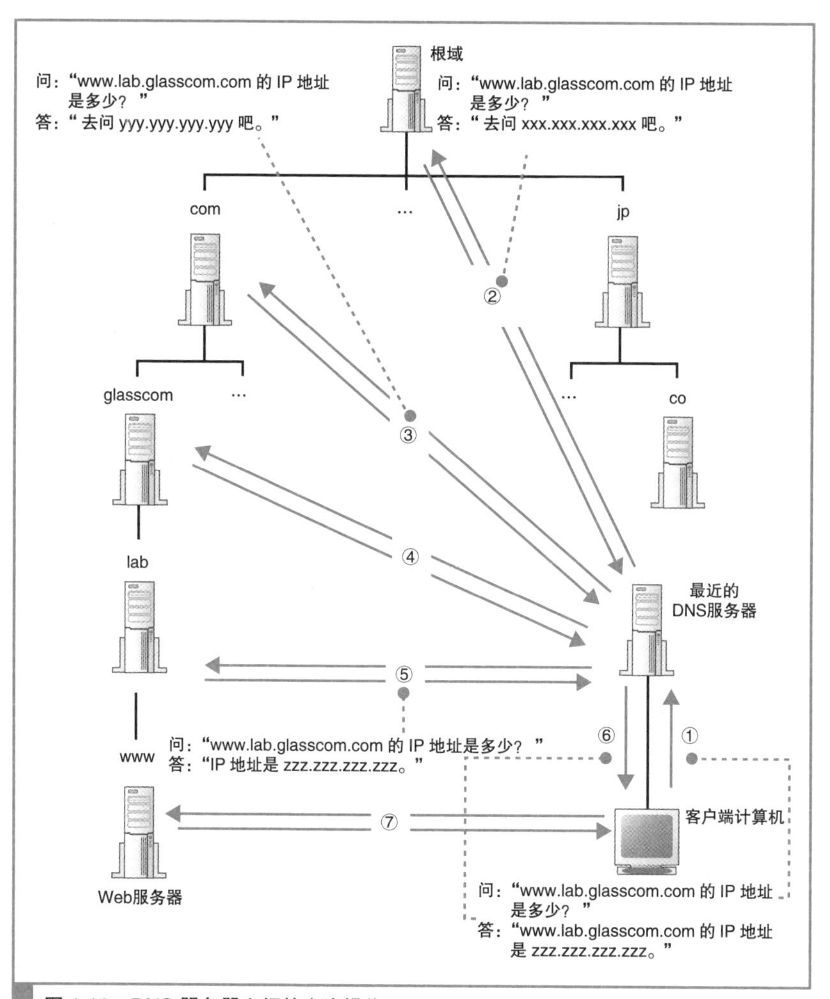

图 1.16 DNS 服务器之间的查询操作

收到客户端的查询消息之后，DNS 服务器会按照前面的方法来查询 IP 地址，并返回给客户端（图 1.16 ⑥）。这样，客户端就知道了 Web 服务器的 IP 地址，也就能够对其进行访问了（图 1.16 ⑦）。

搞清楚了 DNS 服务器的工作方式之后，我们将图 1.12 和图 1.16 连起来看看。图 1.16 中的①和⑥分别相当于图 1.12 中的⑤和⑥，将这部分重合起来，就可以将这两张图连起来了。不过，在图 1.12 和图 1.16 中，客户端和 DNS 服务器的上下位置关系是颠倒着的，因此需要将其中一张图倒过来看。这样，我们就可以看清楚浏览器调用 gethostbyname 查询 Web 服务器地址的全貌，这也就是向 DNS 服务器查询 IP 地址的实际过程。

1.3.4 通过缓存加快 DNS 服务器的响应

图 1.16 展示的是基本原理，与真实互联网中的工作方式还是有一些区别的。在真实的互联网中，一台 DNS 服务器可以管理多个域的信息，因此并不是像图 1.16 这样每个域都有一台自己的 DNS 服务器。图中，每一个域旁边都写着一台 DNS 服务器，但现实中上级域和下级域有可能共享同一台 DNS 服务器。在这种情况下，访问上级 DNS 服务器时就可以向下跳过一级 DNS 服务器，直接返回再下一级 DNS 服务器的相关信息。

此外，有时候并不需要从最上级的根域开始查找，因为 DNS 服务器有一个缓存[①]功能，可以记住之前查询过的域名。如果要查询的域名和相关信息已经在缓存中，那么就可以直接从缓存中得到所需的信息，接下来的查询可以从缓存的位置开始向下进行。相比每次都从根域找起来说，缓存可以减少查询所需的时间。

并且，当要查询的域名不存在时，“不存在”这一响应结果也会被缓存。这样，当下次查询这个不存在的域名时，也可以快速响应。

这个缓存机制中有一点需要注意，那就是信息被缓存后，原本的注册信息可能会发生改变，这时缓存中的信息就有可能是不正确的。因此，DNS 服

① 缓存：指的是将使用过的数据存放在离使用该数据的地方较近的高速存储装置中，以便提高后续访问速度的技术。这一技术有很多应用，如 CPU 和内存之间的缓存、磁盘和内存之间的缓存等，在网络中缓存也是一种用来提高访问速度的普遍性技术。

务器中保存的信息都设置有一个有效期，当缓存中的信息超过有效期后，数据就会从缓存中删除。而且，在对查询进行响应时，DNS 服务器也会告知客户端这一响应的结果是来自缓存中还是来自负责管理该域名的 DNS 服务器。

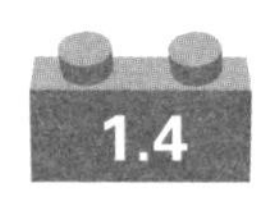

1.4 委托协议栈发送消息

1.4.1 数据收发操作概览

知道了 IP 地址之后，就可以委托操作系统内部的协议栈向这个目标 IP 地址，也就是我们要访问的 Web 服务器发送消息了。要发送给 Web 服务器的 HTTP 消息是一种数字信息（digital data），因此也可以说是委托协议栈来发送数字信息。收发数字信息这一操作不仅限于浏览器，对于各种使用网络的应用程序来说都是共通的。因此，这一操作的过程也不仅适用于 Web，而是适用于任何网络应用程序①。下面就来一起探索这一操作的过程。

和向 DNS 服务器查询 IP 地址的操作一样，这里也需要使用 Socket 库中的程序组件。不过，查询 IP 地址只需要调用一个程序组件就可以了，而这里需要按照指定的顺序调用多个程序组件，这个过程有点复杂。发送数据是一系列操作相结合来实现的，如果不能理解这个操作的全貌，就无法理解其中每个操作的意义。因此，我们先来介绍一下收发数据操作的整体思路。

向操作系统内部的协议栈发出委托时，需要按照指定的顺序来调用 Socket 库中的程序组件。

使用 Socket 库来收发数据的操作过程如图 1.17 所示②。简单来说，收发数据的两台计算机之间连接了一条数据通道，数据沿着这条通道流动，最

① 通过 DNS 服务器查询 IP 地址的操作也同样适用于所有网络应用程序。

② 图 1.17 中展示的是用 TCP 协议来收发数据的过程，还有另外一种名为 UDP（User Datagram Protocol，用户数据报协议）的协议，其收发数据的过程将在后面进行讲解。

终到达目的地。我们可以把数据通道想象成一条管道，将数据从一端送入管道，数据就会到达管道的另一端然后被取出。数据可以从任何一端被送入管道，数据的流动是双向的。不过，这并不是说现实中真的有这么一条管道，只是为了帮助大家理解数据收发操作的全貌。

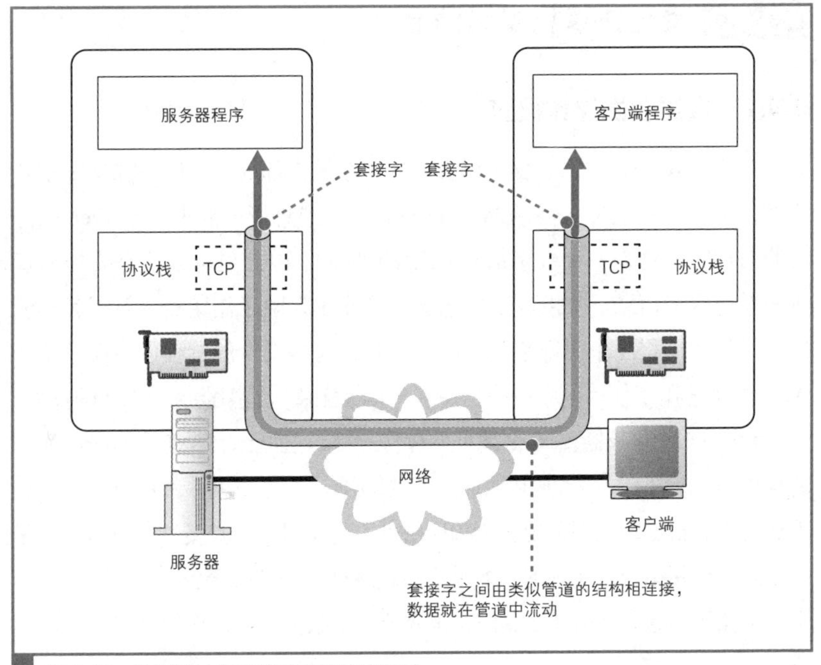

图 1.17　数据通过类似管道的结构来流动

收发数据的整体思路就是这样，但还有一点也非常重要。光从图上来看，这条管道好像一开始就有，实际上并不是这样，在进行收发数据操作之前，双方需要先建立起这条管道才行。建立管道的关键在于管道两端的数据出入口，这些出入口称为套接字。我们需要先创建套接字，然后再将套接字连接起来形成管道。实际的过程是下面这样的。首先，服务器一方先创建套接字，然后等待客户端向该套接字连接管道[①]。当服务器进入等待

① 服务器程序一般会在启动后就创建好套接字并等待客户端连接管道。

状态时，客户端就可以连接管道了。具体来说，客户端也会先创建一个套接字，然后从该套接字延伸出管道，最后管道连接到服务器端的套接字上。当双方的套接字连接起来之后，通信准备就完成了。接下来，就像我们刚刚讲过的一样，只要将数据送入套接字就可以收发数据了。

我们再来看一看收发数据操作结束时的情形。当数据全部发送完毕之后，连接的管道将会被断开。管道在连接时是由客户端发起的，但在断开时可以由客户端或服务器任意一方发起[①]。其中一方断开后，另一方也会随之断开，当管道断开后，套接字也会被删除。到此为止，通信操作就结束了。

综上所述，收发数据的操作分为若干个阶段，可以大致总结为以下 4 个。

（1）创建套接字（创建套接字阶段）

（2）将管道连接到服务器端的套接字上（连接阶段）

（3）收发数据（通信阶段）

（4）断开管道并删除套接字（断开阶段）

在每个阶段，Socket 库中的程序组件都会被调用来执行相关的数据收发操作。不过，在探索其具体过程之前，我们来补充一点内容。前面这 4 个操作都是由操作系统中的协议栈来执行的，浏览器等应用程序并不会自己去做连接管道、放入数据这些工作，而是委托协议栈来代劳。本章将要介绍的只是这个“委托”的操作。关于协议栈收到委托之后具体是如何连接管道和放入数据的，我们将在第 2 章介绍。此外，这些委托的操作都是通过调用 Socket 库中的程序组件来执行的，但这些数据通信用的程序组件其实仅仅充当了一个桥梁的角色，并不执行任何实质性的操作，应用程序的委托内容最终会被原原本本地传递给协议栈。因此，我们无法形象地展示这些程序组件到底完成了怎样的工作，与其勉强强调 Socket 库的存在，还不如将 Socket 库和协议栈看成一个整体并讲解它们的整体行为让人

① 实际上，管道切断的顺序是根据应用程序的规则来决定的。在 Web 中，断开顺序根据 HTTP 版本的不同而不同，在 HTTP1.0 中，当服务器向客户端发送完所有 Web 数据之后，服务器一方会断开管道。1.4.5 一节会有详细介绍。

更容易理解。因此，后文将会采用这样的讲法。不过，请大家不要忘记Socket库这一桥梁的存在，正如图1.12中所示的一样。

1.4.2 创建套接字阶段

下面我们就来探索一下应用程序（浏览器）委托收发数据的过程。这个过程的关键点就是像对DNS服务器发送查询一样，调用Socket库中的特定程序组件。访问DNS服务器时我们调用的是一个叫作gethostbyname的程序组件（也就是解析器），而这一次则需要按照一定的顺序调用若干个程序组件，其过程如图1.18所示，请大家边看图边继续看下面的讲解。其中，调用Socket库中的程序组件的思路和图1.11旁边关于调用解析器的说明是一样的，请大家回忆一下。

首先是套接字创建阶段。客户端创建套接字的操作非常简单，只要调用Socket库中的socket程序组件[①]就可以了（图1.18①）。和调用解析器一样，调用socket之后，控制流程会转移到socket内部并执行创建套接字的操作，完成之后控制流程又会被移交回应用程序。只不过，socket的内部操作并不像解析器那样简单，因此我们将在第2章为大家详细讲解这部分内容[②]。现在大家只要知道调用socket后套接字就创建好了就可以了。

套接字创建完成后，协议栈会返回一个描述符，应用程序会将收到的描述符存放在内存中。描述符是用来识别不同的套接字的，大家可以作如下理解。我们现在只关注了浏览器访问Web服务器的过程，但实际上计算机中会同时进行多个数据的通信操作，比如可以打开两个浏览器窗口，同时访问两台Web服务器。这时，有两个数据收发操作在同时进行，也就需要创建两个不同的套接字。这个例子说明，同一台计算机上可能同时存在

① 书中出现了Socket、socket、套接字（英文也是socket）等看起来非常容易混淆的词，其中小写的socket表示程序组件的名称，大写字母开头的Socket表示库，而汉字的“套接字”则表示管道两端的接口。

② 后面将提到的connect、write、read、close等程序组件的内部操作也将在第2章讲解。

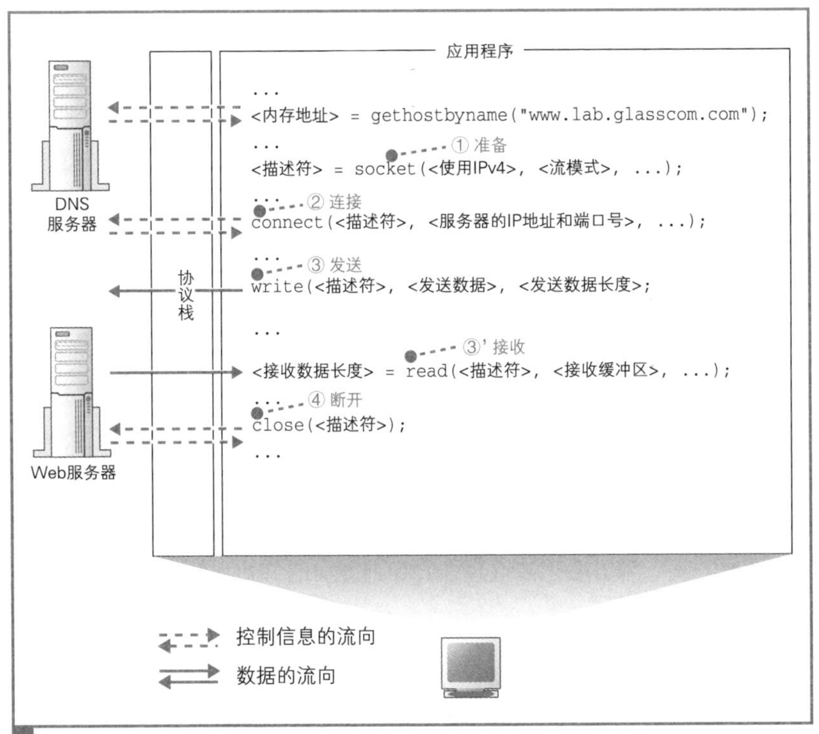

图 1.18 客户端和服务器之间收发数据操作的情形
内部分为创建套接字、连接 Web 服务器、发送数据、接收数据、断开连接几个阶段。

多个套接字，在这样的情况下，我们就需要一种方法来识别出某个特定的套接字，这种方法就是描述符。我们可以将描述符理解成给某个套接字分配的编号。也许光说编号还不够形象，大家可以想象一下在酒店寄存行李时的场景，酒店服务人员会给你一个号码牌，向服务人员出示号码牌，就可以取回自己寄存的行李，描述符的原理和这个差不多。当创建套接字后，我们就可以使用这个套接字来执行收发数据的操作了。这时，只要我们出示描述符，协议栈就能够判断出我们希望用哪一个套接字来连接或者收发数据了。

应用程序是通过“描述符”这一类似号码牌的东西来识别套接字的。

1.4.3 连接阶段：把管道接上去

接下来，我们需要委托协议栈将客户端创建的套接字与服务器那边的套接字连接起来。应用程序通过调用 Socket 库中的名为 connect 的程序组件来完成这一操作。这里的要点是当调用 connect 时，需要指定描述符、服务器 IP 地址和端口号这 3 个参数（图 1.18 ②）。

第 1 个参数，即描述符，就是在创建套接字的时候由协议栈返回的那个描述符。connect 会将应用程序指定的描述符告知协议栈，然后协议栈根据这个描述符来判断到底使用哪一个套接字去和服务器端的套接字进行连接，并执行连接的操作[①]。

第 2 个参数，即服务器 IP 地址，就是通过 DNS 服务器查询得到的我们要访问的服务器的 IP 地址。在 DNS 服务器的部分已经讲过，在进行数据收发操作时，双方必须知道对方的 IP 地址并告知协议栈。这个参数就是那个 IP 地址了。

第 3 个参数，即端口号，这个需要稍微解释一下。可能大家会觉得，IP 地址就像电话号码，只要知道了电话号码不就可以联系到对方了吗？其实，网络通信和电话还是有区别的，我们先来看一看 IP 地址到底能用来干什么。IP 地址是为了区分网络中的各个计算机而分配的数值[②]。因此，只要知道了 IP 地址，我们就可以识别出网络上的某台计算机。但是，连接操作的对象是某个具体的套接字，因此必须要识别到具体的套接字才行，而仅凭 IP 地址是无法做到这一点的。我们打电话的时候，也需要通过“请帮我找一下某某某”这样的方式来找到具体的某个联系人，而端口号就是这样

---

① 当调用 Socket 库中的程序组件时，应用程序所指定的参数会通过 Socket 库的程序组件传递给协议栈，并由协议栈来实际执行相应的操作。在后面的内容中，这一过程都是相同的，因此不再赘述。

② 准确地说，IP 地址不是分配给每一台设备的，而是分配给设备中安装的网络硬件的。因此，如果一台设备中安装了多个网络硬件，那么就会有多个 IP 地址。

一种方式。当同时指定 IP 地址和端口号时，就可以明确识别出某台具体的计算机上的某个具体的套接字。

也许有人会说："能不能用前面创建套接字时提到的那个描述符来识别套接字呢?" 这种方法其实是行不通的，因为描述符是和委托创建套接字的应用程序进行交互时使用的，并不是用来告诉网络连接的另一方的，因此另一方并不知道这个描述符。同样地，客户端也无法知道服务器上的描述符。因此，客户端也无法通过服务器端的描述符去确定位于服务器上的某一个套接字。所以，我们需要另外一个对客户端也同样适用的机制，而这个机制就是端口号。如果说描述符是用来在一台计算机内部识别套接字的机制，那么端口号就是用来让通信的另一方能够识别出套接字的机制[①]。

既然需要通过端口号来确定连接对象的套接字，那么到底应该使用几号端口呢？网址中好像并没有端口号[②]，也不能像 IP 地址一样去问 DNS 服务器[③]。找了半天也没有任何线索，这可怎么办？其实，这件事情也并没有那么神奇，服务器上所使用的端口号是根据应用的种类事先规定好的，仅此而已。比如 Web 是 80 号端口，电子邮件是 25 号端口[④]。关于端口号，我们将在第 6 章探索服务器内部工作的时候进行介绍，这里大家只要这样记住就行了：只要指定了事先规定好的端口号，就可以连接到相应的服务器程序的套接字。也就是说，浏览器访问 Web 服务器时使用 80 号端口，这是已经规定好的。

可能大家还有一个疑问，既然确定连接对象的套接字需要使用端口号，

---

① 也许会有人说，既然可以用端口号来识别套接字，那为什么还需要描述符呢？要回答这个问题，我们需要对端口号进行更深入的了解，详细请参见 6.1.3 节的讲解。

② 看图 1.1 的前两张图，实际上根据网址的规则，是有用来写端口号的地方的，但实际的网址中很少出现端口号，大部分情况下都省略了。

③ 实际上存在通过 DNS 服务器查询端口号的机制，只能说并没有广泛普及。

④ 端口号的规则是全球统一的，为了避免重复和冲突，端口号和 IP 地址一样都是由 IANA（Internet Assigned Number Authority，互联网编号管理局）这一组织来统一管理的。

那么服务器也得知道客户端套接字的端口号才行吧，这个问题是怎么解决的呢？事情是这样的，首先，客户端在创建套接字时，协议栈会为这个套接字随便分配一个端口号[①]。接下来，当协议栈执行连接操作时，会将这个随便分配的端口号通知给服务器。这部分内容我们会在第2章探索协议栈内部工作时进行介绍。

说了这么多，总而言之，就是当调用connect时，协议栈就会执行连接操作。当连接成功后，协议栈会将对方的IP地址和端口号等信息保存在套接字中，这样我们就可以开始收发数据了。

描述符：应用程序用来识别套接字的机制

IP地址和端口号：客户端和服务器之间用来识别对方套接字的机制

1.4.4 通信阶段：传递消息

当套接字连接起来之后，剩下的事情就简单了。只要将数据送入套接字，数据就会被发送到对方的套接字中。当然，应用程序无法直接控制套接字，因此还是要通过Socket库委托协议栈来完成这个操作。这个操作需要使用write这个程序组件，具体过程如下。

首先，应用程序需要在内存中准备好要发送的数据。根据用户输入的网址生成的HTTP请求消息就是我们要发送的数据。接下来，当调用write时，需要指定描述符和发送数据（图1.18③），然后协议栈就会将数据发送到服务器。由于套接字中已经保存了已连接的通信对象的相关信息，所以只要通过描述符指定套接字，就可以识别出通信对象，并向其发送数据。接着，发送数据会通过网络到达我们要访问的服务器。

接下来，服务器执行接收操作，解析收到的数据内容并执行相应的操作，向客户端返回响应消息[②]。

---

① 在创建套接字时，服务器也可以自行指定端口号，但一般并不常用。

② 详细内容在第6章讲解。

当消息返回后，需要执行的是接收消息的操作。接收消息的操作是通过 Socket 库中的 read 程序组件委托协议栈来完成的（图 1.18 ③'）。调用 read 时需要指定用于存放接收到的响应消息的内存地址，这一内存地址称为接收缓冲区。于是，当服务器返回响应消息时，read 就会负责将接收到的响应消息存放到接收缓冲区中。由于接收缓冲区是一块位于应用程序内部的内存空间，因此当消息被存放到接收缓冲区中时，就相当于已经转交给了应用程序。

1.4.5 断开阶段：收发数据结束

当浏览器收到数据之后，收发数据的过程就结束了。接下来，我们需要调用 Socket 库的 close 程序组件进入断开阶段（图 1.18 ④）。最终，连接在套接字之间的管道会被断开，套接字本身也会被删除。

断开的过程如下。Web 使用的 HTTP 协议规定，当 Web 服务器发送完响应消息之后，应该主动执行断开操作[①]，因此 Web 服务器会首先调用 close 来断开连接。断开操作传达到客户端之后，客户端的套接字也会进入断开阶段。接下来，当浏览器调用 read 执行接收数据操作时，read 会告知浏览器收发数据操作已结束，连接已经断开。浏览器得知后，也会调用 close 进入断开阶段。

这就是 HTTP 的工作过程。HTTP 协议将 HTML 文档和图片都作为单独的对象来处理，每获取一次数据，就要执行一次连接、发送请求消息、接收响应消息、断开的过程。因此，如果一个网页中包含很多张图片，就必须重复进行很多次连接、收发数据、断开的操作。对于同一台服务器来说，重复连接和断开显然是效率很低的，因此后来人们又设计出了能够在一次连接中收发多个请求和响应的方法。在 HTTP 版本 1.1 中就可以使用这种方法，在这种情况下，当所有数据都请求完成后，浏览器会主动触发断开连接的操作。

① 根据应用种类不同，客户端和服务器哪一方先执行 close 都有可能。有些应用中是客户端先执行 close，而另外一些应用中则是服务器先执行 close。

本章我们探索了浏览器与 Web 服务器之间收发消息的过程，但实际负责收发消息的是协议栈、网卡驱动和网卡，只有这 3 者相互配合，数据才能够在网络中流动起来。下一章我们将对这一部分进行探索。

小测验

本章的旅程告一段落，我们为大家准备了一些小测验题目，请确认一下自己的成果吧。

问题

1. http://www.nikkeibp.co.jp/ 中的 http 代表什么意思？
2. 下面两个网址有什么不同？
   a. http://www.nikkeibp.co.jp/sample
   b. http://www.nikkeibp.co.jp/sample/
3. 用来识别连接在互联网上的计算机和服务器的地址叫什么？
4. 根据 Web 服务器的域名来查询 IP 地址时所使用的服务器叫什么？
5. 向 DNS 服务器发送请求消息的程序叫什么？

Column

网络术语其实很简单

怪杰 Resolver[①]

词汇是人类创造的，如果能理解词汇创造者的思路，也就能理解这个词的真正含义。而理解网络中每个词汇的真正含义之后，对网络的理解也会更加深入，反过来也会更加理解设计和创造网络的那些人。各位有不懂的词吗？问问我们的探索队长吧！

探索队员：DNS 客户端的名字叫解析器，这个名字有点怪呢，为什么要叫解析器呢？

探索队长：你知道英语里面 resolve 这个词是什么意思吗？

队员：哎？不知道……等等，我查查字典。嗯……好像是分析、求解、转换之类的意思呢。

队长：那么字典上有没有给出这个词的名词形式？

队员：哦，是 resolver。

队长：那就对了，解析器的英文就是 resolver，明白了不？

队员：可是我还是不明白啊，别卖关子了赶快告诉我好不好？

队长：没卖关子啊，分析、求解、转换，这不就是解析器的工作吗？

队员：是吗？我还是不明白它到底是分析了什么啊……

队长：你回想一下解析器的工作方式，解析器到底是用来干什么的呢？

队员：当需要根据域名查询 IP 地址的时候向 DNS 服务器发送查询消息之类的吧……

队长：发送查询之后呢？

队员：DNS 服务器会返回响应。

队长：接收这个响应然后把答案告诉应用程序，这也是解析器的工作对吧？

队员：是呢。

队长：在调用解析器的应用程序看来，

---

① “怪杰”一词出自“怪杰佐罗”，日语中“怪杰”与“解决”(resolve)的读音相同，这里是一个谐音的梗。——译者注

我只要给解析器一个域名，解析器就能分析它并给我求出IP地址，是不是？

队员：原来如此。

队长：或者我们也可以认为是将域名转换成了IP地址。

队员：是啊，这两种情形都符合resolver这个词的意思呢。

队长：所以才管它叫resolver嘛。

队员：原来是这样啊。那个，我还有一个问题。

队长：什么问题？

队员：地址解析协议（Address Resolution Protocol，ARP）中的resolution也是一样的意思吧？

队长：没错。ARP是根据已知IP地址求出MAC地址这个答案，从这个角度来看是一个意思。

队员：那么负责执行ARP的程序叫什么呢？叫ARP解析器吗？

队长：嗯……从意思来看叫ARP解析器也没错，不过好像没听说过谁这么叫的。

队员：那到底叫什么呢？

队长：唔……到底叫什么来着？？

队员：其实队长你也不知道吧！

队长：呃……

小测验答案

1. HTTP协议（参见【1.1.1】）
2. a中的sample代表文件名，b中的sample代表目录名（参见【1.1.3】）
3. IP地址（参见【1.2.1】）
4. DNS服务器（参见【1.2.3和1.3】）
5. 解析器（参见【1.2.3】）

第2章

用电信号传输 TCP/IP 数据

——探索协议栈和网卡

热身问答

在开始探索之旅之前，我们准备了一些和本章内容有关的小题目，请大家先试试看。

这些题目是否答得出来并不影响接下来的探索之旅，因此请大家放轻松。

下列说法是正确的（√）还是错误的（×）？

1. 我们现在使用的以太网中存在不符合国际标准（IEEE802.3/802.2）的部分。
2. TCP/IP 是由 TCP 和 IP 两个协议的名字组合而成的，最开始这两个协议是合在一起的。
3. 网络包通信技术是 20 世纪 60 年代为用计算机进行数据通信而设计出来的。

1. √。一般情况下，以太网的头部（网络包开头的控制信息）格式并非遵循国际标准（IEEE802.3/802.2），而是遵循一个更古老的规格（以太网第 2 版，又称 DIX 规格），相对地，国际标准（IEEE802.3/802.2）的头部格式由于长度太长、效率降低而没有普及。
2. √。最早的 TCP/IP 协议原型设计相当于现在的 TCP 和 IP 合在一起的样子，后来才拆分成为 TCP 和 IP 两个协议。
3. √。在网络包出现之前，通信都是像电话一样把线路连接起来进行的。但是，连接线路的通信方式只能和固定的对象进行通信，无法发挥计算机可以处理多种工作的特点。为了解决这个问题，人们设计出了使用网络包来进行通信的方式。

前情提要

第 1 章，我们从解析浏览器中输入的网址开始，探索了生成 HTTP 请求消息、委托操作系统发送消息等步骤。本章，我们将讲解操作系统中的协议栈是如何处理数据发送请求的。第 1 章介绍了发送消息的场景，接下来我们将视角切换到协议栈的内部来继续探索吧。

探索之旅的看点

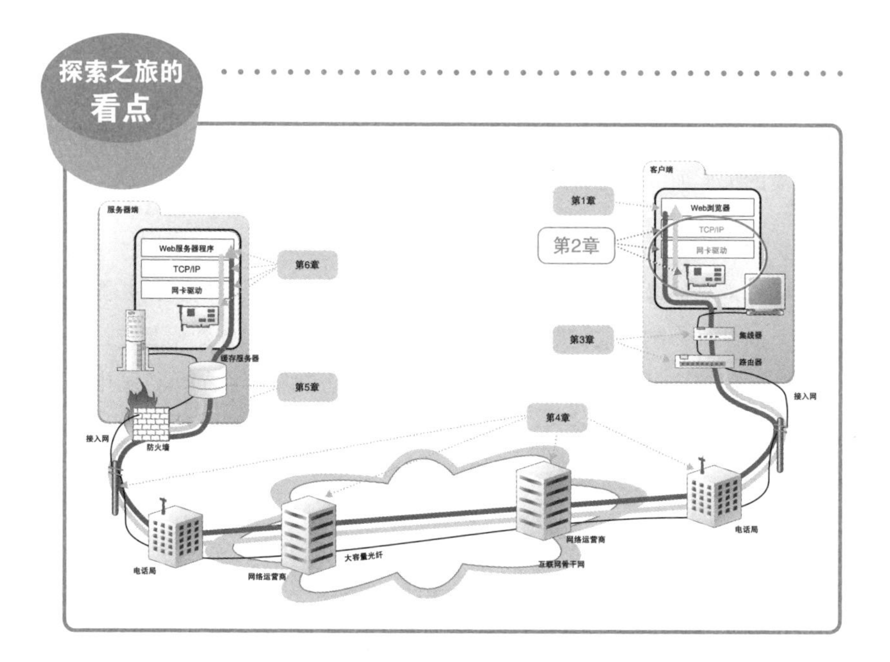

(1) 创建套接字

从应用程序收到委托后，协议栈通过 TCP 协议收发数据的操作可以分为 4 个阶段。首先是创建套接字，在这个阶段，我们将介绍协议栈的内部结构、套接字的实体，以及创建套接字的操作过程。到这里，大家应该可以对套接字到底是什么样的一个东西有一个比较具体的理解。

（2）连接服务器

接下来是客户端套接字向服务器套接字进行连接的阶段。我们将介绍“连接”具体是进行怎样的操作，在这个过程中协议栈到底是如何工作的，以及客户端和服务器是如何进行交互的。

（3）收发数据

两端的套接字完成连接之后，就进入收发消息的阶段了。在这个阶段，协议栈会将从应用程序收到的数据切成小块并发送给服务器，考虑到通信过程中可能会出错导致网络包丢失，协议栈还需要确认切分出的每个包是否已经送达服务器，对于没有送达的包要重新发送一次。这里我们将对收发数据的情形加以说明。

（4）从服务器断开连接并删除套接字

收发消息的操作全部结束之后，接下来要断开服务器的连接并删除套接字。断开操作的本质是当消息收发完成后客户端和服务器相互进行确认的过程，但这个过程并不只是相互确认并删除套接字那么简单，其中有些地方是很有意思的。

（5）IP 与以太网的包收发操作

在介绍 TCP 协议收发消息的操作之后，我们再来看看实际的网络包是如何进行收发的。协议栈会与网卡进行配合，将数据切分成小块并封装成网络包，再将网络包转换成电信号或者光信号发送出去。介绍完这个过程之后，大家应该就可以对计算机网络功能有一个完整的概念了。

（6）用 UDP 协议收发数据的操作

TCP 协议有很多方便的功能，比如网络包出错丢失时可以重发，因此很多应用程序都是使用 TCP 协议来收发数据的，但这些方便的功能也有帮倒忙的时候，在这种情况下我们还有另外一种叫 UDP 的协议。这里我们将介绍 UDP 的必要性以及它与 TCP 的差异。

2.1 创建套接字

2.1.1 协议栈的内部结构

本章我们将探索操作系统中的网络控制软件（协议栈）和网络硬件（网卡）是如何将浏览器的消息发送给服务器的。和浏览器不同的是，协议栈的工作我们从表面上是看不见的，可能比较难以想象。因此，在实际探索之前，我们先来对协议栈做个解剖，看看里面到底有些什么。

协议栈的内部如图 2.1 所示，分为几个部分，分别承担不同的功能。这张图中的上下关系是有一定规则的，上面的部分会向下面的部分委派工

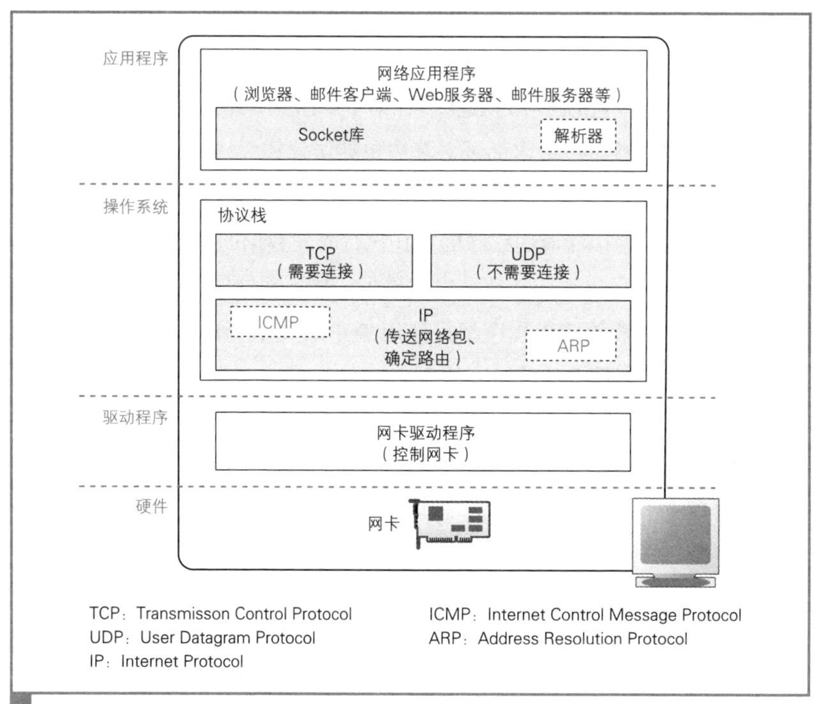

图 2.1 TCP/IP 软件采用分层结构
上层会向下层逐层委派工作。

作，下面的部分接受委派的工作并实际执行，这一点大家在看图时可以参考一下。当然，这一上下关系只是一个总体的规则，其中也有一部分上下关系不明确，或者上下关系相反的情况，所以也不必过于纠结。此外，对于图中的每个部分以及它们的工作方式，本章将按顺序进行介绍，因此对于里面的细节现在看不明白也没关系，只要大体上看出有哪些组成要素就可以了。

下面我们从上到下来看一遍。图中最上面的部分是网络应用程序，也就是浏览器、电子邮件客户端、Web 服务器、电子邮件服务器等程序，它们会将收发数据等工作委派给下层的部分来完成。当然，除了浏览器之外，其他应用程序在网络上收发数据的操作也都是类似上面这样的，也就是说，尽管不同的应用程序收发的数据内容不同，但收发数据的操作是共通的。因此，下面介绍的内容不仅适用于浏览器，也适用于各种应用程序。

应用程序的下面是 Socket 库，其中包括解析器，解析器用来向 DNS 服务器发出查询，它的工作过程我们在第 1 章已经介绍过了。

再下面就是操作系统内部了，其中包括协议栈。协议栈的上半部分有两块，分别是负责用 TCP 协议收发数据的部分和负责用 UDP 协议收发数据的部分，它们会接受应用程序的委托执行收发数据的操作。关于 TCP 和 UDP 我们将在后面讲解，现在大家只要先记住下面这句话就可以了：像浏览器、邮件等一般的应用程序都是使用 TCP 收发数据的，而像 DNS 查询等收发较短的控制数据的时候则使用 UDP。

浏览器、邮件等一般应用程序收发数据时用 TCP；
DNS 查询等收发较短的控制数据时用 UDP。

下面一半是用 IP 协议控制网络包收发操作的部分。在互联网上传送数据时，数据会被切分成一个一个的网络包[①]，而将网络包发送给通信对象的

① 网络包：网络中的数据会被切分成几十字节到几千字节的小块，每一个小数据块被称为一个包。我们会在 2.5.1 节进行讲解。

操作就是由 IP 来负责的。此外，IP 中还包括 ICMP[①] 协议和 ARP[②] 协议。ICMP 用于告知网络包传送过程中产生的错误以及各种控制消息，ARP 用于根据 IP 地址查询相应的以太网 MAC 地址[③]。

IP 下面的网卡驱动程序负责控制网卡硬件，而最下面的网卡则负责完成实际的收发操作，也就是对网线中的信号执行发送和接收的操作。

2.1.2 套接字的实体就是通信控制信息

我们已经了解了协议栈的内部结构，而对于在数据收发中扮演关键角色的套接字，让我们来看一看它具体是个怎样的东西。

在协议栈内部有一块用于存放控制信息的内存空间，这里记录了用于控制通信操作的控制信息，例如通信对象的 IP 地址、端口号、通信操作的进行状态等。本来套接字就只是一个概念而已，并不存在实体，如果一定要赋予它一个实体，我们可以说这些控制信息就是套接字的实体，或者说存放控制信息的内存空间就是套接字的实体。

协议栈在执行操作时需要参阅这些控制信息[④]。例如，在发送数据时，需要看一看套接字中的通信对象 IP 地址和端口号，以便向指定的 IP 地址和端口发送数据。在发送数据之后，协议栈需要等待对方返回收到数据的响应信息，但数据也可能在中途丢失，永远也等不到对方的响应。在这样的情况下，我们不能一直等下去，需要在等待一定时间之后重新发送丢失的数据，这就需要协议栈能够知道执行发送数据操作后过了多长时间。为此，套接字中必须要记录是否已经收到响应，以及发送数据后经过了多长

---

① ICMP：在 2.5.11 节讲解。

② ARP：在 2.5.5 节讲解。

③ MAC 地址：符合 IEEE 规格的局域网设备都使用同一格式的地址，这种地址被称为 MAC 地址。我们会在 2.5.6 节进行讲解。

④ 这里的控制信息类似于我们在笔记本上记录的日程表和备忘录。我们可以根据笔记本上的日程表和备忘录来决定下一步应该做些什么，同样地，协议栈也是根据这些控制信息来决定下一步操作内容的。

时间，才能根据这些信息按照需要执行重发操作。

上面说的只是其中一个例子。套接字中记录了用于控制通信操作的各种控制信息，协议栈则需要根据这些信息判断下一步的行动，这就是套接字的作用。

协议栈是根据套接字中记录的控制信息来工作的。

讲了这么多抽象的概念，可能大家还不太容易理解，所以下面来看看真正的套接字。在 Windows 中可以用 netstat 命令显示套接字内容（图 2.2）[①]。图中每一行相当于一个套接字，当创建套接字时，就会在这里增加一行新的控制信息，赋予“即将开始通信”的状态，并进行通信的准备工作，如分配用于临时存放收发数据的缓冲区空间。

既然有图，我们就来讲讲图上这些到底都是什么意思。比如第 8 行，它表示 PID[②] 为 4 的程序正在使用 IP 地址为 10.10.1.16 的网卡与 IP 地址为 10.10.1.80 的对象进行通信。此外我们还可以看出，本机使用 1031 端口，对方使用 139 端口，而 139 端口是 Windows 文件服务器使用的端口，因此我们就能够看出这个套接字是连接到一台文件服务器的。我们再来看第 1 行，这一行表示 PID 为 984 的程序正在 135 端口等待另一方的连接，其中本地 IP 地址和远程 IP 地址都是 0.0.0.0，这表示通信还没开始，IP 地址不确定[③]。

---

① 图中只显示了部分内容，除了图上的内容之外，套接字中还记录了其他很多种控制信息。

② PID：Process ID（进程标识符）的缩写，是操作系统为了标识程序而分配的编号，使用任务管理器可以查询所对应的程序名称。

③ 对于处于等待连接状态的套接字，也可以绑定 IP 地址，如果绑定了 IP 地址，那么除绑定的 IP 地址之外，对其他地址进行连接操作都会出错。当服务器上安装有多块网卡时，可以用这种方式来限制只能连接到特定的网卡。

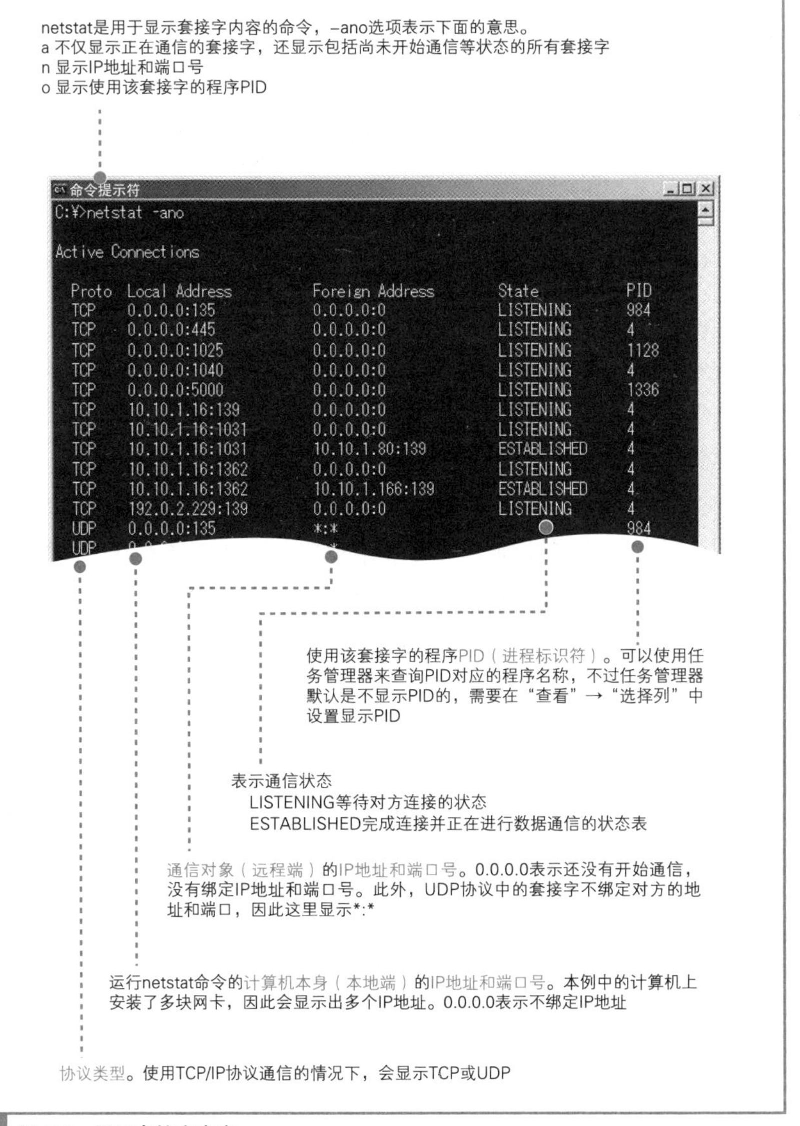

netstat是用于显示套接字内容的命令，-ano选项表示下面的意思。
a 不仅显示正在通信的套接字，还显示包括尚未开始通信等状态的所有套接字
n 显示IP地址和端口号
o 显示使用该套接字的程序PID
命令提示符
C:¥>netstat -ano
Active Connections
Proto Local Address Foreign Address State PID
TCP 0.0.0.0:135 0.0.0.0:0 LISTENING 984
TCP 0.0.0.0:445 0.0.0.0:0 LISTENING 4
TCP 0.0.0.0:1025 0.0.0.0:0 LISTENING 1128
TCP 0.0.0.0:1040 0.0.0.0:0 LISTENING 4
TCP 0.0.0.0:5000 0.0.0.0:0 LISTENING 1336
TCP 10.10.1.16:139 0.0.0.0:0 LISTENING 4
TCP 10.10.1.16:1031 0.0.0.0:0 LISTENING 4
TCP 10.10.1.16:1031 10.10.1.80:139 ESTABLISHED 4
TCP 10.10.1.16:1362 0.0.0.0:0 LISTENING 4
TCP 10.10.1.16:1362 10.10.1.166:139 ESTABLISHED 4
TCP 192.0.2.229:139 0.0.0.0:0 LISTENING 4
UDP 0.0.0.0:135 *:* 984
使用该套接字的程序PID（进程标识符）。可以使用任务管理器来查询PID对应的程序名称，不过任务管理器默认是不显示PID的，需要在“查看”→“选择列”中设置显示PID
表示通信状态
LISTENING等待对方连接的状态
ESTABLISHED完成连接并正在进行数据通信的状态表
通信对象（远程端）的IP地址和端口号。0.0.0.0表示还没有开始通信，没有绑定IP地址和端口号。此外，UDP协议中的套接字不绑定对方的地址和端口，因此这里显示*:*
运行netstat命令的计算机本身（本地端）的IP地址和端口号。本例中的计算机上安装了多块网卡，因此会显示出多个IP地址。0.0.0.0表示不绑定IP地址
协议类型。使用TCP/IP协议通信的情况下，会显示TCP或UDP

图 2.2 显示套接字内容

2.1.3 调用 socket 时的操作

看过套接字的具体样子之后，我们的探索之旅将继续前进，看一看当浏览器调用 socket[①]、connect 等 Socket 库中的程序组件时，协议栈内部是如何工作的。

首先，我们再来看一下浏览器通过 Socket 库向协议栈发出委托的一系列操作（图 2.3）。这张图和介绍浏览器时用的那张图的内容大体相同，只作了少许修改。正如我们之前讲过的那样，浏览器委托协议栈使用 TCP 协议来收发数据[②]，因此下面的讲解都是关于 TCP 的。

首先是创建套接字的阶段[③]。如图 2.3 ①所示，应用程序调用 socket 申请创建套接字，协议栈根据应用程序的申请执行创建套接字的操作。

在这个过程中，协议栈首先会分配用于存放一个套接字所需的内存空间。用于记录套接字控制信息的内存空间并不是一开始就存在的，因此我们先要开辟出这样一块空间来[④]，这相当于为控制信息准备一个容器。但光一个容器并没有什么用，还需要往里面存入控制信息。套接字刚刚创建时，数据收发操作还没有开始，因此需要在套接字的内存空间中写入表示这一初始状态的控制信息。到这里，创建套接字的操作就完成了。

---

① socket：大写字母开头的 Socket 表示 Socket 库，而小写字母开头的 socket 表示 Socket 库中名为 socket 的程序组件。

② 关于为什么要使用 TCP，以及 TCP 和 UDP 的区别，我们将在后面讲解。

③ 图 2.3 最开始的调用 gethostbyname（解析器）向 DNS 服务器发送查询消息的部分在第 1 章关于 DNS 的内容中已经讲过，此处省略。

④ 计算机内部会同时运行多个程序，如果每个程序都擅自使用内存空间的话，就有可能发生多个程序重复使用同一个内存区域导致数据损坏的问题。为了避免出现这样的问题，操作系统中有一个“内存管理”模块，它相当于内存的管理员，负责根据程序的申请分配相应的内存空间，并确保这些内存空间不会被其他程序使用。因此，分配内存的操作就是向内存管理模块提出申请，请它划分一块内存空间出来。

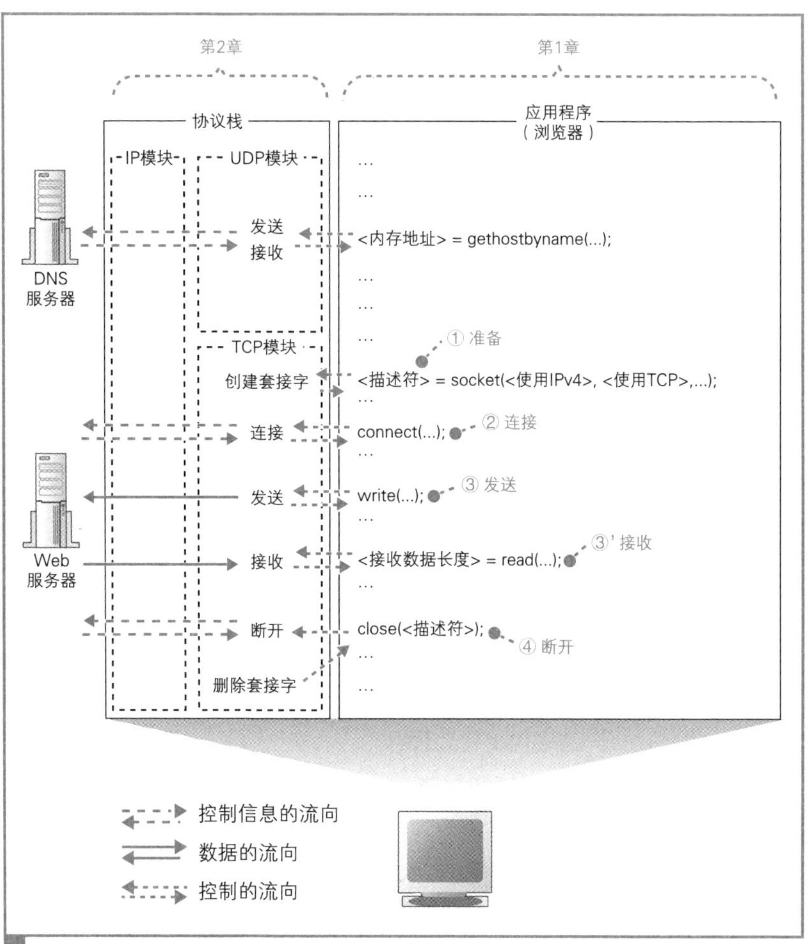

图 2.3 消息收发操作

创建套接字时，首先分配一个套接字所需的内存空间，然后向其中写入初始状态。

接下来，需要将表示这个套接字的描述符告知应用程序。描述符相当于用来区分协议栈中的多个套接字的号码牌[1]。

收到描述符之后，应用程序在向协议栈进行收发数据委托时就需要提供这个描述符。由于套接字中记录了通信双方的信息以及通信处于怎样的状态，所以只要通过描述符确定了相应的套接字，协议栈就能够获取所有的相关信息，这样一来，应用程序就不需要每次都告诉协议栈应该和谁进行通信了。

2.2 连接服务器

2.2.1 连接是什么意思

创建套接字之后，应用程序（浏览器）就会调用 connect，随后协议栈会将本地的套接字与服务器的套接字进行连接。话说，以太网的网线都是一直连接的状态，我们并不需要来回插拔网线，那么这里的“连接”到底是什么意思呢？连接实际上是通信双方交换控制信息，在套接字中记录这些必要信息并准备数据收发的一连串操作，在讲解具体的过程之前，我们先来说一说“连接”到底代表什么意思。

网线是一直连接着的，随时都有信号从中流过，如果通信过程只是将数据转换为电信号，那么这一操作随时都可以进行。不过，在这个时间点，也就是套接字刚刚创建完成时，当应用程序委托发送数据的时候，协议栈会如何操作呢？

套接字刚刚创建完成的时候，里面并没有存放任何数据，也不知道通信的对象是谁。在这个状态下，即便应用程序要求发送数据，协议栈也不知道数据应该发送给谁。浏览器可以根据网址来查询服务器的 IP 地址，而且根据规则也知道应该使用 80 号端口，但只有浏览器知道这些必要的信息是不够的，因为在调用 socket 创建套接字时，这些信息并没有传递给协议栈。因此，我们需要把服务器的 IP 地址和端口号等信息告知协议栈，这是

① 1.4.2 节有相关介绍。

连接操作的目的之一。

那么，服务器这边又是怎样的情况呢？服务器上也会创建套接字[①]，但服务器上的协议栈和客户端一样，只创建套接字是不知道应该和谁进行通信的。而且，和客户端不同的是，在服务器上，连应用程序也不知道通信对象是谁，这样下去永远也没法开始通信。于是，我们需要让客户端向服务器告知必要的信息，比如“我想和你开始通信，我的 IP 地址是 xxx.xxx.xxx.xxx，端口号是 yyyy。”可见，客户端向服务器传达开始通信的请求，也是连接操作的目的之一。

之前我们讲过，连接实际上是通信双方交换控制信息，在套接字中记录这些必要信息并准备数据收发的一连串操作，像上面提到的客户端将 IP 地址和端口号告知服务器这样的过程就属于交换控制信息的一个具体的例子。所谓控制信息，就是用来控制数据收发操作所需的一些信息，IP 地址和端口号就是典型的例子。除此之外还有其他一些控制信息，我们后面会逐一进行介绍。连接操作中所交换的控制信息是根据通信规则来确定的，只要根据规则执行连接操作，双方就可以得到必要的信息从而完成数据收发的准备。此外，当执行数据收发操作时，我们还需要一块用来临时存放要收发的数据的内存空间，这块内存空间称为缓冲区，它也是在连接操作的过程中分配的。上面这些就是“连接”[②]这个词代表的具体含义。

---

① 服务器程序一般会在系统启动时就创建套接字并等待客户端连接，关于服务器的工作原理我们会在第 6 章进行介绍。

② 使用“连接”这个词是有原因的。通信技术的历史已经有 100 多年，从通信技术诞生之初到几年之前的很长一段时间内，电话技术一直都是主流。而电话的操作过程分为三个阶段：(1) 拨号与对方连接；(2) 通话；(3) 挂断。人们将电话的思路套用在现在的计算机网络中了，所以也就自然而然地将通信开始之前的准备操作称为“连接”了。如果没有这段历史的话，说不定现在我们就不叫“连接”而是叫“准备”了。因此，如果觉得“连接”这个词听起来有些怪，那么用“准备”这个词来替换也问题不大。

2.2.2　负责保存控制信息的头部

关于控制信息，这里再补充一些。之前我们说的控制信息其实可以大体上分为两类。

第一类是客户端和服务器相互联络时交换的控制信息。这些信息不仅连接时需要，包括数据收发和断开连接操作在内，整个通信过程中都需要，这些内容在 TCP 协议的规格中进行了定义。具体来说，表 2.1 中的这些字段就是 TCP 规格中定义的控制信息[①]。这些字段是固定的，在连接、收发、断开等各个阶段中，每次客户端和服务器之间进行通信时，都需要提供这些控制信息。具体来说，如图 2.4（a）所示，这些信息会被添加在客户端与服务器之间传递的网络包的开头。在连接阶段，由于数据收发还没有开始，所以如图 2.4（b）所示，网络包中没有实际的数据，只有控制信息。这些控制信息位于网络包的开头，因此被称为头部。此外，以太网和 IP 协议也有自己的控制信息，这些信息也叫头部，为了避免各种不同的头部发生混淆，我们一般会记作 TCP 头部、以太网头部[②]、IP 头部。

客户端和服务器在通信中会将必要的信息记录在头部并相互确认，例如下面这样。

发送方：“开始数据发送。”
接收方：“请继续。”
发送方：“现在发送的是 ×× 号数据。”
接收方：“×× 号数据已收到。”
……（以下省略）

正是有了这样的交互过程，双方才能够进行通信。头部的信息非常重要，理解了头部各字段的含义，就等于理解了整个通信的过程。在后面介绍协议栈的工作过程时，我们将根据需要讲解头部各字段的含义，现在大

① 这张表中只列出了必需字段，TCP 协议规格中还定义了另外一些可选字段。
② 以太网头部又称“MAC 头部”。

表 2.1 TCP 头部格式

字段名称		长度（比特）	含 义
TCP头部（20字节~）	发送方端口号	16	发送网络包的程序的端口号
	接收方端口号	16	网络包的接收方程序的端口号
	序号（发送数据的顺序编号）	32	发送方告知接收方该网络包发送的数据相当于所有发送数据的第几个字节
	ACK 号（接收数据的顺序编号）	32	接收方告知发送方接收方已经收到了所有数据的第几个字节。其中，ACK 是 acknowledge 的缩写
	数据偏移量	4	表示数据部分的起始位置，也可以认为表示头部的长度
	保留	6	该字段为保留，现在未使用
	控制位	6	该字段中的每个比特分别表示以下通信控制含义。 URG：表示紧急指针字段有效 ACK：表示接收数据序号字段有效，一般表示数据已被接收方收到 PSH：表示通过 flush 操作发送的数据 RST：强制断开连接，用于异常中断的情况 SYN：发送方和接收方相互确认序号，表示连接操作 FIN：表示断开连接
	窗口	16	接收方告知发送方窗口大小（即无需等待确认可一起发送的数据量）
	校验和	16	用来检查是否出现错误
	紧急指针	16	表示应紧急处理的数据位置
	可选字段	可变长度	除了上面的固定头部字段之外，还可以添加可选字段，但除了连接操作之外，很少使用可选字段

家只要先记住头部是用来记录和交换控制信息的就可以了。

控制信息还有另外一类，那就是保存在套接字中，用来控制协议栈操作的信息[①]。应用程序传递来的信息以及从通信对象接收到的信息都会保存

① 前面已经讲过，这些信息保存在协议栈中的套接字内存空间中。

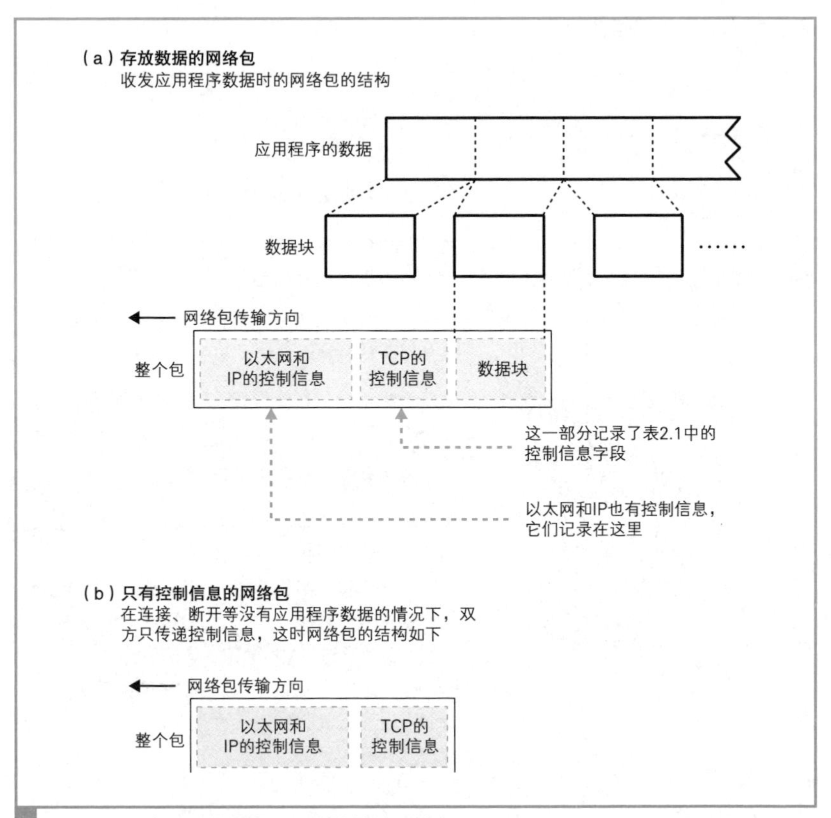

图 2.4 客户端与服务器之间交换的控制信息

在这里，还有收发数据操作的执行状态等信息也会保存在这里，协议栈会根据这些信息来执行每一步的操作。我们可以说，套接字的控制信息和协议栈的程序本身其实是一体的，因此，“协议栈具体需要哪些信息”会根据协议栈本身的实现方式不同而不同[①]，但这并没有什么问题。因为协议栈中的控制信息通信对方是看不见的，只要在通信时按照规则将必要的信息写入头部，客户端和服务器之间的通信就能够得以成立。例如，Windows 和 Linux 操作系统的内部结构不同，协议栈的实现方式不同，必要的控制信

① 无论协议栈的实现如何不同，IP 地址和端口号这些重要的信息都是共通的。

息也就不同。但即便如此，两种系统之间依然能够互相通信，同样地，计算机和手机之间也能够互相通信。正如前面所说，协议栈的实现不同，因此我们无法具体说明协议栈里到底保存了哪些控制信息，但可以用命令来显示一些重要的套接字控制信息（图 2.2），这些信息无论何种操作系统的协议栈都是共通的，通过理解这些重要信息，就能够理解协议栈的工作方式了。

通信操作中使用的控制信息分为两类。

（1）头部中记录的信息

（2）套接字（协议栈中的内存空间）中记录的信息

2.2.3 连接操作的实际过程

我们已经了解了连接操作的含义，下面来看一下具体的操作过程。这个过程是从应用程序调用 Socket 库的 connect 开始的（图 2.3 ②）。

connect（< 描述符 >, < 服务器 IP 地址和端口号 >, …）

上面的调用提供了服务器的 IP 地址和端口号，这些信息会传递给协议栈中的 TCP 模块。然后，TCP 模块会与该 IP 地址对应的对象，也就是与服务器的 TCP 模块交换控制信息，这一交互过程包括下面几个步骤。首先，客户端先创建一个包含表示开始数据收发操作的控制信息的头部。如表 2.1 所示，头部包含很多字段，这里要关注的重点是发送方和接收方的端口号。到这里，客户端（发送方）的套接字就准确找到了服务器（接收方）的套接字，也就是搞清楚了我应该连接哪个套接字。然后，我们将头部中的控制位的 SYN 比特设置为 1，大家可以认为它表示连接[①]。此外还需要设置适当的序号和窗口大小，这一点我们会稍后详细讲解。

---

① SYN 比特的含义我们将在后面介绍序号时讲解。

连接操作的第一步是在 TCP 模块处创建表示连接控制信息的头部。

通过 TCP 头部中的发送方和接收方端口号可以找到要连接的套接字。

当 TCP 头部创建好之后，接下来 TCP 模块会将信息传递给 IP 模块并委托它进行发送[①]。IP 模块执行网络包发送操作后，网络包就会通过网络到达服务器，然后服务器上的 IP 模块会将接收到的数据传递给 TCP 模块，服务器的 TCP 模块根据 TCP 头部中的信息找到端口号对应的套接字，也就是说，从处于等待连接状态的套接字中找到与 TCP 头部中记录的端口号相同的套接字就可以了。当找到对应的套接字之后，套接字中会写入相应的信息，并将状态改为正在连接[②]。上述操作完成后，服务器的 TCP 模块会返回响应，这个过程和客户端一样，需要在 TCP 头部中设置发送方和接收方端口号以及 SYN 比特[③]。此外，在返回响应时还需要将 ACK 控制位设为 1[④]，这表示已经接收到相应的网络包。网络中经常会发生错误，网络包也会发生丢失，因此双方在通信时必须相互确认网络包是否已经送达[⑤]，而设置 ACK 比特就是用来进行这一确认的。接下来，服务器 TCP 模块会将 TCP 头部传递给 IP 模块，并委托 IP 模块向客户端返回响应。

然后，网络包就会返回到客户端，通过 IP 模块到达 TCP 模块，并通过 TCP 头部的信息确认连接服务器的操作是否成功。如果 SYN 为 1 则表

---

① IP 模块接到委托并发送网络包的实际操作过程我们将稍后讲解。

② 与此相关的操作我们将在第 6 章探索服务器内部时讲解。

③ 如果由于某些原因不接受连接，那么将不设置 SYN，而是将 RST 比特设置为 1。

④ 客户端向服务器发送第一个网络包时，由于服务器还没有接收过网络包，所以需要将 ACK 比特设为 0。

⑤ 相互确认的具体过程我们将稍后讲解。

示连接成功，这时会向套接字中写入服务器的 IP 地址、端口号等信息，同时还会将状态改为连接完毕。到这里，客户端的操作就已经完成，但其实还剩下最后一个步骤。刚才服务器返回响应时将 ACK 比特设置为 1，相应地，客户端也需要将 ACK 比特设置为 1 并发回服务器，告诉服务器刚才的响应包已经收到。当这个服务器收到这个返回包之后，连接操作才算全部完成。

现在，套接字就已经进入随时可以收发数据的状态了，大家可以认为这时有一根管子把两个套接字连接了起来。当然，实际上并不存在这么一根管子，不过这样想比较容易理解，网络业界也习惯这样来描述。这根管子，我们称之为连接[①]。只要数据传输过程在持续，也就是在调用 close 断开之前，连接是一直存在的。

建立连接之后，协议栈的连接操作就结束了，也就是说 connect 已经执行完毕，控制流程被交回到应用程序。

2.3 收发数据

2.3.1 将 HTTP 请求消息交给协议栈

当控制流程从 connect 回到应用程序之后，接下来就进入数据收发阶段了。数据收发操作是从应用程序调用 write 将要发送的数据交给协议栈开始的（图 2.3 ③），协议栈收到数据后执行发送操作，这一操作包含如下要点。

首先，协议栈并不关心应用程序传来的数据是什么内容。应用程序在调用 write 时会指定发送数据的长度，在协议栈看来，要发送的数据就是一定长度的二进制字节序列而已。

其次，协议栈并不是一收到数据就马上发送出去，而是会将数据存放在内部的发送缓冲区中，并等待应用程序的下一段数据。这样做是有道理

---

① 这里的“连接”是一个名词，对应英文的 Connection。也有人把连接称为“会话”（session），它们的意思大体上相同。

的。应用程序交给协议栈发送的数据长度是由应用程序本身来决定的，不同的应用程序在实现上有所不同，有些程序会一次性传递所有的数据，有些程序则会逐字节或者逐行传递数据。总之，一次将多少数据交给协议栈是由应用程序自行决定的，协议栈并不能控制这一行为。在这样的情况下，如果一收到数据就马上发送出去，就可能会发送大量的小包，导致网络效率下降，因此需要在数据积累到一定量时再发送出去。至于要积累多少数据才能发送，不同种类和版本的操作系统会有所不同，不能一概而论，但都是根据下面几个要素来判断的。

第一个判断要素是每个网络包能容纳的数据长度，协议栈会根据一个叫作 MTU[①] 的参数来进行判断。MTU 表示一个网络包的最大长度，在以太网中一般是 1500 字节（图 2.5）[②]。MTU 是包含头部的总长度，因此需要从 MTU 减去头部的长度，然后得到的长度就是一个网络包中所能容纳的最大数据长度，这一长度叫作 MSS[③]。当从应用程序收到的数据长度超过或者接近 MSS 时再发送出去，就可以避免发送大量小包的问题了。

MTU：一个网络包的最大长度，以太网中一般为 1500 字节。
MSS：除去头部之后，一个网络包所能容纳的 TCP 数据的最大长度。

另一个判断要素是时间。当应用程序发送数据的频率不高的时候，如果每次都等到长度接近 MSS 时再发送，可能会因为等待时间太长而造成发

① MTU：Maximum Transmission Unit，最大传输单元。——编者注

② 在使用 PPPoE 的 ADSL 等网络中，需要额外增加一些头部数据，因此 MTU 会小于 1500 字节。关于 PPPoE，我们将在 4.3.2 节进行讲解。

③ MSS：Maximum Segment Size，最大分段大小。TCP 和 IP 的头部加起来一般是 40 字节，因此 MTU 减去这个长度就是 MSS。例如，在以太网中，MTU 为 1500，因此 MSS 就是 1460。TCP/IP 可以使用一些可选参数（protocol option），如加密等，这时头部的长度会增加，那么 MSS 就会随着头部长度增加而相应缩短。

送延迟，这种情况下，即便缓冲区中的数据长度没有达到 MSS，也应该果断发送出去。为此，协议栈的内部有一个计时器，当经过一定时间之后，就会把网络包发送出去[①]。

判断要素就是这两个，但它们其实是互相矛盾的。如果长度优先，那么网络的效率会提高，但可能会因为等待填满缓冲区而产生延迟；相反地，如果时间优先，那么延迟时间会变少，但又会降低网络的效率。因此，在进行发送操作时需要综合考虑这两个要素以达到平衡。不过，TCP 协议规格中并没有告诉我们怎样才能平衡，因此实际如何判断是由协议栈的开发者来决定的，也正是由于这个原因，不同种类和版本的操作系统在相关操作上也就存在差异。

正如前面所说，如果仅靠协议栈来判断发送的时机可能会带来一些问题，因此协议栈也给应用程序保留了控制发送时机的余地。应用程序在发送数据时可以指定一些选项，比如如果指定“不等待填满缓冲区直接发送”，则协议栈就会按照要求直接发送数据。像浏览器这种会话型的应用程序在向服务器发送数据时，等待填满缓冲区导致延迟会产生很大影响，因此一般会使用直接发送的选项。

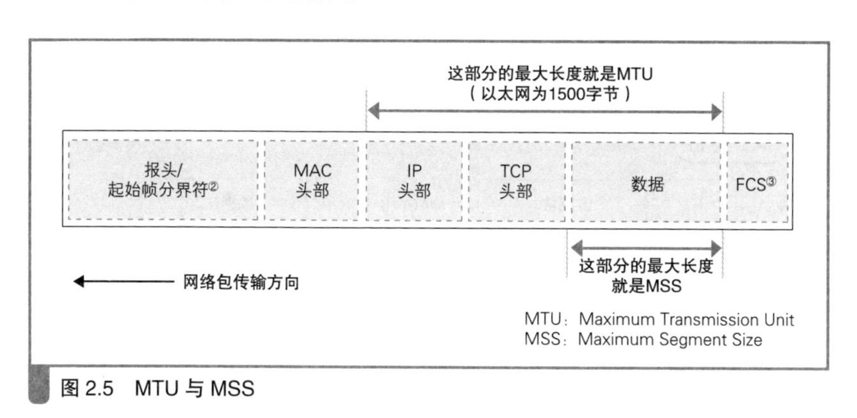

图 2.5　MTU 与 MSS

① 这个时间并没有多长，是以毫秒为单位来计算的。

② 起始帧分界符：Start Frame Delimiter，SFD。——编者注

③ FCS：Frame Check Sequence，帧校验序列。——编者注

2.3.2 对较大的数据进行拆分

HTTP 请求消息一般不会很长，一个网络包就能装得下，但如果其中要提交表单数据，长度就可能超过一个网络包所能容纳的数据量，比如在博客或者论坛上发表一篇长文就属于这种情况。

这种情况下，发送缓冲区中的数据就会超过 MSS 的长度，这时我们当然不需要继续等待后面的数据了。发送缓冲区中的数据会被以 MSS 长度为单位进行拆分，拆分出来的每块数据会被放进单独的网络包中。

根据发送缓冲区中的数据拆分的情况，当判断需要发送这些数据时，就在每一块数据前面加上 TCP 头部，并根据套接字中记录的控制信息标记发送方和接收方的端口号，然后交给 IP 模块来执行发送数据的操作（图 2.6）①。

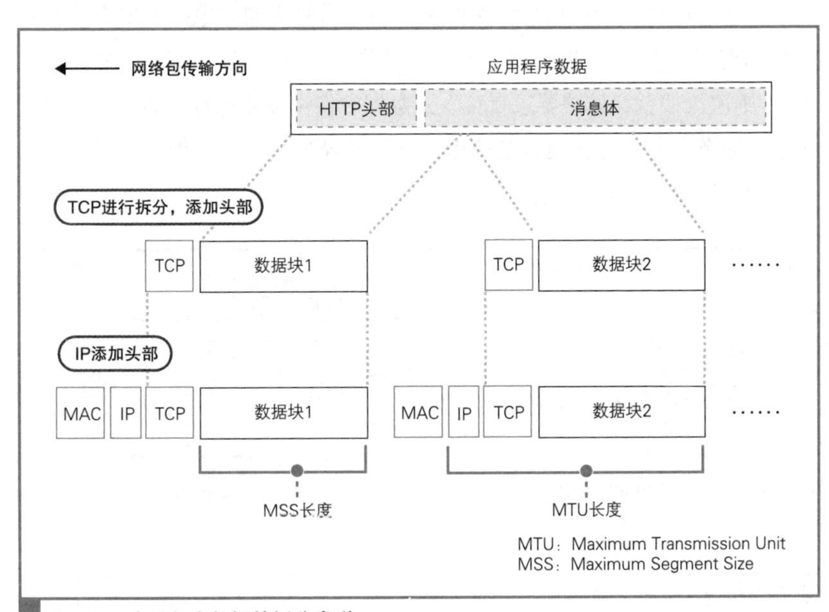

图 2.6 应用程序数据的拆分发送
应用程序的数据一般都比较大，因此 TCP 会按照网络包的大小对数据进行拆分。

① IP 模块会在网络包前面添加 IP 头部和以太网的 MAC 头部后发送网络包，这些操作我们将稍后讲解。

2.3.3 使用 ACK 号确认网络包已收到

到这里，网络包已经装好数据并发往服务器了，但数据发送操作还没有结束。TCP 具备确认对方是否成功收到网络包，以及当对方没收到时进行重发的功能，因此在发送网络包之后，接下来还需要进行确认操作。

我们先来看一下确认的原理（图 2.7）。首先，TCP 模块在拆分数据时，会先算好每一块数据相当于从头开始的第几个字节，接下来在发送这一块数据时，将算好的字节数写在 TCP 头部中，“序号”字段就是派在这个用场上的。然后，发送数据的长度也需要告知接收方，不过这个并不是放在 TCP 头部里面的，因为用整个网络包的长度减去头部的长度就可以得到数据的长度，所以接收方可以用这种方法来进行计算。有了上面两个数值，我们就可以知道发送的数据是从第几个字节开始，长度是多少了。

通过这些信息，接收方还能够检查收到的网络包有没有遗漏。例如，假设上次接收到第 1460 字节，那么接下来如果收到序号为 1461 的包，说明中间没有遗漏；但如果收到的包序号为 2921，那就说明中间有包遗漏了。像这样，如果确认没有遗漏，接收方会将到目前为止接收到的数据长度加起来，计算出一共已经收到了多少个字节，然后将这个数值写入 TCP 头部的 ACK 号中发送给发送方[①]。简单来说，发送方说的是“现在发送的是从第 ×× 字节开始的部分，一共有 ×× 字节哦！”而接收方则回复说，“到第 ×× 字节之前的数据我已经都收到了哦！”这个返回 ACK 号的操作被称为确认响应，通过这样的方式，发送方就能够确认对方到底收到了多少数据。

然而，图 2.7 的例子和实际情况还是有些出入的。在实际的通信中，序号并不是从 1 开始的，而是需要用随机数计算出一个初始值，这是因为如果序号都从 1 开始，通信过程就会非常容易预测，有人会利用这一点来

① 返回 ACK 号时，除了要设置 ACK 号的值以外，还需要将控制位中的 ACK 比特设为 1，这代表 ACK 号字段有效，接收方也就可以知道这个网络包是用来告知 ACK 号的。

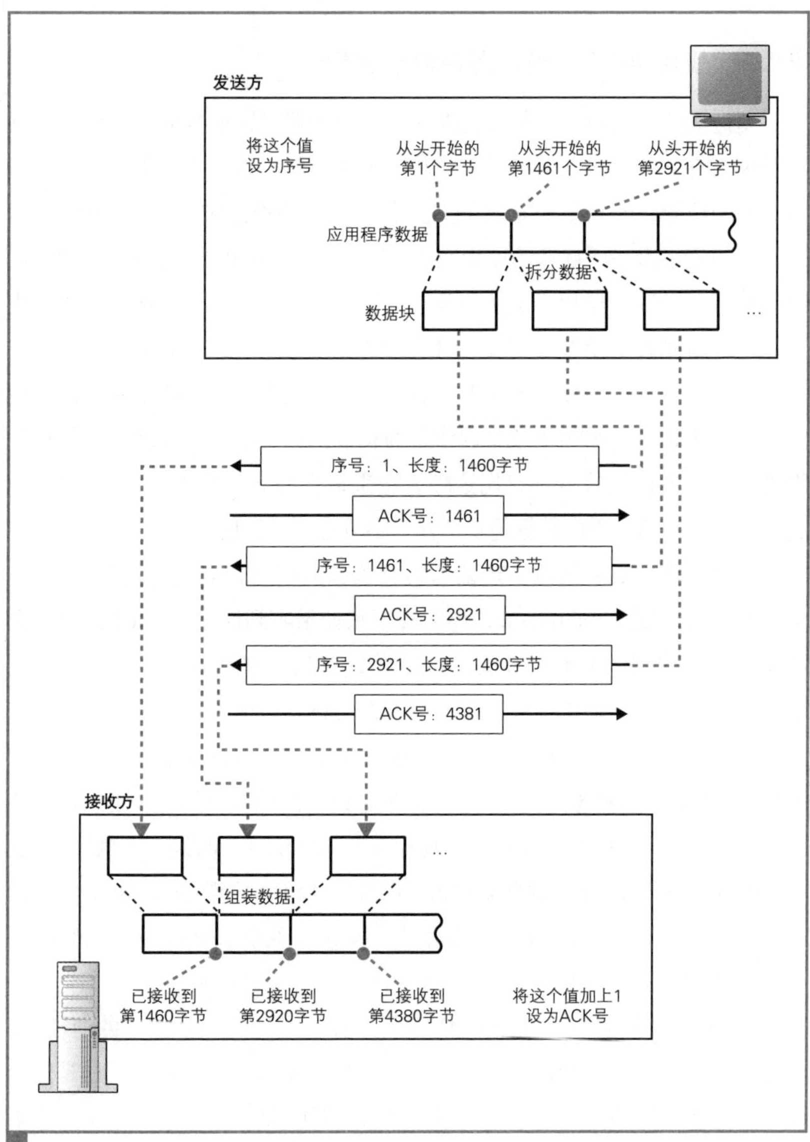

图 2.7　序号和 ACK 号的用法

发动攻击。但是如果初始值是随机的，那么对方就搞不清楚序号到底是从多少开始计算的，因此需要在开始收发数据之前将初始值告知通信对象。大家应该还记得在我们刚才讲过的连接过程中，有一个将 SYN 控制位设为 1 并发送给服务器的操作，就是在这一步将序号的初始值告知对方的。实际上，在将 SYN 设为 1 的同时，还需要同时设置序号字段的值，而这里的值就代表序号的初始值[①]。

前面介绍了通过序号和 ACK 号来进行数据确认的思路，但仅凭这些还不够，因为我们刚刚只考虑了单向的数据传输，但 TCP 数据收发是双向的，在客户端向服务器发送数据的同时，服务器也会向客户端发送数据，因此必须要想办法应对这样的情况。不过，这其实也不难，图 2.7 中展示的客户端向服务器发送数据的情形，我们只要增加一种左右相反的情形就可以了，如图 2.8 所示。首先客户端先计算出一个序号，然后将序号和数据一起发送给服务器，服务器收到之后会计算 ACK 号并返回给客户端；相反地，服务器也需要先计算出另一个序号，然后将序号和数据一起发送给客户端，客户端收到之后计算 ACK 号并返回给服务器。此外，如图所示，客户端和服务器双方都需要各自计算序号，因此双方需要在连接过程中互相告知自己计算的序号初始值。

明白原理之后我们来看一下实际的工作过程（图 2.9）。首先，客户端在连接时需要计算出与从客户端到服务器方向通信相关的序号初始值，并将这个值发送给服务器（图 2.9 ①）。接下来，服务器会通过这个初始值计算出 ACK 号并返回给客户端（图 2.9 ②）。初始值有可能在通信过程中丢失，因此当服务器收到初始值后需要返回 ACK 号作为确认。同时，服务器也需要计算出与从服务器到客户端方向通信相关的序号初始值，并将这

① 我们在前面讲连接操作的时候说过 SYN 为 1 表示进行连接，这是因为将 SYN 设为 1 并告知初始序号这一操作仅在连接过程中出现，因此发送 SYN 为 1 的网络包就表示发起连接的意思。实际上，SYN 是 Synchronize（同步）的缩写，意思是通过告知初始序号使通信双方保持步调一致，以便完成后续的数据收发检查，这才是 SYN 原本的含义。

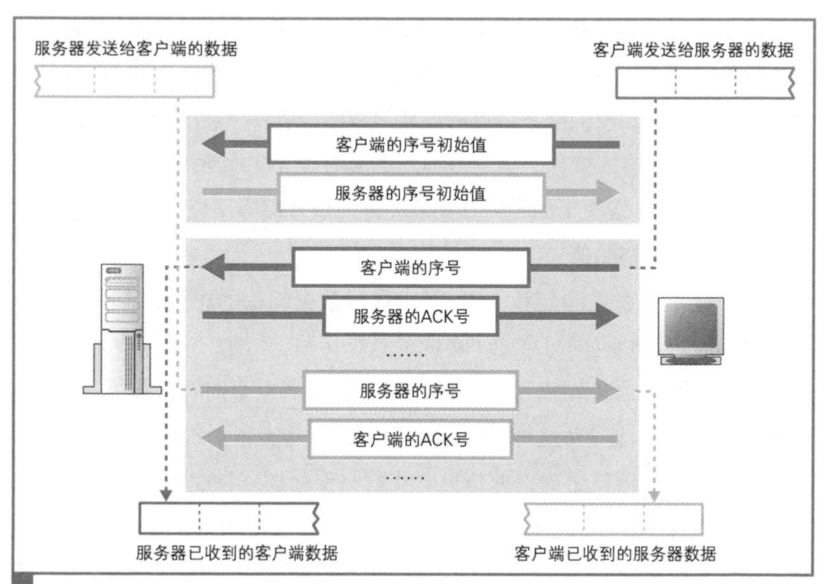

图 2.8　数据双向传输时的情况

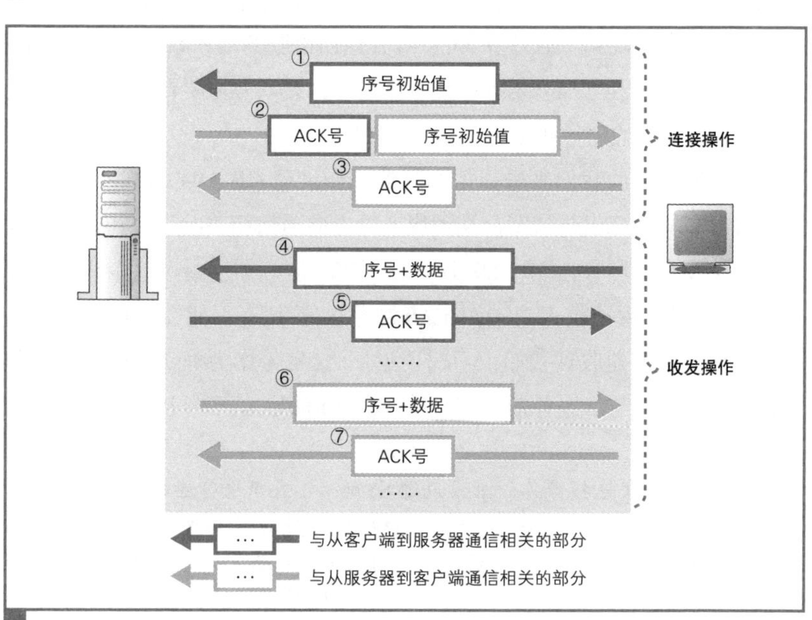

图 2.9　序号和 ACK 号的交互

个值发送给客户端（图 2.9 ②）。接下来像刚才一样，客户端也需要根据服务器发来的初始值计算出 ACK 号并返回给服务器（图 2.9 ③）。到这里，序号和 ACK 号都已经准备完成了，接下来就可以进入数据收发阶段了。数据收发操作本身是可以双向同时进行的，但 Web 中是先由客户端向服务器发送请求，序号也会跟随数据一起发送（图 2.9 ④）。然后，服务器收到数据后再返回 ACK 号（图 2.9 ⑤）。从服务器向客户端发送数据的过程则正好相反（图 2.9 ⑥⑦）。

TCP 采用这样的方式确认对方是否收到了数据，在得到对方确认之前，发送过的包都会保存在发送缓冲区中。如果对方没有返回某些包对应的 ACK 号，那么就重新发送这些包。

这一机制非常强大。通过这一机制，我们可以确认接收方有没有收到某个包，如果没有收到则重新发送，这样一来，无论网络中发生任何错误，我们都可以发现并采取补救措施（重传网络包）。反过来说，有了这一机制，我们就不需要在其他地方对错误进行补救了。

因此，网卡、集线器、路由器都没有错误补偿机制，一旦检测到错误就直接丢弃相应的包。应用程序也是一样，因为采用 TCP 传输，即便发生一些错误对方最终也能够收到正确的数据，所以应用程序只管自顾自地发送这些数据就好了。不过，如果发生网络中断、服务器宕机等问题，那么无论 TCP 怎样重传都不管用。这种情况下，无论如何尝试都是徒劳，因此 TCP 会在尝试几次重传无效之后强制结束通信，并向应用程序报错。

通过“序号”和“ACK 号”可以确认接收方是否收到了网络包。

2.3.4 根据网络包平均往返时间调整 ACK 号等待时间

前面说的只是一些基本原理，实际上网络的错误检测和补偿机制非常复杂。下面来说几个关键的点，首先是返回 ACK 号的等待时间（这个等待时间叫超时时间）。

当网络传输繁忙时就会发生拥塞，ACK 号的返回会变慢，这时我们就必须将等待时间设置得稍微长一点，否则可能会发生已经重传了包之后，前面的 ACK 号才姗姗来迟的情况。这样的重传是多余的，看上去只是多发一个包而已，但它造成的后果却没那么简单[①]。因为 ACK 号的返回变慢大多是由于网络拥塞引起的，因此如果此时再出现很多多余的重传，对于本来就很拥塞的网络来说无疑是雪上加霜。那么等待时间是不是越长越好呢？也不是。如果等待时间过长，那么包的重传就会出现很大的延迟，也会导致网络速度变慢。

看来等待时间需要设为一个合适的值，不能太长也不能太短，但这谈何容易。根据服务器物理距离的远近，ACK 号的返回时间也会产生很大的波动，而且我们还必须考虑到拥塞带来的影响。例如，在公司里的局域网环境下，几毫秒就可以返回 ACK 号，但在互联网环境中，当遇到拥塞时需要几百毫秒才能返回 ACK 号也并不稀奇。

正因为波动如此之大，所以将等待时间设置为一个固定值并不是一个好办法。因此，TCP 采用了动态调整等待时间的方法，这个等待时间是根据 ACK 号返回所需的时间来判断的。具体来说，TCP 会在发送数据的过程中持续测量 ACK 号的返回时间，如果 ACK 号返回变慢，则相应延长等待时间；相对地，如果 ACK 号马上就能返回，则相应缩短等待时间[②]。

2.3.5　使用窗口有效管理 ACK 号

如图 2.10（a）所示，每发送一个包就等待一个 ACK 号的方式是最简单也最容易理解的，但在等待 ACK 号的这段时间中，如果什么都不做那

① 如果某一个包被重复发送多次，接收方可以根据序号判断出这个包是重复的，因此并不会造成网络异常。

② 由于计算机的时间测量精度较低，ACK 返回时间过短时无法被正确测量，因此等待时间有一个最小值，这个值在每个操作系统上不一样，基本上是在 0.5 秒到 1 秒之间。

实在太浪费了。为了减少这样的浪费，TCP 采用图 2.10（b）这样的滑动窗口方式来管理数据发送和 ACK 号的操作。所谓滑动窗口，就是在发送一个包之后，不等待 ACK 号返回，而是直接发送后续的一系列包。这样一来，等待 ACK 号的这段时间就被有效利用起来了。

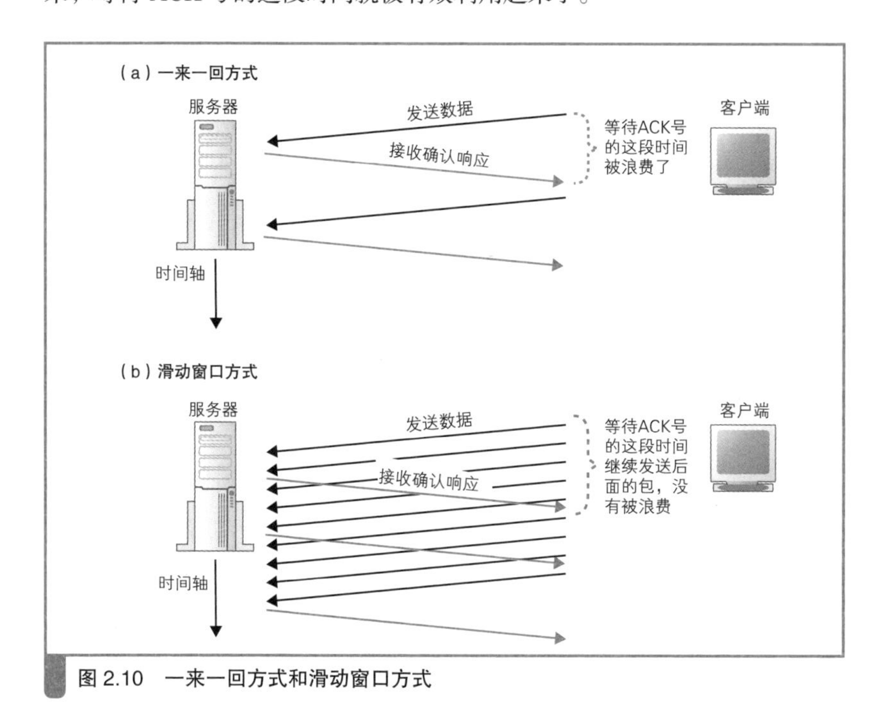

图 2.10　一来一回方式和滑动窗口方式

虽然这样做能够减少等待 ACK 号时的时间浪费，但有一些问题需要注意。在一来一回方式中，接收方完成接收操作后返回 ACK 号，然后发送方收到 ACK 号之后才继续发送下一个包，因此不会出现发送的包太多接收方处理不过来的情况。但如果不等返回 ACK 号就连续发送包，就有可能会出现发送包的频率超过接收方处理能力的情况。

下面来具体解释一下。当接收方的 TCP 收到包后，会先将数据存放到接收缓冲区中。然后，接收方需要计算 ACK 号，将数据块组装起来还原成原本的数据并传递给应用程序，如果这些操作还没完成下一个包就到了也不用担心，因为下一个包也会被暂存在接收缓冲区中。如果数据到达的速率比处理这些数据并传递给应用程序的速率还要快，那么接收缓冲区中的数据就会越堆越多，最后就会溢出。缓冲区溢出之后，后面的数据就进不来了，因此接收方就收不到后面的包了，这就和中途出错的结果是一样的，也就意味着超出了接收方处理能力。我们可以通过下面的方法来避免这种情况的发生。首先，接收方需要告诉发送方自己最多能接收多少数据，然后发送方根据这个值对数据发送操作进行控制，这就是滑动窗口方式的基本思路。

关于滑动窗口的具体工作方式，还是看图更容易理解（图 2.11）。在这张图中，接收方将数据暂存到接收缓冲区中并执行接收操作。当接收操作完成后，接收缓冲区中的空间会被释放出来，也就可以接收更多的数据了，这时接收方会通过 TCP 头部中的窗口字段将自己能接收的数据量告知发送方。这样一来，发送方就不会发送过多的数据，导致超出接收方的处理能力了。

此外，单从图上看，大家可能会以为接收方在等待接收缓冲区被填满之前似乎什么都没做，实际上并不是这样。这张图是为了讲解方便，故意体现一种接收方来不及处理收到的包，导致缓冲区被填满的情况。实际上，接收方在收到数据之后马上就会开始进行处理，如果接收方的性能高，处理速度比包的到达速率还快，缓冲区马上就会被清空，并通过窗口字段告知发送方。

还有，图 2.11 中只显示了从右往左发送数据的操作，实际上和序号、ACK 号一样，发送操作也是双向进行的。

前面提到的能够接收的最大数据量称为窗口大小[①]，它是 TCP 调优参数中非常有名的一个。

---

① 一般和接收方的缓冲区大小一致。

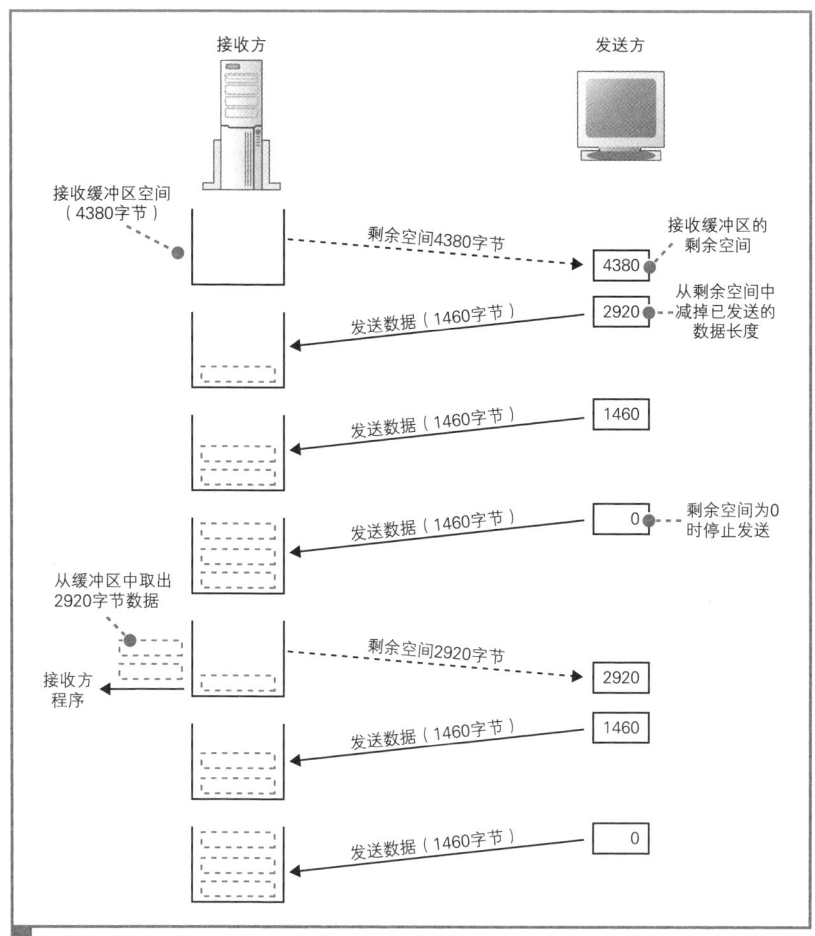

图 2.11　滑动窗口与接收缓冲区

2.3.6 ACK 与窗口的合并

要提高收发数据的效率，还需要考虑另一个问题，那就是返回 ACK 号和更新窗口的时机。如果假定这两个参数是相互独立的，分别用两个单独的包来发送，结果会如何呢？

首先，什么时候需要更新窗口大小呢？当收到的数据刚刚开始填入缓冲区时，其实没必要每次都向发送方更新窗口大小，因为只要发送方在每次发送数据时减掉已发送的数据长度就可以自行计算出当前窗口的剩余长度。因此，更新窗口大小的时机应该是接收方从缓冲区中取出数据传递给应用程序的时候。这个操作是接收方应用程序发出请求时才会进行的，而发送方不知道什么时候会进行这样的操作，因此当接收方将数据传递给应用程序，导致接收缓冲区剩余容量增加时，就需要告知发送方，这就是更新窗口大小的时机。

那么 ACK 号又是什么情况呢？当接收方收到数据时，如果确认内容没有问题，就应该向发送方返回 ACK 号，因此我们可以认为收到数据之后马上就应该进行这一操作。

如果将前面两个因素结合起来看，首先，发送方的数据到达接收方，在接收操作完成之后就需要向发送方返回 ACK 号，而再经过一段时间[①]，当数据传递给应用程序之后才需要更新窗口大小。但如果根据这样的设计来实现，每收到一个包，就需要向发送方分别发送 ACK 号和窗口更新这两个单独的包[②]。这样一来，接收方发给发送方的包就太多了，导致网络效率下降。

因此，接收方在发送 ACK 号和窗口更新时，并不会马上把包发送出去，而是会等待一段时间，在这个过程中很有可能会出现其他的通知操作，这样就可以把两种通知合并在一个包里面发送了。举个例子，在等待发送 ACK 号的时候正好需要更新窗口，这时就可以把 ACK 号和窗口更新放在一个包里发送，从而减少包的数量。当需要连续发送多个 ACK 号时，也可以减少包的数量，这是因为 ACK 号表示的是已收到的数据量，也就是说，它是告诉发送方目前已接收的数据的最后位置在哪里，因此当需要连续发送 ACK 号时，只要发送最后一个 ACK 号就可以了，中间的可以全部省略。当需要连续发送多个窗口更新时也可以减少包的数量，因为连续发

① 计算机的操作非常快，因此并不需要很长时间，这个时间一般是微秒尺度的。

② 如果应用程序请求接收数据的频率比较低，有可能会在接收多个包之后才发送一个窗口通知包。

生窗口更新说明应用程序连续请求了数据，接收缓冲区的剩余空间连续增加。这种情况和 ACK 号一样，可以省略中间过程，只要发送最终的结果就可以了。

2.3.7 接收 HTTP 响应消息

到这里，我们已经讲解完协议栈接到浏览器的委托后发送 HTTP 请求消息的一系列操作过程了。

不过，浏览器的工作并非到此为止。发送 HTTP 请求消息后，接下来还需要等待 Web 服务器返回响应消息。对于响应消息，浏览器需要进行接收操作，这一操作也需要协议栈的参与。按照探索之旅的思路，本来是应该按照访问 Web 服务器的顺序逐一讲解其中的每一步操作，也就是说接收 HTTP 响应消息应该放在最后再讲，但这样一来大家可能容易忘记前面的部分，所以我们就把这部分内容放在这里讲一讲。

首先，浏览器在委托协议栈发送请求消息之后，会调用 read 程序（之前的图 2.3 ④）来获取响应消息。然后，控制流程会通过 read 转移到协议栈[①]，然后协议栈会执行接下来的操作。和发送数据一样，接收数据也需要将数据暂存到接收缓冲区中，这里的操作过程如下。首先，协议栈尝试从接收缓冲区中取出数据并传递给应用程序，但这个时候请求消息刚刚发送出去，响应消息可能还没返回。响应消息的返回还需要等待一段时间，因此这时接收缓冲区中并没有数据，那么接收数据的操作也就无法继续。这时，协议栈会将应用程序的委托，也就是从接收缓冲区中取出数据并传递给应用程序的工作暂时挂起[②]，等服务器返回的响应消息到达之后再继续执行接收操作。

---

① 随着控制流程转移，应用程序也会进入暂停状态。

② 大家可以认为这时协议栈会进入暂停状态，但实际上并非如此。协议栈会负责处理来自很多应用程序的工作，因此挂起其中一项工作并不意味着协议栈就完全暂停了，协议栈会继续执行其他的工作。在执行其他工作的时候，挂起的工作并没有在执行，因此看上去和暂停是一样的。

协议栈接收数据的具体操作过程已经在发送数据的部分讲解过了，因此这里我们就简单总结一下[①]。首先，协议栈会检查收到的数据块和 TCP 头部的内容，判断是否有数据丢失，如果没有问题则返回 ACK 号。然后，协议栈将数据块暂存到接收缓冲区中，并将数据块按顺序连接起来还原出原始的数据，最后将数据交给应用程序。具体来说，协议栈会将接收到的数据复制到应用程序指定的内存地址中，然后将控制流程交回应用程序。将数据交给应用程序之后，协议栈还需要找到合适的时机向发送方发送窗口更新[②]。

2.4 从服务器断开并删除套接字

2.4.1 数据发送完毕后断开连接

既然我们已经讲解到了这里，那么索性把数据收发完成后协议栈要执行的操作也讲一讲吧。这样一来，从创建套接字到连接、收发数据、断开连接、删除套接字这一系列关于收发数据的操作就全部讲完了。

毫无疑问，收发数据结束的时间点应该是应用程序判断所有数据都已经发送完毕的时候。这时，数据发送完毕的一方会发起断开过程，但不同的应用程序会选择不同的断开时机。以 Web 为例，浏览器向 Web 服务器发送请求消息，Web 服务器再返回响应消息，这时收发数据的过程就全部结束了，服务器一方会发起断开过程[③]。当然，可能也有一些程序是客户端发送完数据就结束了，不用等服务器响应，这时客户端会先发起断开过程。这一判断是应用程序作出的，协议栈在设计上允许任何一方先发起断开过程。

① 第 6 章我们将对从接收网络包到向应用程序传递数据的整个过程进行整理，大家可以参考该部分内容。

② 如果窗口更新能够和 ACK 号等合并的话，在这里就会发送合并后的包。

③ 这里讲的是 HTTP1.0 的情形，在 HTTP1.1 中，服务器返回响应消息之后，客户端还可以继续发起下一个请求消息，如果接下来没有请求要发送了，客户端一方会发起断开过程。

无论哪种情况，完成数据发送的一方会发起断开过程，这里我们以服务器一方发起断开过程为例来进行讲解。首先，服务器一方的应用程序会调用 Socket 库的 close 程序。然后，服务器的协议栈会生成包含断开信息的 TCP 头部，具体来说就是将控制位中的 FIN 比特设为 1。接下来，协议栈会委托 IP 模块向客户端发送数据（图 2.12 ①）。同时，服务器的套接字中也会记录下断开操作的相关信息。

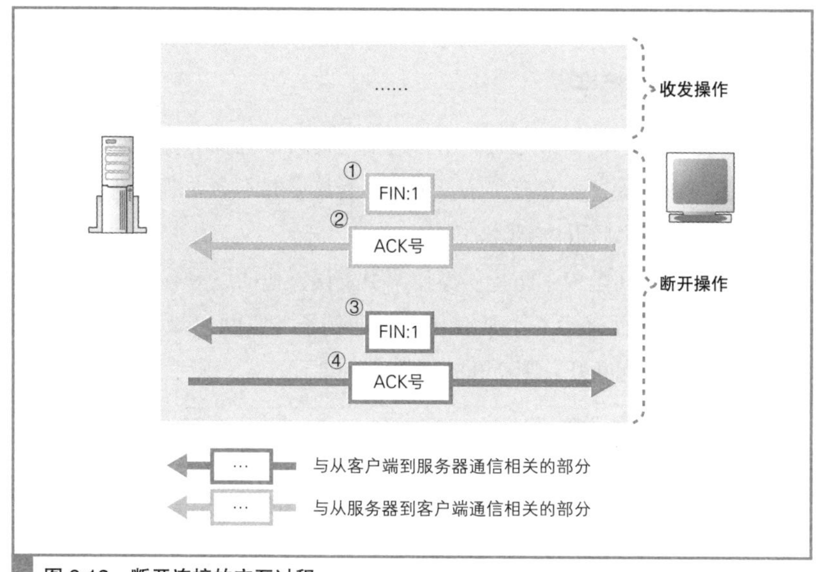

图 2.12　断开连接的交互过程

接下来轮到客户端了。当收到服务器发来的 FIN 为 1 的 TCP 头部时，客户端的协议栈会将自己的套接字标记为进入断开操作状态。然后，为了告知服务器已收到 FIN 为 1 的包，客户端会向服务器返回一个 ACK 号（图 2.12 ②）。这些操作完成后，协议栈就可以等待应用程序来取数据了。

过了一会儿，应用程序就会调用 read 来读取数据[①]。这时，协议栈不会

① 应用程序有可能在收到 FIN 为 1 的包之前就来读取数据，这时读取数据的操作会被挂起，等到 FIN 包到达再继续执行。

向应用程序传递数据[①]，而是会告知应用程序（浏览器）来自服务器的数据已经全部收到了。根据规则，服务器返回请求之后，Web 通信操作就全部结束了，因此只要收到服务器返回的所有数据，客户端的操作也就随之结束了。因此，客户端应用程序会调用 close 来结束数据收发操作，这时客户端的协议栈也会和服务器一样，生成一个 FIN 比特为 1 的 TCP 包，然后委托 IP 模块发送给服务器（图 2.12 ③）。一段时间之后，服务器就会返回 ACK 号（图 2.12 ④）。到这里，客户端和服务器的通信就全部结束了。

2.4.2 删除套接字

和服务器的通信结束之后，用来通信的套接字也就不会再使用了，这时我们就可以删除这个套接字了。不过，套接字并不会立即被删除，而是会等待一段时间之后再被删除。

等待这段时间是为了防止误操作，引发误操作的原因有很多，这里无法全部列举，下面来举一个最容易理解的例子。假设和图 2.12 的过程相反，客户端先发起断开，则断开的操作顺序如下。

（1）客户端发送 FIN
（2）服务器返回 ACK 号
（3）服务器发送 FIN
（4）客户端返回 ACK 号

如果最后客户端返回的 ACK 号丢失了，结果会如何呢？这时，服务器没有接收到 ACK 号，可能会重发一次 FIN。如果这时客户端的套接字已经删除了，会发生什么事呢？套接字被删除，那么套接字中保存的控制信息也就跟着消失了，套接字对应的端口号就会被释放出来。这时，如果别的应用程序要创建套接字，新套接字碰巧又被分配了同一个端口号[②]，而服务器重发的 FIN 正好到达，会怎么样呢？本来这个 FIN 是要发给刚刚删除

① 如果接收缓冲区中还有剩余的已接收数据，则这些数据会被传递给应用程序。
② 客户端的端口号是从空闲的端口号中随意选择的。

的那个套接字的，但新套接字具有相同的端口号，于是这个 FIN 就会错误地跑到新套接字里面，新套接字就开始执行断开操作了。之所以不马上删除套接字，就是为了防止这样的误操作。

至于具体等待多长时间，这和包重传的操作方式有关。网络包丢失之后会进行重传，这个操作通常要持续几分钟。如果重传了几分钟之后依然无效，则停止重传。在这段时间内，网络中可能存在重传的包，也就有可能发生前面讲到的这种误操作，因此需要等待到重传完全结束。协议中对于这个等待时间没有明确的规定，一般来说会等待几分钟之后再删除套接字。

2.4.3 数据收发操作小结

到这里，用 TCP 协议收发应用程序数据的操作就全部结束了。这部分内容的讲解比较长，所以最后我们再整理一下。

数据收发操作的第一步是创建套接字。一般来说，服务器一方的应用程序在启动时就会创建好套接字并进入等待连接的状态。客户端则一般是在用户触发特定动作，需要访问服务器的时候创建套接字。在这个阶段，还没有开始传输网络包。

创建套接字之后，客户端会向服务器发起连接操作。首先，客户端会生成一个 SYN 为 1 的 TCP 包并发送给服务器（图 2.13 ①）。这个 TCP 包的头部还包含了客户端向服务器发送数据时使用的初始序号，以及服务器向客户端发送数据时需要用到的窗口大小[①]。当这个包到达服务器之后，服务器会返回一个 SYN 为 1 的 TCP 包（图 2.13 ②）。和图 2.13 ①一样，这个包的头部中也包含了序号和窗口大小，此外还包含表示确认已收到包①的 ACK 号[②]。当这个包到达客户端时，客户端会向服务器返回一个包含表示确

① 如图 2.11 所示，窗口大小是由接收方告知发送方的，因此，在最初的这个包中，客户端告诉服务器的窗口大小是服务器向客户端发送数据时使用的。窗口大小的更新和序号以及 ACK 号一样，都是双向进行的。图 2.13 显示了窗口的双向交互。

② 设置 ACK 号时需要将 ACK 控制位设为 1。

认的 ACK 号的 TCP 包(图 2.13 ③)。到这里，连接操作就完成了，双方进入数据收发阶段。

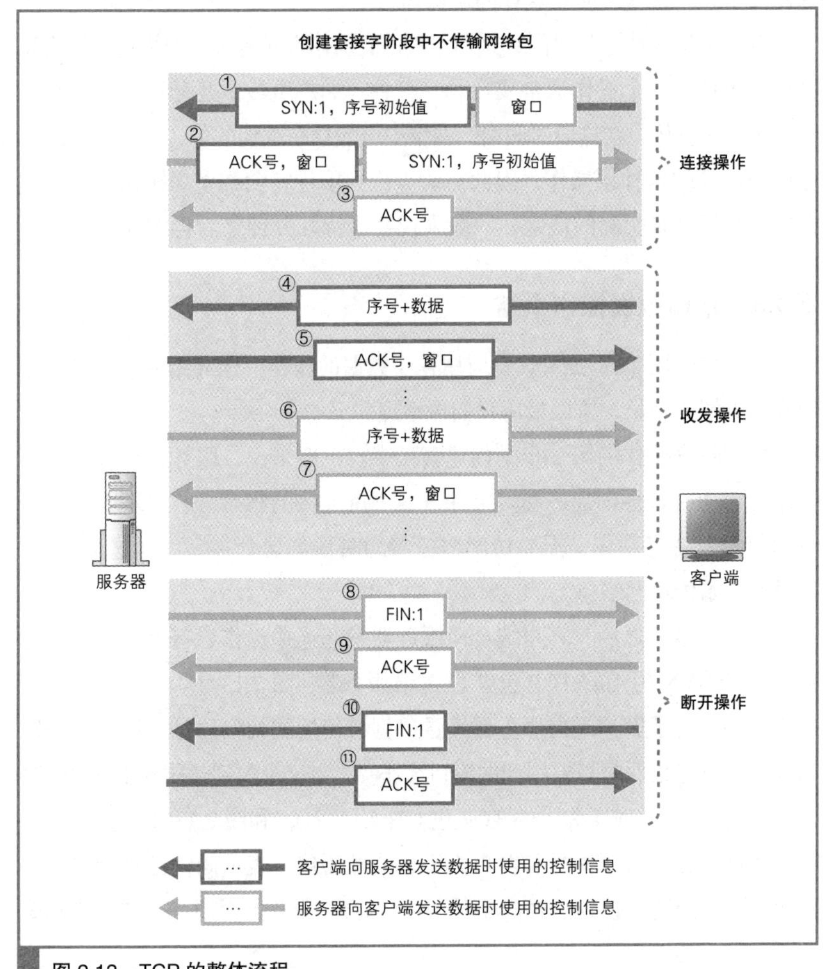

图 2.13　TCP 的整体流程

数据收发阶段的操作根据应用程序的不同而有一些差异，以 Web 为例，首先客户端会向服务器发送请求消息。TCP 会将请求消息切分成一定大小的块，并在每一块前面加上 TCP 头部，然后发送给服务器(图 2.13 ④)。

TCP 头部中包含序号，它表示当前发送的是第几个字节的数据。当服务器收到数据时，会向客户端返回 ACK 号（图 2.13 ⑤）。在最初的阶段，服务器只是不断接收数据，随着数据收发的进行，数据不断传递给应用程序，接收缓冲区就会被逐步释放。这时，服务器需要将新的窗口大小告知客户端。当服务器收到客户端的请求消息后，会向客户端返回响应消息，这个过程和刚才的过程正好相反（图 2.13 ⑥⑦）。

服务器的响应消息发送完毕之后，数据收发操作就结束了，这时就会开始执行断开操作。以 Web 为例，服务器会先发起断开过程[①]。在这个过程中，服务器先发送一个 FIN 为 1 的 TCP 包（图 2.13 ⑧），然后客户端返回一个表示确认收到的 ACK 号（图 2.13 ⑨）。接下来，双方还会交换一组方向相反的 FIN 为 1 的 TCP 包（图 2.13 ⑩）和包含 ACK 号的 TCP 包（图 2.13⑪）。最后，在等待一段时间后，套接字会被删除。

2.5 IP 与以太网的包收发操作

2.5.1 包的基本知识

TCP 模块在执行连接、收发、断开等各阶段操作时，都需要委托 IP 模块将数据封装成包发送给通信对象。我们在 TCP 的讲解中也经常提到 IP，下面就来讨论一下 IP 模块是如何将包发送给对方的。

正式开始这个话题之前，我们先来介绍一下关于网络包的一些基本知识。首先，包是由头部和数据两部分构成的（图 2.14（a））。头部包含目的地址等控制信息，大家可以把它理解为快递包裹的面单；头部后面就是委托方要发送给对方的数据，也就相当于快递包裹里的货物。一个包发往目的地的过程如图 2.15 所示。

首先，发送方的网络设备会负责创建包，创建包的过程就是生成含有正确控制信息的头部，然后再附加上要发送的数据。接下来，包会被发往

① 在 HTTP1.1 中，有可能是客户端发起断开过程。

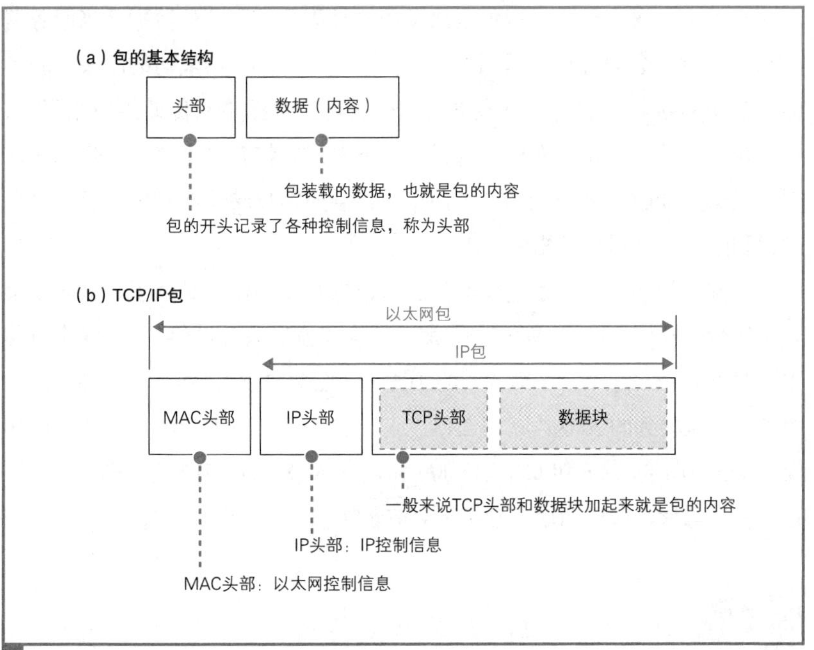

图 2.14　网络包的结构

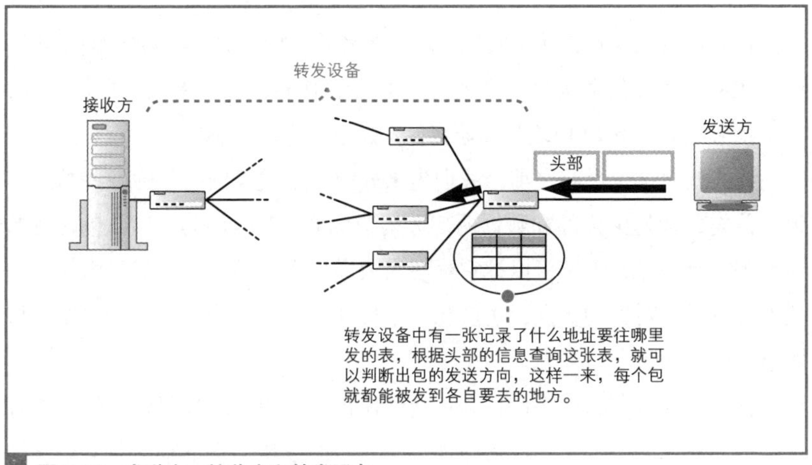

图 2.15　发送方、接收方和转发设备

最近的网络转发设备。当到达最近的转发设备之后，转发设备会根据头部中的信息判断接下来应该发往哪里。这个过程需要用到一张表，这张表里面记录了每一个地址对应的发送方向，也就是按照头部里记录的目的地址在表里进行查询，并根据查到的信息判断接下来应该发往哪个方向。比如，如果查表的结果是“目标地址为 ×××× 的包应该发到 ×××× 号线路”，那么转发设备就会把这个包发到 ×××× 号线路去。接下来，包在向目的地移动的过程中，又会到达下一个转发设备，然后又会按照同样的方式被发往下一个转发设备。就这样，经过多个转发设备的接力之后，包最终就会到达接收方的网络设备。当然，发送方向接收方发送一个包，接收方可能也会向发送方返回一个包，此时的发送方到了接下来的某个时刻就会变成接收方。因此，我们不需要把发送方和接收方明确区分开来，在这里我们把发送方和接收方统称为终端节点[①]。

前面介绍的这些基本知识，对于各种通信方式都是适用的，当然也适用于 TCP/IP 网络。不过，TCP/IP 包的结构是在这个基本结构的基础上扩展出来的，因此更加复杂。在第 1 章 1.2.1 节，我们讲过子网的概念，还讲过网络中有路由器和集线器两种不同的转发设备，它们在传输网络包时有着各自的分工。

（1）路由器根据目标地址判断下一个路由器的位置

（2）集线器在子网中将网络包传输到下一个路由

实际上，集线器是按照以太网规则传输包的设备，而路由器是按照 IP 规则传输包的设备，因此我们也可以作如下理解。

（1）IP 协议根据目标地址判断下一个 IP 转发设备的位置

（2）子网中的以太网协议将包传输到下一个转发设备

具体来说，如图 2.14（b）所示，TCP/IP 包包含如下两个头部。

---

① 相应地，转发设备被称为转发节点或者中间节点。

(a) MAC 头部（用于以太网协议）

(b) IP 头部（用于 IP 协议）

这两个头部分别具有不同的作用。首先，发送方将包的目的地，也就是要访问的服务器的 IP 地址写入 IP 头部中。这样一来，我们就知道这个包应该发往哪里，IP 协议就可以根据这一地址查找包的传输方向，从而找到下一个路由器的位置，也就是图 2.16 中的路由器 R1。接下来，IP 协议会委托以太网协议将包传输过去。这时，IP 协议会查找下一个路由器的以太网地址（MAC 地址），并将这个地址写入 MAC 头部中。这样一来，以太网协议就知道要将这个包发到哪一个路由器上了。

网络包在传输过程中（图 2.16 ①）会经过集线器，集线器是根据以太网协议工作的设备。为了判断包接下来应该向什么地方传输，集线器里有一张表（用于以太网协议的表），可根据以太网头部中记录的目的地信息查出相应的传输方向。这张图中只有一个集线器，当存在多个集线器时，网络包会按顺序逐一通过这些集线器进行传输。

接下来，包会到达下一个路由器（图 2.16 ②）。路由器中有一张 IP 协议的表，可根据这张表以及 IP 头部中记录的目的地信息查出接下来应该发往哪个路由器。为了将包发到下一个路由器，我们还需要查出下一个路由器的 MAC 地址，并记录到 MAC 头部中，大家可以理解为改写了 MAC 头部[①]。这样，网络包就又被发往下一个节点了。

再往后的过程图上就没有画出来了。网络包会通过路由器到达下一个路由器 R2。这个过程不断重复，最终网络包就会被送到目的地，当目的地设备成功接收之后，网络包的传输过程就结束了。

前面介绍的就是在 TCP/IP 网络中，一个网络包从出发到到达目的地的全过程。虽然看起来有点复杂，不过设计这样的分工是有原因的。前面讲了 IP 和以太网的分工，其中以太网的部分也可以替换成其他的东西，例如

① 更准确地说，收到包的时候 MAC 头部会被舍弃，而当再次发送的时候又会加上包含新 MAC 地址的新 MAC 头部。

无线局域网、ADSL、FTTH 等，它们都可以替代以太网的角色帮助 IP 协议来传输网络包[①]。因此，将 IP 和负责传输的网络分开，可以更好地根据需要使用各种通信技术。像互联网这样庞大复杂的网络，在架构上需要保证灵活性，这就是设计这种分工方式的原因。

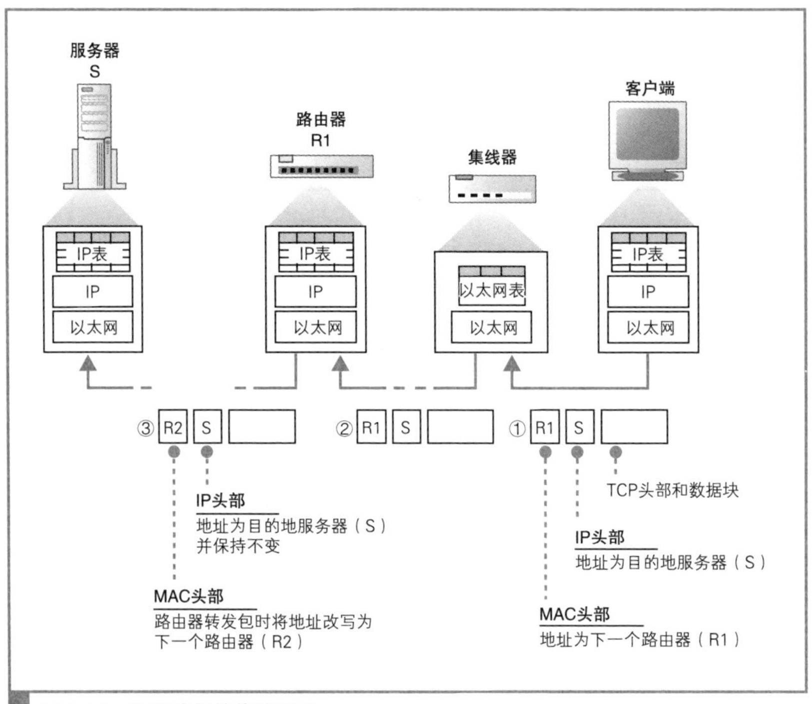

图 2.16 IP 网络包的传输方式

2.5.2 包收发操作概览

了解了整体流程之后，下面来讲一讲在协议栈中 IP 模块是如何完成包收发操作的。尽管我们说 IP 模块负责将包发给对方，但实际上将包从发送

① 当使用除以太网之外的其他网络进行传输时，MAC 头部也会被替换为适合所选通信规格的其他头部。

方传输到接收方的工作是由集线器、路由器等网络设备来完成的[①]，因此 IP 模块仅仅是整个包传输过程的入口而已。即便如此，IP 模块还是有很多工作需要完成，首先我们先粗略地整理一下。

包收发操作的起点是 TCP 模块委托 IP 模块发送包的操作（图 2.17 中的“①发送”）。这个委托的过程就是 TCP 模块在数据块的前面加上 TCP 头部，然后整个传递给 IP 模块，这部分就是网络包的内容。与此同时，TCP 模块还需要指定通信对象的 IP 地址，也就是需要写清楚“将什么内容发给谁”。

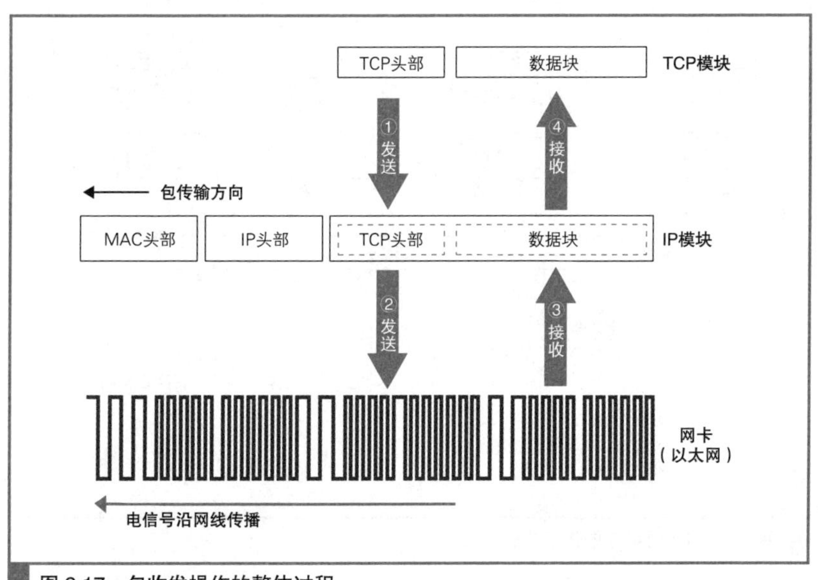

图 2.17　包收发操作的整体过程

收到委托后，IP 模块会将包的内容当作一整块数据，在前面加上包含控制信息的头部。刚才我们讲过，IP 模块会添加 IP 头部和 MAC 头部这两种头部。IP 头部中包含 IP 协议规定的、根据 IP 地址将包发往目的地所需的控制信息；MAC 头部包含通过以太网的局域网将包传输至最近的路由器

① 这个过程我们将在第 3 章讲解。

所需的控制信息[①]。关于 IP 头部和 MAC 头部的区别以及其中包含的控制信息的含义，我们将稍后介绍。总之，加上这两个头部之后，一个包就封装好了，这些就是 IP 模块负责的工作。

IP 模块负责添加如下两个头部。

（1）MAC 头部：以太网用的头部，包含 MAC 地址

（2）IP 头部：IP 用的头部，包含 IP 地址

接下来，封装好的包会被交给网络硬件（图 2.17 中的“②发送”），例如以太网、无线局域网等。网络硬件可能是插在计算机主板上的板卡，也可能是笔记本电脑上的 PCMCIA 卡，或者是计算机主板上集成的芯片，不同形态的硬件名字也不一样，本书将它们统称为网卡[②]。传递给网卡的网络包是由一连串 0 和 1 组成的数字信息，网卡会将这些数字信息转换为电信号或光信号，并通过网线（或光纤）发送出去，然后这些信号就会到达集线器、路由器等转发设备，再由转发设备一步一步地送达接收方。

包送达对方之后，对方会作出响应。返回的包也会通过转发设备发送回来，然后我们需要接收这个包。接收的过程和发送的过程是相反的，信息先以电信号的形式从网线传输进来，然后由网卡将其转换为数字信息并传递给 IP 模块（图 2.17 中的“③接收”）。接下来，IP 模块会将 MAC 头部和 IP 头部后面的内容，也就是 TCP 头部加上数据块，传递给 TCP 模块。接下来的操作就是我们之前讲过的 TCP 模块负责的部分了。

① 凡是局域网所使用的头部都叫 MAC 头部，但其内容根据局域网的类型有所不同。此外，对于除局域网之外的其他通信技术，还有不同名称的各种头部，但它们只是名字不叫 MAC 头部而已，承担的作用和 MAC 头部是相同的。

② 把集成在主板上的网络硬件叫作“网卡”可能听上去有些奇怪，从这个意义上来看应该叫作“网络接口”比较准确。不过，也有接在 USB 接口上的网卡，在计算机的领域中，“接口”这个词有时候会带来更多的歧义。在计算机和网络行业中，有很多术语的用法其实都比较混乱。

在这个过程中，有几个关键的点。TCP 模块在收发数据时会分为好几个阶段，并为各个阶段设计了实现相应功能的网络包，但 IP 的包收发操作都是相同的，并不会因包本身而有所区别。因为 IP 模块会将 TCP 头部和数据块看作一整块二进制数据，在执行收发操作时并不关心其中的内容，也不关心这个包是包含 TCP 头部和数据两者都有呢，还是只有 TCP 头部而没有数据。当然，IP 模块也不关心 TCP 的操作阶段，对于包的乱序和丢失也一概不知。总之，IP 的职责就是将委托的东西打包送到对方手里，或者是将对方送来的包接收下来，仅此而已。因此，接下来我们要讲的这些关于 IP 的工作方式，可适用于任何 TCP 委派的收发操作。

无论要收发的包是控制包还是数据包，IP 对各种类型的包的收发操作都是相同的。

2.5.3 生成包含接收方 IP 地址的 IP 头部

下面来看一看 IP 模块的具体工作过程。IP 模块接受 TCP 模块的委托负责包的收发工作，它会生成 IP 头部并附加在 TCP 头部前面。IP 头部包含的内容如表 2.2 所示，其中最重要的内容就是 IP 地址，它表示这个包应该发到哪里去。这个地址是由 TCP 模块告知的，而 TCP 又是在执行连接操作时从应用程序那里获得这个地址的，因此这个地址的最初来源就是应用程序。IP 不会自行判断包的目的地，而是将包发往应用程序指定的接收方，即便应用程序指定了错误的 IP 地址，IP 模块也只能照做。当然，这样做肯定会出错，但这个责任应该由应用程序来承担[①]。

① 在连接操作中发送第一个 SYN 包时就可能发生这样的情况，一旦 TCP 连接完毕，就已经确认能够正常和对方进行包的收发，这时就不会发生这样的情况了。

表 2.2 IP 头部格式

	字段名称	长度（比特）	含 义
IP 头部（20 字节 ~）	版本号	4	IP 协议版本号，目前使用的是版本 4
	头部长度（IHL）	4	IP 头部的长度。可选字段可导致头部长度变化，因此这里需要指定头部的长度
	服务类型（ToS）	8	表示包传输优先级。最初的协议规格里对这个参数的规定很模糊，最近 DiffServ 规格重新定义了这个字段的用法
	总长度	16	表示 IP 消息的总长度
	ID 号	16	用于识别包的编号，一般为包的序列号。如果一个包被 IP 分片，则所有分片都拥有相同的 ID
	标志（Flag）	3	该字段有 3 个比特，其中 2 个比特有效，分别代表是否允许分片，以及当前包是否为分片包
	分片偏移量	13	表示当前包的内容为整个 IP 消息的第几个字节开始的内容
	生存时间（TTL）	8	表示包的生存时间，这是为了避免网络出现回环时一个包永远在网络中打转。每经过一个路由器，这个值就会减 1，减到 0 时这个包就会被丢弃
	协议号	8	协议号表示协议的类型（以下均为十六进制）。 TCP: 06 UDP: 17 ICMP: 01
	头部校验和	16	用于检查错误，现在已不使用
	发送方 IP 地址	32	网络包发送方的 IP 地址
	接收方 IP 地址	32	网络包接收方的 IP 地址
	可选字段	可变长度	除了上面的头部字段之外，还可以添加可选字段用于记录其他控制信息，但可选字段很少使用

IP 头部中还需要填写发送方的 IP 地址，大家可以认为是发送方计算机的 IP 地址[①]，实际上“计算机的 IP 地址”这种说法并不准确。一般的客户

① 设置窗口或者配置文件中设置的 IP 地址，或者是由 DHCP 服务器自动分配的 IP 地址。无论哪种情况，分配的 IP 地址都会保存在计算机中，一般在计算机启动的操作系统初始化过程中，协议栈会根据这些信息进行配置。

端计算机上只有一块网卡，因此也就只有一个 IP 地址，这种情况下我们可以认为这个 IP 地址就是计算机的 IP 地址，但如果计算机上有多个网卡，情况就没那么简单了。IP 地址实际上并不是分配给计算机的，而是分配给网卡的，因此当计算机上存在多块网卡时，每一块网卡都会有自己的 IP 地址。很多服务器上都会安装多块网卡，这时一台计算机就有多个 IP 地址，在填写发送方 IP 地址时就需要判断到底应该填写哪个地址。这个判断相当于在多块网卡中判断应该使用哪一块网卡来发送这个包，也就相当于判断应该把包发往哪个路由器，因此只要确定了目标路由器，也就确定了应该使用哪块网卡，也就确定了发送方的 IP 地址。

IP 头部的“接收方 IP 地址”填写通信对象的 IP 地址。
发送方 IP 地址需要判断发送所使用的网卡，并填写该网卡的 IP 地址。

那么，我们应该如何判断应该把包交给哪块网卡呢？其实和图 2.16 中路由器使用 IP 表判断下一个路由器位置的操作是一样的。因为协议栈的 IP 模块与路由器中负责包收发的部分都是根据 IP 协议规则来进行包收发操作的，所以它们也都用相同的方法来判断把包发送给谁。

这个“IP 表”叫作路由表[①]，我们将在第 3 章探索路由器时详细介绍它的用法，这里先简单讲个大概。如图 2.18 所示，我们可以通过 route print 命令来显示路由表，下面来边看边讲。首先，我们对套接字中记录的目的地 IP 地址与路由表左侧的 Network Destination 栏进行比较，找到对应的一行。例如，TCP 模块告知的目标 IP 地址为 192.168.1.21，那么就对应图 2.18 中的第 6 行，因为它和 192.168.1 的部分相匹配。如果目标 IP 地址为 10.10.1.166，那么就和 10.10.1 的部分相匹配，所以对应第 3 行。以此类推，我们需要找到与 IP 地址左边部分相匹配的条目[②]，找到相应的条目之

① 路由表的英文为 Routing Table。

② 实际上，到底匹配左边的哪一部分是有一定规则的，我们将在第 3 章详细介绍。

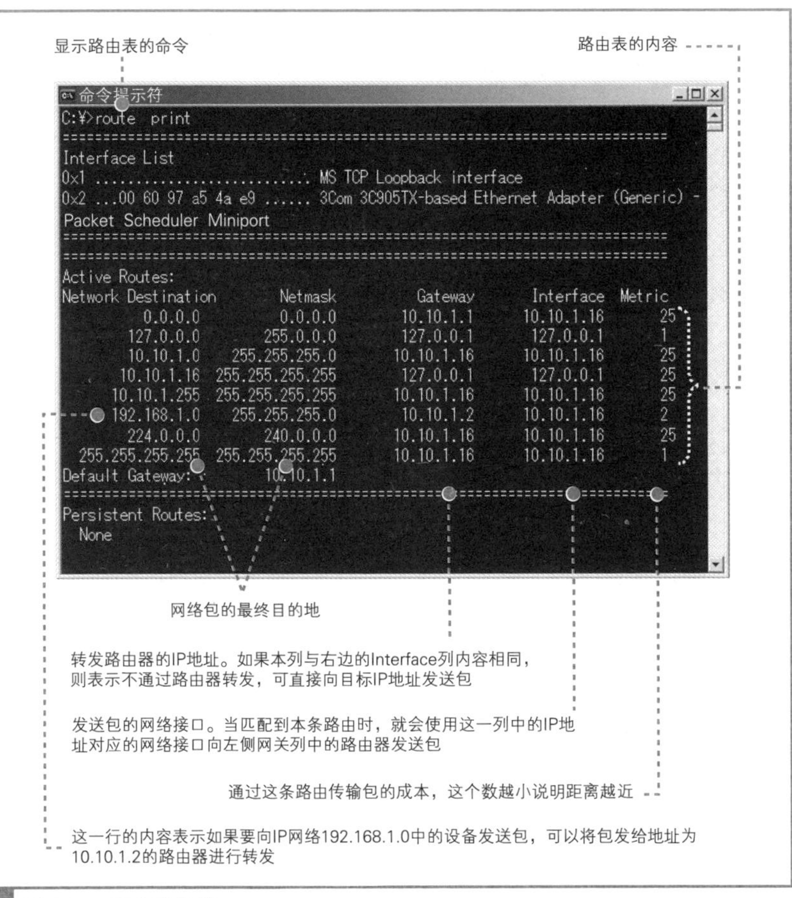

图 2.18　路由表示例

后，接下来看从右边数第 2 列和第 3 列的内容。右起第 2 列，也就是 Interface 列，表示网卡等网络接口，这些网络接口可以将包发送给通信对象。此外，右起第 3 列，即 Gateway 列表示下一个路由器的 IP 地址，将包发给这个 IP 地址，该地址对应的路由器[①]就会将包转发到目标地址[②]。路由

① Gateway（网关）在 TCP/IP 的世界里就是路由器的意思。

② 如果 Gateway 和 Interface 列的 IP 地址相同，就表示不需要路由器进行转发，可以直接将包发给接收方的 IP 地址。我们将在第 3 章详细介绍。

表的第 1 行中，目标地址和子网掩码[1]都是 0.0.0.0，这表示默认网关，如果其他所有条目都无法匹配，就会自动匹配这一行[2]。

这样一来，我们就可以判断出应该使用哪块网卡来发送包了，然后就可以在 IP 头部的发送方 IP 地址中填上这块网卡对应的 IP 地址。

接下来还需要填写协议号，它表示包的内容是来自哪个模块的。例如，如果是 TCP 模块委托的内容，则设置为 06（十六进制），如果是 UDP 模块委托的内容，则设置为 17（十六进制），这些值都是按照规则来设置的。在现在我们使用的浏览器中，HTTP 请求消息都是通过 TCP 来传输的，因此这里就会填写表示 TCP 的 06（十六进制）。

其他字段内也需要填写相应的值，但对大局没什么影响，我们会在第 3 章进行介绍，这里就先省略了。

2.5.4 生成以太网用的 MAC 头部

生成了 IP 头部之后，接下来 IP 模块还需要在 IP 头部的前面加上 MAC 头部（表 2.3）。IP 头部中的接收方 IP 地址表示网络包的目的地，通过这个地址我们就可以判断要将包发到哪里，但在以太网的世界中，TCP/IP 的这个思路是行不通的。以太网在判断网络包目的地时和 TCP/IP 的方式不同，因此必须采用相匹配的方式才能在以太网中将包发往目的地，而 MAC 头部就是干这个用的。

IP 模块在生成 IP 头部之后，会在它前面再加上 MAC 头部。MAC 头部是以太网使用的头部，它包含了接收方和发送方的 MAC 地址等信息。

关于以太网的结构我们稍后会进行介绍，但下面的内容需要一些 MAC 头部的相关知识才能理解，因此先介绍一些最基础的。MAC 头部的开头是接收方和发送方的 MAC 地址，大家可以认为它们和 IP 头部中的接收方和发送方 IP 地址的功能差不多，只不过 IP 地址的长度为 32 比特，而 MAC

---

① 子网掩码：用来判断 IP 地址中网络号与主机号分界线的值，我们在 1.2.1 节介绍过。

② 默认网关的含义我们将在第 3 章介绍路由器的部分进行介绍。

表 2.3 MAC 头部的字段

字段名称		长度（比特）	含 义
MAC 头部（14 字节）	接收方 MAC 地址	48	网络包接收方的 MAC 地址，在局域网中使用这一地址来传输网络包
	发送方 MAC 地址	48	网络包发送方的 MAC 地址，接收方通过它来判断是谁发送了这个包
	以太类型	16	使用的协议类型。下面是一些常见的类型，一般在 TCP/IP 通信中只使用 0800 和 0806 这两种。 0000-05DC：IEEE 802.3 0800　　：IP 协议 0806　　：ARP 协议 86DD　　IPv6

地址为 48 比特。此外，IP 地址是类似多少弄多少号这种现实中地址的层次化的结构，而 MAC 地址中的 48 比特可以看作是一个整体。尽管有上述差异，但从表示接收方和发送方的意义上来说，MAC 地址和 IP 地址是没有区别的，因此大家可以暂且先把它们当成是一回事。第 3 个以太类型字段和 IP 头部中的协议号类似。在 IP 中，协议号表示 IP 头部后面的包内容的类型；而在以太网中，我们可以认为以太网类型后面就是以太网包的内容，而以太类型就表示后面内容的类型。以太网包的内容可以是 IP、ARP 等协议的包，它们都有对应的值，这也是根据规则来确定的[①]。

在生成 MAC 头部时，只要设置表 2.3 中的 3 个字段就可以了。方便起见，我们按照从下往上的顺序来对表进行讲解。首先是“以太类型”，这里填写表示 IP 协议的值 0800（十六进制）。接下来是发送方 MAC 地址，这里填写网卡本身的 MAC 地址。MAC 地址是在网卡生产时写入 ROM 里

① 表 2.3 中有一些例子，当然，这里只列出了 IP 相关协议的以太网类型，除了 IP 相关协议，其他协议只要有相对应的以太网类型，都可以在以太网中使用。

的，只要将这个值读取出来写入 MAC 头部就可以了[1]。对于多块网卡的情况，请大家回想一下设置发送方 IP 地址的方法[2]。设置发送方 IP 地址时，我们已经判断出了从哪块网卡发送这个包，那么现在只要将这块网卡对应的 MAC 地址填进去就好了。

前面这些还比较简单，而接收方 MAC 地址就有点复杂了。只要告诉以太网对方的 MAC 的地址，以太网就会帮我们把包发送过去，那么很显然这里应该填写对方的 MAC 地址。然而，在这个时间点上，我们还没有把包发送出去，所以先得搞清楚应该把包发给谁，这个只要查一下路由表就知道了。在路由表中找到相匹配的条目，然后把包发给 Gateway 列中的 IP 地址就可以了。

既然已经知道了包应该发给谁，那么只要将对方的 MAC 地址填上去就好了，但到这里为止根本没有出现对方的 MAC 地址，也就是说我们现在根本不知道对方的 MAC 地址是什么。因此，我们还需要执行根据 IP 地址查询 MAC 地址的操作。

IP 模块根据路由表 Gateway 栏的内容判断应该把包发送给谁。

2.5.5 通过 ARP 查询目标路由器的 MAC 地址

这里我们需要使用 ARP[3]，它其实非常简单。在以太网中，有一种叫作广播的方法，可以把包发给连接在同一以太网中的所有设备。ARP 就是利

① 实际上，只有在操作系统启动过程中对网卡进行初始化的时候才会读取 MAC 地址，读取出来之后会存放在内存中，每次执行收发操作时实际上使用的是内存中的值。此外，读取 MAC 地址的操作是由网卡驱动程序来完成的，因此网卡驱动程序也可以不从网卡 ROM 中读取地址，而是将配置文件中设定的 MAC 地址拿出来放到内存中并用于设定 MAC 头部，或者也可以通过命令输入 MAC 地址。

② 参见 2.5.3 一节。

③ ARP：Address Resolution Protocol，地址解析协议。

用广播对所有设备提问:“××这个IP地址是谁的?请把你的MAC地址告诉我。”然后就会有人回答:“这个IP地址是我的，我的MAC地址是××××。”[①]（图2.19）

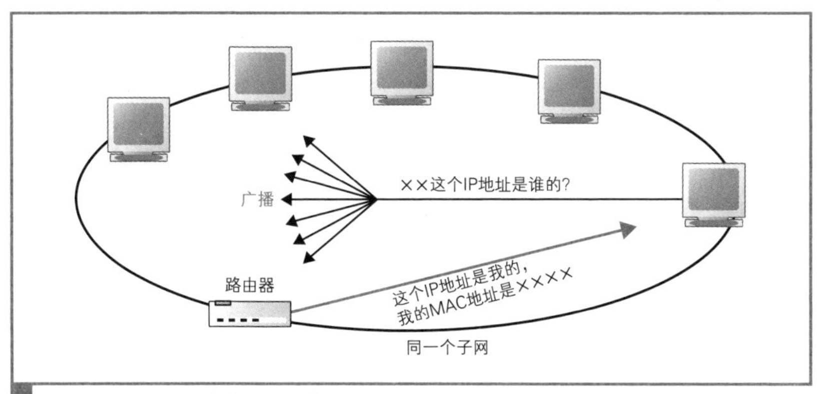

图2.19 用ARP查询MAC地址

如果对方和自己处于同一个子网中，那么通过上面的操作就可以得到对方的MAC地址[②]。然后，我们将这个MAC地址写入MAC头部，MAC头部就完成了。

不过，如果每次发送包都要这样查询一次，网络中就会增加很多ARP包，因此我们会将查询结果放到一块叫作ARP缓存的内存空间中留着以后用。也就是说，在发送包时，先查询一下ARP缓存，如果其中已经保存了对方的MAC地址，就不需要发送ARP查询，直接使用ARP缓存中的地址，而当ARP缓存中不存在对方MAC地址时，则发送ARP查询。显示ARP缓存的方法和MAC地址的写法如图2.20和图2.21所示，供大家参考。

① 不是这个IP地址的设备会忽略广播，什么都不回答。

② 如果路由表的设置正确，那么对方应该在同一子网，否则对方无法作出ARP响应，这时只能认为对方不存在，包的发送操作就会失败。

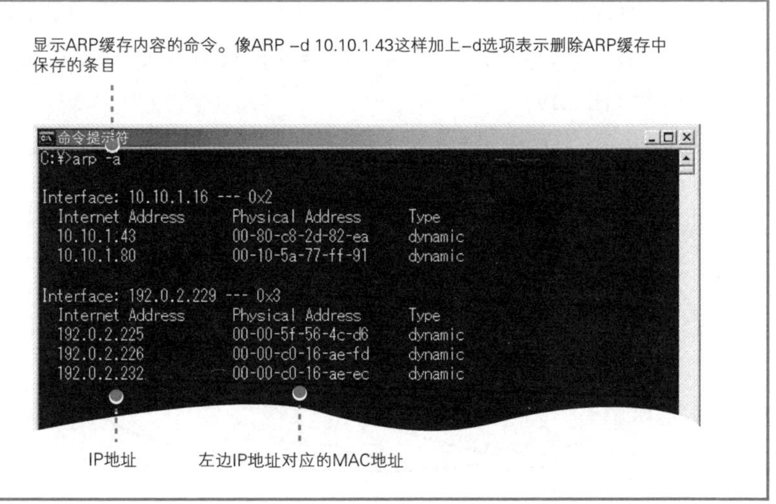

图 2.20 ARP 缓存的内容

（a）用“-”分隔的写法

00-80-C8-2D-82-EA

（b）用“:”分隔的写法

00:80:C8:2D:82:EA

MAC地址长度为48比特（6字节），按照惯例有（a）、（b）两种写法，它们的意思是一样的，使用任何一种写法都可以。

图 2.21 MAC 地址

有了 ARP 缓存，我们可以减少 ARP 包的数量，但如果总是使用 ARP 缓存中保存的地址也会产生问题。例如当 IP 地址发生变化时，ARP 缓存的内容就会和现实发生差异。为了防止这种问题的发生，ARP 缓存中的值在经过一段时间后会被删除，一般这个时间在几分钟左右。这个删除的操作非常简单粗暴，不管 ARP 缓存中的内容是否有效，只要经过几分钟就全部删掉，这样就不会出问题了。当地址从 ARP 缓存中删除后，只要重新执行一次 ARP 查询就可以再次获得地址了。

上面这个策略能够在几分钟后消除缓存和现实的差异，但 IP 地址刚刚发生改变的时候，ARP 缓存中依然会保留老的地址，这时就会发生通信的异常[①]。

查询 MAC 地址需要使用 ARP。

将 MAC 头部加在 IP 头部的前面，整个包就完成了。到这里为止，整个打包的工作是由 IP 模块负责的。有人认为，MAC 头部是以太网需要的内容，并不属于 IP 的职责范围，但从现实来看，让 IP 负责整个打包工作是有利的。如果在交给网卡之前，IP 模块能够完成整个打包工作，那么网卡只要将打好的包发送出去就可以了。对于除 IP 以外的其他类型的包也是一样，如果在交给网卡之前完成打包，那么对于网卡来说，发送的操作和发送 IP 包是完全相同的。这样一来，同一块网卡就可以支持各种类型的包。至于接收操作，我们到后面会讲，但如果接收的包可以原封不动直接交给 IP 模块来处理，网卡就只要负责接收就可以了。这样一来，一块网卡也就能支持各种类型的包了。与其机械地设计模块和设备之间的分工，导致网卡只能支持 IP 包，不如将分工设计得现实一些，让网卡能够灵活支持各种类型的包。

2.5.6 以太网的基本知识

完成 IP 模块的工作之后，下面就该轮到网卡了，不过在此之前，我们先来了解一些以太网的基本知识。

以太网是一种为多台计算机能够彼此自由和廉价地相互通信而设计的通信技术，它的原型如图 2.22（a）所示。从图上不难看出，这种网络的本质其实就是一根网线。图上还有一种叫作收发器的小设备，它的功能只是将不同网线之间的信号连接起来而已。因此，当一台计算机发送信号时，信号就会通过网线流过整个网络，最终到达所有的设备。这就好像所有人

① 遇到这种情况，可以查看 ARP 缓存的内容，并手动删除过时的条目。

（a）10BASE5（以太网原型）
信号通过网线流过整个网络

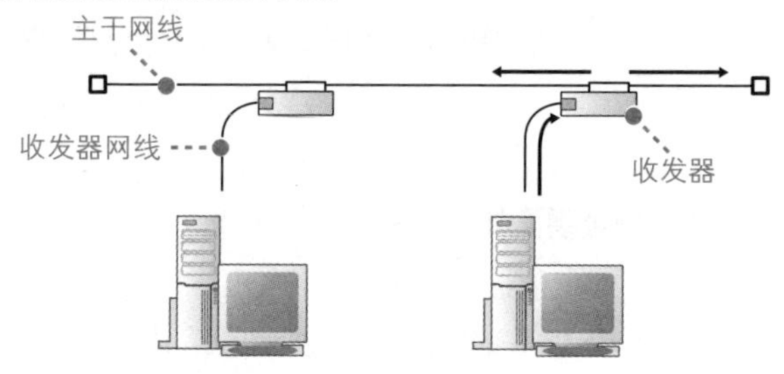

（b）采用中继式集线器的变体（10BASE-T）
信号通过中继式集线器扩散到整个网络

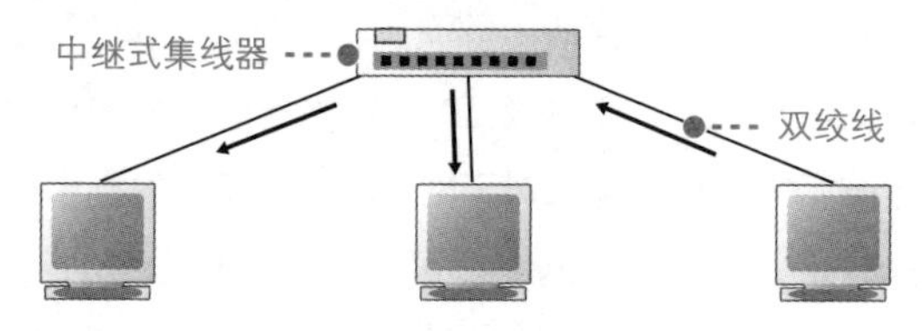

（c）采用交换式集线器的结构
交换式集线器会根据接收方MAC地址将包转发到指定的目的地，
因此信号只会到达指定的设备

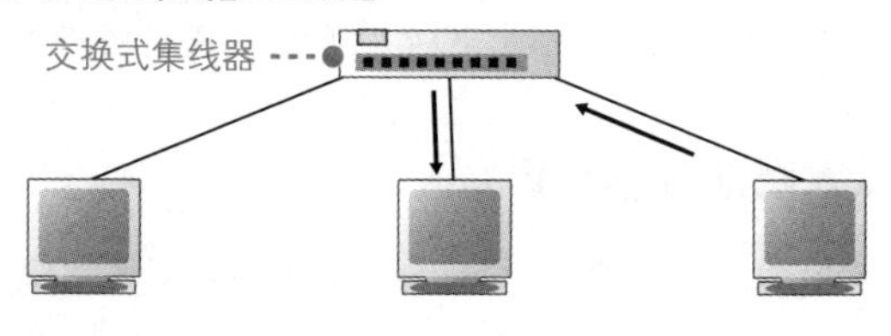

图 2.22 以太网的基本结构

待在一个大房间里，任何一个人说话，所有人都能够听到，同样地，这种网络中任何一台设备发送的信号所有设备都能接收到。不过，我们无法判断一个信号到底是发给谁的，因此需要在信号的开头加上接收者的信息，也就是地址。这样一来就能够判断信号的接收者了，与接收者地址匹配的设备就接收这个包，其他的设备则丢弃这个包，这样我们的包就送到指定的目的地了。为了控制这一操作，我们就需要使用表 2.3 中列出的 MAC 头部。通过 MAC 头部中的接收方 MAC 地址，就能够知道包是发给谁的；而通过发送方 MAC 地址，就能够知道包是谁发出的；此外，通过以太类型就可以判断包里面装了什么类型的内容。以太网其实就这么简单[①]。

这个原型后来变成了图 2.22（b）中的结构。这个结构是将主干网线替换成了一个中继式集线器[②]，将收发器网线替换成了双绞线[③]。不过，虽然网络的结构有所变化，但信号会发送给所有设备这一基本性质并没有改变。

后来，图 2.22（c）这样的使用交换式集线器[④]的结构普及开来，现在我们说的以太网指的都是这样的结构。这个结构看上去和（b）很像，但其实里面有一个重要的变化，即信号会发送给所有设备这一性质变了，现在信号只会流到根据 MAC 地址指定的设备，而不会到达其他设备了。当然，根据 MAC 地址来传输包这一点并没有变，因此 MAC 头部的设计也得以保留。

尽管以太网经历了数次变迁，但其基本的 3 个性质至今仍未改变，即将包发送到 MAC 头部的接收方 MAC 地址代表的目的地，用发送方 MAC 地址识别发送方，用以太类型识别包的内容。因此，大家可以认为具备这 3 个性质的网络就是以太网[⑤]。

---

① 实际上，多台设备同时发送信号会造成碰撞，当然也有相应的解决方案，不过这部分比较复杂。随着交换式集线器的普及，信号已经不会发生碰撞了，因此在实际工作中也不需要在意这个复杂的部分。

② 中继式集线器：在以太网（10BASE-T/100BASE-TX）中简称集线器。如果需要区分仅对信号进行放大中继的传统集线器和交换式集线器，则将前者称为中继式集线器，也叫共享式集线器。我们将在 3.1.4 一节进行介绍。（以下将“中继式集线器”简称为“集线器”——译者注）

③ （a）和（b）中流过的信号不同，因此单纯的替换似乎有点简单粗暴。

④ 以下将“交换式集线器”简称为“交换机”。——译者注

⑤ 这些性质也适用于无线局域网。也就是说，将包发送到 MAC 头部的接收方 MAC 地址所代表的目的地，用发送方 MAC 地址识别发送方，在这些方面无线局域网和以太网是一样的。无线局域网没有以太类型，但有另一个具备同样功能的参数，可以认为它就是以太类型。因此，我们可以用无线局域网来代替以太网。

以太网中的各种设备也是基于以太网规格来工作的，因此下面的内容不仅适用于客户端计算机，同样也适用于服务器、路由器等各种设备[①]。

此外，以太网和 IP 一样，并不关心网络包的实际内容，因此以太网的收发操作也和 TCP 的工作阶段无关，都是共通的[②]。

2.5.7 将 IP 包转换成电或光信号发送出去

下面来看看以太网的包收发操作。IP 生成的网络包只是存放在内存中的一串数字信息，没有办法直接发送给对方。因此，我们需要将数字信息转换为电或光信号，才能在网线上传输，也就是说，这才是真正的数据发送过程。

负责执行这一操作的是网卡，但网卡也无法单独工作，要控制网卡还需要网卡驱动程序。驱动程序不只有网卡才有，键盘、鼠标、显卡、声卡等各种硬件设备都有。当然，不同厂商和型号的网卡在结构上有所不同，因此网卡驱动程序也是厂商开发的专用程序[③]。

网卡的内部结构如图 2.23 所示，这是一张网卡主要构成要素的概念图，并不代表硬件的实际结构[④]，但依然可以看清大体的思路。记住这一内部结构之后，我们再来介绍包收发的操作过程，现在，我们先来讲讲网卡的初始化过程。

网卡并不是通上电之后就可以马上开始工作的，而是和其他硬件一样，都需要进行初始化。也就是说，打开计算机启动操作系统的时候，网卡驱动程序会对硬件进行初始化操作，然后硬件才进入可以使用的状态。这些操作包括硬件错误检查、初始设置等步骤，这些步骤对于很多其他硬件也是共通的，但也有一些操作是以太网特有的，那就是在控制以太网收发操

---

① 路由器等网络设备的网卡是集成在设备内部的，其电路的设计也有所不同，尽管结构有差异，但功能和行为是没有区别的。

② 也和应用程序的种类无关。

③ 主要厂商的网卡驱动程序已经内置在操作系统中了。

④ 实际的内部结构随厂商和型号的不同而不同。

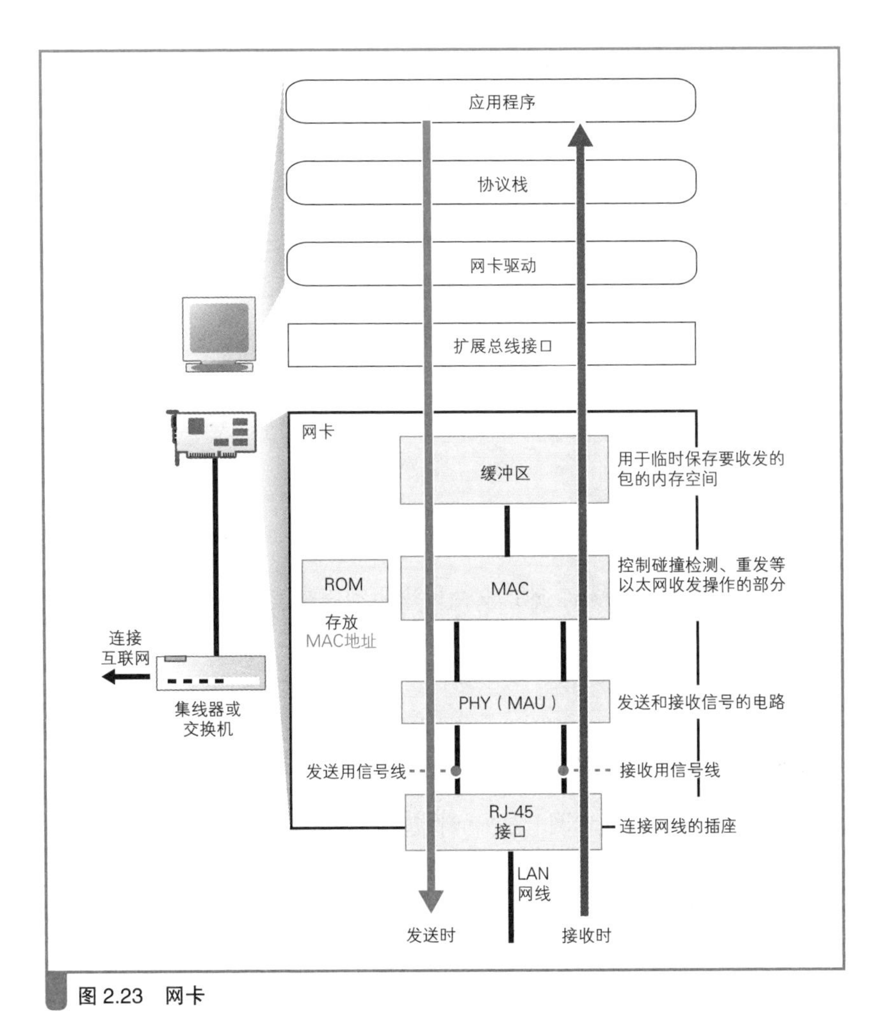

图 2.23　网卡

作的 MAC[①] 模块中设置 MAC 地址。

网卡的 ROM 中保存着全世界唯一的 MAC 地址，这是在生产网卡时

① MAC：Media Access Control 的缩写。MAC 头部、MAC 地址中的 MAC 也是这个意思。也就是说，通过 MAC 模块控制包收发操作时所使用的头部和地址就叫作 MAC 头部和 MAC 地址。

写入的，将这个值读出之后就可以对 MAC 模块进行设置，MAC 模块就知道自己对应的 MAC 地址了。也有一些特殊的方法，比如从命令或者配置文件中读取 MAC 地址并分配给 MAC 模块[①]。这种情况下，网卡会忽略 ROM 中的 MAC 地址。有人认为在网卡通电之后，ROM 中的 MAC 地址就自动生效了，其实不然，真正生效的是网卡驱动进行初始化时在 MAC 模块中设置的那个 MAC 地址[②]。在操作系统启动并完成这些初始化操作之后，网卡就可以等待来自 IP 的委托了。

网卡的 ROM 中保存着全世界唯一的 MAC 地址，这是在生产网卡时写入的。

网卡中保存的 MAC 地址会由网卡驱动程序读取并分配给 MAC 模块。

2.5.8　给网络包再加 3 个控制数据

好了，下面来看一看网卡是如何将包转换成电信号并发送到网线中的。网卡驱动从 IP 模块获取包之后，会将其复制到网卡内的缓冲区中，然后向 MAC 模块发送发送包的命令。接下来就轮到 MAC 模块进行工作了。

首先，MAC 模块会将包从缓冲区中取出，并在开头加上报头和起始帧分界符，在末尾加上用于检测错误的 FCS（帧校验序列）（图 2.24）[③]。

---

① 有些网卡驱动程序中不提供通过命令或配置文件设置 MAC 地址的功能。

② 通过命令或配置文件设置 MAC 地址时，必须注意不能和网络中其他设备的 MAC 地址重复，否则网络将无法正常工作。

③ 制定以太网标准的组织 IEEE 出于历史原因使用了“帧”而不是“包”，因此在以太网术语中都是说“帧”，其实我们基本没必要讨论两者的区别，大家可以认为包和帧是一回事，只是说法不同罢了。

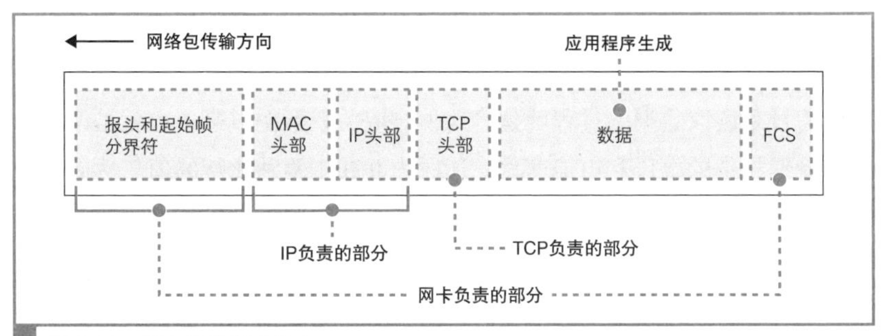

图 2.24 网卡发送出去的包

图中显示了协议栈和网卡对包的处理过程。MAC 头部很容易被误解为是由网卡来处理的，实际上它是由 TCP/IP 软件来负责的。

报头是一串像 10101010…这样 1 和 0 交替出现的比特序列，长度为 56 比特，它的作用是确定包的读取时机。当这些 1010 的比特序列被转换成电信号后，会形成如图 2.25 这样的波形。接收方在收到信号时，遇到这样的波形就可以判断读取数据的时机。关于这一块内容，我们得先讲讲如何通过电信号来读取数据。

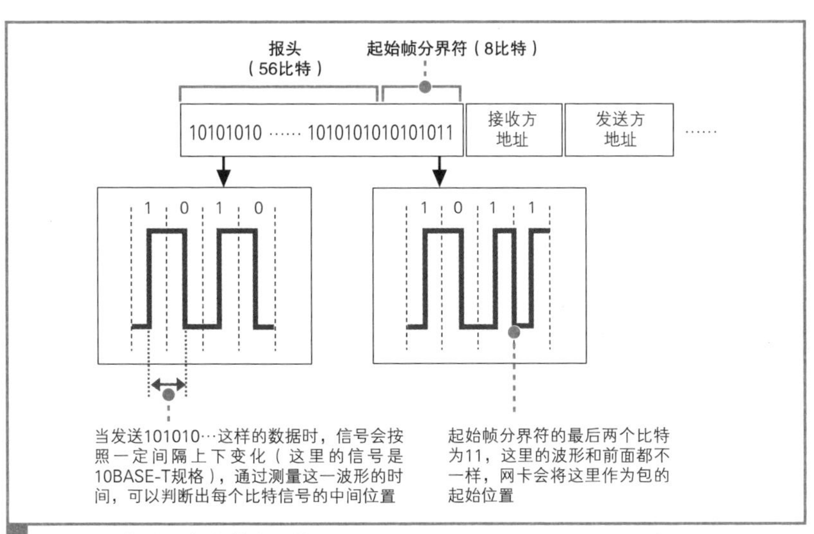

图 2.25 报头和起始帧分界符

每个包的前面都有报头和起始帧分界符（SFD），报头用来测定时机，SFD 用来确定帧的起始位置。

用电信号来表达数字信息时，我们需要让 0 和 1 两种比特分别对应特定的电压和电流，例如图 2.26（a）这样的电信号就可以表达数字信息。通过电信号来读取数据的过程就是将这种对应关系颠倒过来。也就是说，通过测量信号中的电压和电流变化，还原出 0 和 1 两种比特的值。然而，实际的信号并不像图 2.26 所示的那样有分隔每个比特的辅助线，因此在测量电压和电流时必须先判断出每个比特的界限在哪里。但是，像图 2.26（a）右边这种 1 和 0 连续出现的信号，由于电压和电流没有变化，我们就没办法判断出其中每个比特到底应该从哪里去切分。

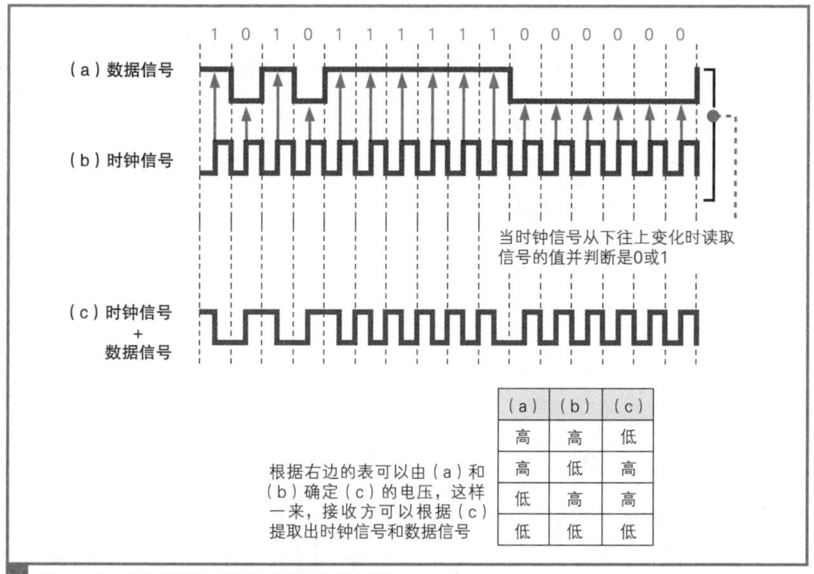

（a）	（b）	（c）
高	高	低
高	低	高
低	高	高
低	低	低

图 2.26　通过时钟测量读取信号的时机

当信号连续为 1 或连续为 0 时，比特之间的界限就会消失，如果将时钟信号叠加进去，就可以判断出比特之间的界限了。

要解决这个问题，最简单的方法就是在数据信号之外再发送一组用来区分比特间隔的时钟信号。如图 2.26（b）所示，当时钟信号从下往上变化时[①]读取电压和电流的值，然后和 0 或 1 进行对应就可以了。但是这种方法

① 另外一种方法是当时钟信号从上往下变化时进行读取。

存在问题。当距离较远，网线较长时，两条线路的长度会发生差异，数据信号和时钟信号的传输会产生时间差，时钟就会发生偏移。

要解决这个问题，可以采用将数据信号和时钟信号叠加在一起的方法。这样的信号如图 2.26（c）所示，发送方将这样的信号发给接收方。由于时钟信号是像图 2.26（b）这样按固定频率进行变化的，只要能够找到这个变化的周期，就可以从接收到的信号（c）中提取出时钟信号（b），进而通过接收信号（c）和时钟信号（b）计算出数据信号（a），这和发送方将数据信号和时钟信号进行叠加的过程正好相反。然后，只要根据时钟信号（b）的变化周期，我们就可以从数据信号（a）中读取相应的电压和电流值，并将其还原为 0 或 1 的比特了。

这里的重点在于如何判断时钟信号的变化周期。时钟信号是以 10 Mbit/s 或者 100 Mbit/s 这种固定频率进行变化的，就像我们乘坐自动扶梯一样，只要对信号进行一段时间的观察，就可以找到其变化的周期。因此，我们不能一开始就发送包的数据，而是要在前面加上一段用来测量时钟信号的特殊信号，这就是报头的作用[①]。

以太网根据速率和网线类型的不同分为多种派生方式，每种方式的信号形态也有差异，并不都是像本例中讲的这样，单纯通过电压和电流来表达 0 和 1 的。因此，101010…这样的报头数字信息在转换成电信号后，其波形也不一定都是图 2.25 中的那个样子，而是根据方式的不同而不同。但是，报头的作用和基本思路是一致的。

报头后面的起始帧分界符在图 2.25 中也已经画出来了，它的末尾比特排列有少许变化。接收方以这一变化作为标记，从这里开始提取网络包数据。也就是说，起始帧分界符是一个用来表示包起始位置的标记。

末尾的 FCS（帧校验序列）用来检查包传输过程中因噪声导致的波形紊

① 如果在包信号结束之后，继续传输时钟信号，就可以保持时钟同步的状态，下一个包就无需重新进行同步。有些通信方式采用了这样的设计，但以太网的包结束之后时钟信号也跟着结束了，没有通过这种方式来保持时钟同步，因此需要在每个包的前面加上报头，用来进行时钟同步。

乱、数据错误，它是一串 32 比特的序列，是通过一个公式对包中从头到尾的所有内容进行计算而得出来的。具体的计算公式在此省略，它和磁盘等设备中使用的 CRC[①] 错误校验码是同一种东西，当原始数据中某一个比特发生变化时，计算出来的结果就会发生变化。在包传输过程中，如果受到噪声的干扰而导致其中的数据发生了变化，那么接收方计算出的 FCS 和发送方计算出的 FCS 就会不同，这样我们就可以判断出数据有没有错误。

2.5.9 向集线器发送网络包

加上报头、起始帧分界符和 FCS 之后，我们就可以将包通过网线发送出去了（图 2.24）。发送信号的操作分为两种，一种是使用集线器的半双工模式，另一种是使用交换机的全双工[②]模式。

在半双工模式中，为了避免信号碰撞，首先要判断网线中是否存在其他设备发送的信号。如果有，则需要等待该信号传输完毕，因为如果在有信号时再发送一组信号，两组信号就会发生碰撞。当之前的信号传输完毕，或者本来就没有信号在传输的情况下，我们就可以开始发送信号了。首先，MAC 模块从报头开始将数字信息按每个比特转换成电信号，然后由 PHY，或者叫 MAU 的信号收发模块发送出去[③]。在这里，将数字信息转换为电信号的速率就是网络的传输速率，例如每秒将 10 Mbit 的数字信息转换为电信号发送出去，则速率就是 10 Mbit/s。

接下来，PHY（MAU）模块会将信号转换为可在网线上传输的格式，并通过网线发送出去。以太网规格中对不同的网线类型和速率以及其对应的信号格式进行了规定，但 MAC 模块并不关心这些区别，而是将可转换

---

① CRC：Cyclic Redundancy Check，循环冗余校验。

② 发送和接收同时并行的方式叫作“全双工”，相对地，某一时刻只能进行发送或接收其中一种操作的叫作“半双工”。

③ 根据以太网信号方式的不同，有些地方叫 MAU（Medium Attachment Unit，介质连接单元），有些地方叫 PHY（Physical Layer Device，物理层装置）。在速率为 100 Mbit/s 以上的以太网中都叫 PHY。

为任意格式的通用信号发送给 PHY（MAU）模块，然后 PHY（MAU）模块再将其转换为可在网线上传输的格式。大家可以认为 PHY（MAU）模块的功能就是对 MAC 模块产生的信号进行格式转换。当然，以太网还有很多不同的派生方式，网线传输的信号格式也有各种变化。此外，实际在网线中传输的信号很复杂，我们无法一一介绍，但是如果一点都不讲，大家可能对此难以形成一个概念，所以就举一个例子，大家感受一下就好①。图 2.27 就是这样一个例子，我们这里就不详细解释了，总之，网线中实际传输的信号就是这个样子的。

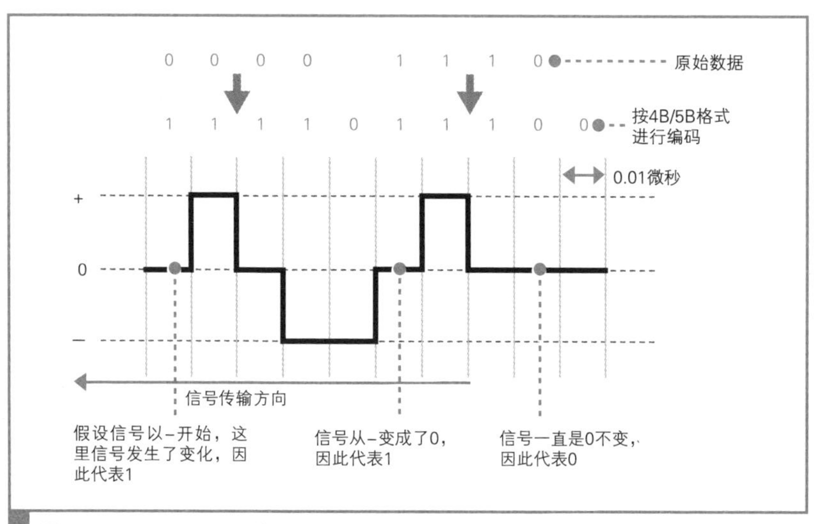

图 2.27　100BASE-TX 的信号

网卡的 MAC 模块生成通用信号，然后由 PHY（MAU）模块转换成可在网线中传输的格式，并通过网线发送出去。

① 图 2.26（c）中的数据信号和时钟信号叠加而成的信号，就是 10BASE-T 方式所使用的信号，这也是一个网线中实际传输的信号的例子。

PHY（MAU）的职责并不是仅仅是将MAC模块传递过来的信号通过网线发送出去，它还需要监控接收线路中有没有信号进来。在开始发送信号之前，需要先确认没有其他信号进来，这时才能开始发送。如果在信号开始发送到结束发送的这段时间内一直没有其他信号进来，发送操作就成功完成了。以太网不会确认发送的信号对方有没有收到。根据以太网的规格，两台设备之间的网线不能超过100米[①]，在这个距离内极少会发生错误，万一[②]发生错误，协议栈的TCP也会负责搞定，因此在发送信号时没有必要检查错误。

在发送信号的过程中，接收线路不应该有信号进来，但情况并不总是尽如人意，有很小的可能性出现多台设备同时进行发送操作的情况。如果有其他设备同时发送信号，这些信号就会通过接收线路传进来。

在使用集线器的半双工模式中，一旦发生这种情况，两组信号就会相互叠加，无法彼此区分出来，这就是所谓的信号碰撞。这种情况下，继续发送信号是没有意义的，因此发送操作会终止。为了通知其他设备当前线路已发生碰撞，还会发送一段时间的阻塞信号[③]，然后所有的发送操作会全部停止。

等待一段时间之后，网络中的设备会尝试重新发送信号。但如果所有设备的等待时间都相同，那肯定还会发生碰撞，因此必须让等待的时间相互错开。具体来说，等待时间是根据MAC地址生成一个随机数计算出来的。

当网络拥塞时，发生碰撞的可能性就会提高，重试发送的时候可能又会和另外一台设备的发送操作冲突，这时会将等待时间延长一倍，然后再次重试。以此类推，每次发生碰撞就将等待时间延长一倍，最多重试10次，如果还是不行就报告通信错误。

---

① 这是双绞线（twisted pair cable）的情况，如果采用光纤则可以更长，而且错误率不会上升。

② 实际的错误率低于万分之一，所以比“万一”还要小。

③ 阻塞信号：以太网中发生碰撞时，为了告知所有设备而发送的一种特殊信号。

另一种全双工模式我们会在第3章探索交换机时进行介绍，在全双工模式中，发送和接收可以同时进行，不会发生碰撞。因此，全双工模式中不需要像半双工模式这样考虑这么多复杂的问题，即便接收线路中有信号进来，也可以直接发送信号。

2.5.10 接收返回包

网卡将包转换为电信号并发送出去的过程到这里就结束了，既然讲到了以太网的工作方式，那我们不妨继续看看接收网络包时的操作过程[①]。

在使用集线器的半双工模式以太网中，一台设备发送的信号会到达连接在集线器上的所有设备。这意味着无论是不是发给自己的信号都会通过接收线路传进来，因此接收操作的第一步就是不管三七二十一把这些信号全都收进来再说。

信号的开头是报头，通过报头的波形同步时钟，然后遇到起始帧分界符时开始将后面的信号转换成数字信息。这个操作和发送时是相反的，即PHY（MAU）模块先开始工作，然后再轮到MAC模块。首先，PHY（MAU）模块会将信号转换成通用格式并发送给MAC模块，MAC模块再从头开始将信号转换为数字信息，并存放到缓冲区中。当到达信号的末尾时，还需要检查FCS。具体来说，就是将从包开头到结尾的所有比特套用到公式中计算出FCS，然后和包末尾的FCS进行对比，正常情况下两者应该是一致的，如果中途受到噪声干扰而导致波形发生紊乱，则两者的值会产生差异，这时这个包就会被当作错误包而被丢弃。

如果FCS校验没有问题，接下来就要看一下MAC头部中接收方MAC地址与网卡在初始化时分配给自己的MAC地址是否一致，以判断这个包是不是发给自己的。我们没必要去接收发给别人的包，因此如果不是自己的包就直接丢弃，如果接收方MAC地址和自己MAC地址一致，则

① 以太网的包接收操作和发送一样，和设备类型、TCP的工作阶段以及应用程序的种类无关，都是共通的。

将包放入缓冲区中[①]。到这里，MAC 模块的工作就完成了，接下来网卡会通知计算机收到了一个包。

通知计算机的操作会使用一个叫作中断的机制。在网卡执行接收包的操作的过程中，计算机并不是一直监控着网卡的活动，而是去继续执行其他的任务。因此，如果网卡不通知计算机，计算机是不知道包已经收到了这件事的。网卡驱动也是在计算机中运行的一个程序，因此它也不知道包到达的状态。在这种情况下，我们需要一种机制能够打断计算机正在执行的任务，让计算机注意到网卡中发生的事情，这种机制就是中断。

具体来说，中断的工作过程是这样的。首先，网卡向扩展总线中的中断信号线发送信号，该信号线通过计算机中的中断控制器连接到 CPU。当产生中断信号时，CPU 会暂时挂起正在处理的任务，切换到操作系统中的中断处理程序[②]。然后，中断处理程序会调用网卡驱动，控制网卡执行相应的接收操作。

中断是有编号的，网卡在安装的时候就在硬件中设置了中断号，在中断处理程序中则将硬件的中断号和相应的驱动程序绑定。例如，假设网卡的中断号为 11，则在中断处理程序中将中断号 11 和相应的网卡驱动绑定起来，当网卡发起中断时，就会自动调用网卡驱动了。现在的硬件设备都遵循即插即用[③]规范自动设置中断号，我们没必要去关心中断号了，在以前需要手动设置中断号的年代，经常发生因为设置了错误的中断号而导致网卡无法正常工作的问题。

网卡驱动被中断处理程序调用后，会从网卡的缓冲区中取出收到的包，并通过 MAC 头部中的以太类型字段判断协议的类型。现在我们在大多数情况下都是使用 TCP/IP 协议，但除了 TCP/IP 之外还有很多其他类型的协

---

① 有一个特殊的例子，其实我们也可以让网卡不检查包的接收方地址，不管是不是自己的包都统统接收下来，这种模式叫作“混杂模式”（Promiscuous Mode）。

② 中断处理程序执行完毕之后，CPU 会继续处理原来的任务。

③ 英文缩写为 PnP（Plug and Play），是一种自动对扩展卡和周边设备进行配置的功能。

议，例如 NetWare 中使用的 IPX/SPX，以及 Mac 电脑中使用的 AppleTalk 等协议。这些协议都被分配了不同的以太类型，如 0800（十六进制）代表 IP 协议，网卡驱动就会把这样的包交给 TCP/IP 协议栈；如果是 809B 则表示 AppleTalk 协议，就把包交给 AppleTalk 协议栈，以此类推[①]。

按照探索之旅的思路，大家可能会认为向 Web 服务器发送包之后，后面收到的一定是 Web 服务器返回的包，其实并非如此。计算机中同时运行了很多程序，也会同时进行很多通信操作，因此收到的包也有可能是其他应用程序的。不过，即便如此也没问题，网卡不会关心包里的内容，只要按照以太类型将包交给对应的协议栈就可以了。接下来，协议栈会判断这个包应该交给哪个应用程序，并进行相应的处理。

2.5.11 将服务器的响应包从 IP 传递给 TCP

下面我们假设 Web 服务器返回了一个网络包，那么协议栈会进行哪些处理呢[②]？服务器返回的包的以太类型应该是 0800，因此网卡驱动会将其交给 TCP/IP 协议栈来进行处理。接下来就轮到 IP 模块先开始工作了，第一步是检查 IP 头部，确认格式是否正确。如果格式没有问题，下一步就是查看接收方 IP 地址。如果接收网络包的设备是一台 Windows 客户端计算机，那么服务器返回的包的接收方 IP 地址应该与客户端网卡的地址一致，检查确认之后我们就可以接收这个包了。

如果接收方 IP 地址不是自己的地址，那一定是发生了什么错误。客户端计算机不负责对包进行转发，因此不应该收到不是发给自己的包[③]。当发

---

① 前提是操作系统内部存在以太类型所对应的协议栈。如果不存在相应的协议栈，则会视作错误，直接丢弃这个包。

② 正如介绍发送操作时提到过的一样，IP 模块的工作方式对于 TCP 模块所委派的任何操作都是共通的。

③ 如果是服务器就不一定了。服务器的操作系统具备和路由器相同的包转发功能，当打开这一功能时，它就可以像路由器一样对包进行转发。在这种情况下，当收到不是发给自己的包的时候，就会像路由器一样执行包转发操作。由于这一过程和路由器是相同的，因此我们将在第 3 章探索路由器时进行介绍。

生这样的错误时，IP 模块会通过 ICMP 消息将错误告知发送方（图 2.1）。ICMP 规定了各种类型的消息，如表 2.4 所示。当我们遇到这个错误时，IP 模块会通过表 2.4 中的 Destination unreachable 消息通知对方。从这张表的内容中我们可以看到在包的接收和转发过程中能够遇到的各种错误，因此希望大家看一看这张表。

表 2.4　主要的 ICMP 消息

消息	类型	含　义
Echo reply	0	响应 Echo 消息
Destination unreachable	3	出于某些原因包没有到达目的地而是被丢弃，则通过此消息通知发送方。可能的原因包括目标 IP 地址在路由表中不存在；目标端口号不存在对应的套接字；需要分片，但分片被禁用
Source quench	4	当发送的包数量超过路由器的转发能力时，超过的部分会被丢弃，这时会通过这一消息通知发送方。但是，并不是说遇到这种情况一定会发送这一消息。当路由器的性能不足时，可能连这条消息都不发送，就直接把多余的包丢弃了。当发送方收到这条消息时，必须降低发送速率
Redirect	5	当查询路由表后判断该包的入口和出口为同一个网络接口时，则表示这个包不需要该路由器转发，可以由发送方直接发送给下一个路由器。遇到这种情况时，路由器会发送这条消息，给出下一个路由器的 IP 地址，指示发送方直接发送过去
Echo	8	ping 命令发送的消息。收到这条消息的设备需返回一个 Echo reply 消息，以便确认通信对象是否存在
Time exceeded	11	由于超过了 IP 头部中的 TTL 字段表示的存活时间而被路由器丢弃，此时路由器会向发送方发送这条消息
Parameter problem	12	由于 IP 头部字段存在错误而被丢弃，此时会向发送方发送这条消息

如果接收方 IP 地址正确，则这个包会被接收下来，这时还需要完成另一项工作。IP 协议有一个叫作分片的功能，具体的内容我们将在第 3 章探

索路由器时进行介绍。简单来说，网线和局域网中只能传输小包，因此需要将大的包切分成多个小包。如果接收到的包是经过分片的，那么 IP 模块会将它们还原成原始的包。分片的包会在 IP 头部的标志字段中进行标记，当收到分片的包时，IP 模块会将其暂存在内部的内存空间中，然后等待 IP 头部中具有相同 ID 的包全部到达，这是因为同一个包的所有分片都具有相同的 ID。此外，IP 头部还有一个分片偏移量（fragment offset）字段，它表示当前分片在整个包中所处的位置。根据这些信息，在所有分片全部收到之后，就可以将它们还原成原始的包，这个操作叫作分片重组。

到这里，IP 模块的工作就结束了，接下来包会被交给 TCP 模块。TCP 模块会根据 IP 头部中的接收方和发送方 IP 地址，以及 TCP 头部中的接收方和发送方端口号来查找对应的套接字[①]。找到对应的套接字之后，就可以根据套接字中记录的通信状态，执行相应的操作了。例如，如果包的内容是应用程序数据，则返回确认接收的包，并将数据放入缓冲区，等待应用程序来读取；如果是建立或断开连接的控制包，则返回相应的响应控制包，并告知应用程序建立和断开连接的操作状态。

---

① 严格来说，TCP 模块和 IP 模块有各自的责任范围，TCP 头部属于 TCP 模块的责任范围，而 IP 头部属于 IP 模块的责任范围。根据这样的逻辑，当包交给 TCP 模块之后，TCP 模块需要查询 IP 头部中的接收方和发送方 IP 地址来查找相应的套接字，这个过程就显得有点奇怪。因为 IP 头部是 IP 模块负责的，TCP 模块去查询它等于是越权了。如果要避免越权，应该对两者进行明确的划分，IP 模块只向 TCP 模块传递 TCP 头部以及它后面的数据，而对于 IP 头部中的重要信息，即接收方和发送方的 IP 地址，则由 IP 模块以附加参数的形式告知 TCP 模块。然而，如果根据这种严格的划分来开发程序的话，IP 模块和 TCP 模块之间的交互过程必然会产生成本，而且 IP 模块和 TCP 模块进行类似交互的场景其实非常多，总体的交互成本就会很高，程序的运行效率就会下降。因此，就像之前提过的一样，不妨将责任范围划分得宽松一些，将 TCP 和 IP 作为一个整体来看待，这样可以带来更大的灵活性。

此外，关于为什么查找套接字同时需要接收方和发送方的 IP 地址和端口号，我们会在第 6 章介绍端口号机制时一起讲解。

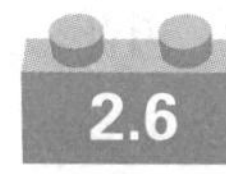

2.6 UDP 协议的收发操作

2.6.1 不需要重发的数据用 UDP 发送更高效

跟着第 1 章的脚步，本章我们探索了通过套接字收发数据的整个过程，这个过程到这里已经告一段落了。接下来，网络包会从计算机出来跑向集线器，这个过程我们将在下一章来介绍，现在先来说点题外话。

大多数的应用程序都像之前介绍的一样使用 TCP 协议来收发数据，但当然也有例外。有些应用程序不使用 TCP 协议，而是使用 UDP 协议来收发数据。向 DNS 服务器查询 IP 地址的时候我们用的也是 UDP 协议。下面就简单介绍一下 UDP 协议。

其实 TCP 中就包含了 UDP 的一些要点。TCP 的工作方式十分复杂，如果我们能够理解 TCP 为什么要设计得如此复杂，也就能够理解 UDP 了。那么，为什么要设计得如此复杂呢？因为我们需要将数据高效且可靠地发送给对方。为了实现可靠性，我们就需要确认对方是否收到了我们发送的数据，如果没有还需要再发一遍。

要实现上面的要求，最简单的方法是数据全部发送完毕之后让接收方返回一个接收确认。这样一来，如果没收到直接全部重新发送一遍就好了，根本不用像 TCP 一样要管理发送和确认的进度。但是，如果漏掉了一个包就要全部重发一遍，怎么看都很低效。为了实现高效的传输，我们要避免重发已经送达的包，而是只重发那些出错的或者未送达的包。TCP 之所以复杂，就是因为要实现这一点。

不过，在某种情况下，即便没有 TCP 这样复杂的机制，我们也能够高效地重发数据，这种情况就是数据很短，用一个包就能装得下。如果只有一个包，就不用考虑哪个包未送达了，因为全部重发也只不过是重发一个包而已，这种情况下我们就不需要 TCP 这样复杂的机制了。而且，如果不使用 TCP，也不需要发送那些用来建立和断开连接的控制包了。此外，我们发送了数据，对方一般都会给出回复，只要将回复的数据当作接收确认就行了，也不需要专门的接收确认包了。

2.6.2 控制用的短数据

这种情况就适合使用UDP。像DNS查询等交换控制信息的操作基本上都可以在一个包的大小范围内解决，这种场景中就可以用UDP来代替TCP①。UDP没有TCP的接收确认、窗口等机制，因此在收发数据之前也不需要交换控制信息，也就是说不需要建立和断开连接的步骤，只要在从应用程序获取的数据前面加上UDP头部，然后交给IP进行发送就可以了（表2.5）。接收也很简单，只要根据IP头部中的接收方和发送方IP地址，以及UDP头部中的接收方和发送方端口号，找到相应的套接字并将数据交给相应的应用程序就可以了。除此之外，UDP协议没有其他功能了，遇到错误或者丢包也一概不管。因为UDP只负责单纯地发送包而已，并不像TCP一样会对包的送达状态进行监控，所以协议栈也不知道有没有发生错误。但这样并不会引发什么问题，因此出错时就收不到来自对方的回复，应用程序会注意到这个问题，并重新发送一遍数据。这样的操作本身并不复杂，也并不会增加应用程序的负担。

① UDP可发送的数据最大长度为IP包的最大长度减去IP头部和UDP头部的长度。不过，这个长度与MTU、MSS不是一个层面上的概念。MTU和MSS是基于以太网和通信线路上网络包的最大长度来计算的，而IP包的最大长度是由IP头部中的“全长”字段决定的。“全长”字段的长度为16比特，因此从IP协议规范来看，IP包的最大长度为65 535字节，再减去IP头部和UDP头部的长度，就是UDP协议所能发送的数据最大长度。如果不考虑可选字段的话，一般来说IP头部为20字节，UDP头部为8字节，因此UDP的最大数据长度为65 507字节。当然，这么长的数据已经超过了以太网和通信线路的最大传输长度，因此需要让IP模块使用分片功能拆分之后再传输。

表 2.5 UDP 头部中的控制信息

字段名称		长度（比特）	含 义
UDP 头部（8 字节）	发送方端口号	16	网络包发送方的端口号
	接收方端口号	16	网络包接收方的端口号
	数据长度	16	UDP 头部后面数据的长度
	校验和	16	用于校验错误

2.6.3 音频和视频数据

还有另一个场景会使用 UDP，就是发送音频和视频数据的时候。音频和视频数据必须在规定的时间内送达，一旦送达晚了，就会错过播放时机，导致声音和图像卡顿。如果像 TCP 一样通过接收确认响应来检查错误并重发，重发的过程需要消耗一定的时间，因此重发的数据很可能已经错过了播放的时机。一旦错过播放时机，重发数据也是没有用的，因为声音和图像已经卡顿了，这是无法挽回的。当然，我们可以用高速线路让重发的数据能够在规定的时间内送达，但这样一来可能要增加几倍的带宽才行①。

此外，音频和视频数据中缺少了某些包并不会产生严重的问题，只是会产生一些失真或者卡顿而已，一般都是可以接受的②。

在这些无需重发数据，或者是重发了也没什么意义的情况下，使用 UDP 发送数据的效率会更高。

本章我们探索了在收发数据时，操作系统中的协议栈是如何工作的，以及网卡是如何将包转换成电信号通过网线发送出去的。到这里，我们的网络包已经沿着网线流出了客户端计算机，下一章，我们将探索网络包如何经过集线器、交换机、路由器等设备，最终到达互联网。

---

① UDP 经常会被防火墙阻止，因此当需要穿越防火墙传输音频和视频数据时，尽管需要消耗额外的带宽，但有时候也只能使用 TCP。

② 如果错误率太高，超过了可接受的限度，那么另当别论。此外，也有一些情况下连一丁点卡顿都不允许，当然这种情况相当特殊。

小测验

本章的旅程告一段落，我们为大家准备了一些小测验题目，确认一下自己的成果吧。

问题

1. 表示网络包收件人的接收方 IP 地址是位于 IP 头部还是 TCP 头部中呢？
2. 端口号用来指定服务器程序的种类，那么它位于 TCP 头部还是 IP 头部中呢？
3. 会对包是否正确送达进行确认的是 TCP 还是 IP 呢？
4. 根据 IP 地址查询 MAC 地址的机制叫什么？
5. 在收到 ACK 号之前继续发送下一个包的方式叫什么？

Column

网络术语其实很简单

插进 Socket 里的是灯泡还是程序

探索队员：Socket 库也好，套接字（socket）也好，这个名字到底是怎么来的呢？

探索队长：你知道灯泡的插座吗？就是灯具里面把灯泡拧进去的那个孔。

队员：知道呀。

队长：其实那个就是 socket。

队员：啥？你说 Socket 库就是灯泡的插座？

队长：没错，看起来我们还是查查字典比较好。

队员：稍等一下。字典上说，socket 就是凹进去的可以往里面插东西的圆孔。

队长：所以凡是能插东西的孔都可以叫作 socket。

队员：这样啊。

队长：把灯泡插进去，灯就亮了，对吧？

队员：这不是废话嘛……

队长：其实网络通信也是差不多的意思。

队员：怎么讲？

队长：你想象一下，假设我们有一段程序，把它“咔”一下插到一个套接字里，于是我们就可以开始通信了，就跟灯泡插进去就亮一样。

队员：似乎有点牵强吧？

队长：哪有？套接字的背后就是传输数据的通道，这个通道和我们的通信对象是相连接的，就像流过电线的电流一样，数据就在这个通道中流动，所以我们插进去一个程序，就可以和对方通信了，能理解不？

队员：这个通道是什么呢？

队长：探索之旅的时候你是不是睡着了？我们不是说过 TCP 建立连接之后会形成一个像管子一样的东西吗？

队员：哦，好像隐隐约约听到过这个说法……

队长：真的睡着了啊！算了，反正通道就是那根管子一样的东西啦。

队员：明白了，那我就这么理解吧。

队长：也就你一个人不明白吧。

队员：你这种牵强附会的比喻谁能明白啊？

队长：你就扯吧，用socket的这个词的又不只有TCP/IP。

队员：是吗？

队长：是啊，当初施乐（Xerox）公司在开发以太网技术的时候就设计过一个叫XNS的协议，那里面就用socket这个词了。

队员：施乐不光设计了以太网，还搞出了这个词？

队长：不仅如此，我们现在用的计算机的原型也是施乐设计的。

队员：哦？

队长：当时他们是在研究未来的计算机架构，计算机和以太网只是其中一个环节的产物，话说好像有点跑题了？

队员：是啊，我们说的是socket的事吧。话说，这个XNS协议的socket跟TCP/IP的socket是一码事吗？

队长：跟TCP/IP有点区别，XNS中的socket差不多相当于TCP/IP中的端口号。

队员：那还是不一样的呢。

队长：也不能说不一样，TCP/IP在创建套接字的时候也是要分配一个端口号的，所以说，套接字和端口号背后的思路其实是有关联的。

队员：哦。

队长：看来你还不懂网络的“心”呀。

队员：“心”又是什么鬼啦？

小测验答案

1. IP头部（参见【2.5.3】）
2. TCP头部（参见【2.2.3】）
3. TCP（参见【2.3.3】）
4. ARP（参见【2.5.5】）
5. 滑动窗口方式（参见【2.3.5】）

第3章

从网线到网络设备

——探索集线器、交换机和路由器

热身问答

在开始探索之旅之前，我们准备了一些和本章内容有关的小题目，请大家先试试看。

这些题目是否答得出来并不影响接下来的探索之旅，因此请大家放轻松。

下列说法是正确的（√）还是错误的（×）？

1. 我们现在使用的以太网线（双绞线）是由美国的室内电话线发展而来的。
2. 路由器比交换机问世时间更早。
3. 对于路由器和交换机，如果包在传输过程中发生错误，会直接丢弃错误的包而不会尝试修复。

1. √。最早的以太网使用专用同轴网线，后来变成由美国室内电话线改良的版本，原因是它可以兼容电话线的布线工具和材料，比较方便。
2. √。交换机比路由器更加简单，因此可能有人以为交换机应该比路由器出现得更早，其实是路由器先问世的。
3. √。不过操作系统中的网络控制软件（协议栈）会对丢弃的包进行重发，数据不会因此丢失。

前情提要

上一章，我们探索了客户端中的协议栈和网卡，介绍了发送网络包，也就是将网络包转换成电信号通过网线传输出去的过程。本章我们将继续跟着上一章的脚步，看一看通过网线传输出去的包是如何经过集线器、交换机和路由器等网络设备，最终进入互联网的。

探索之旅的看点

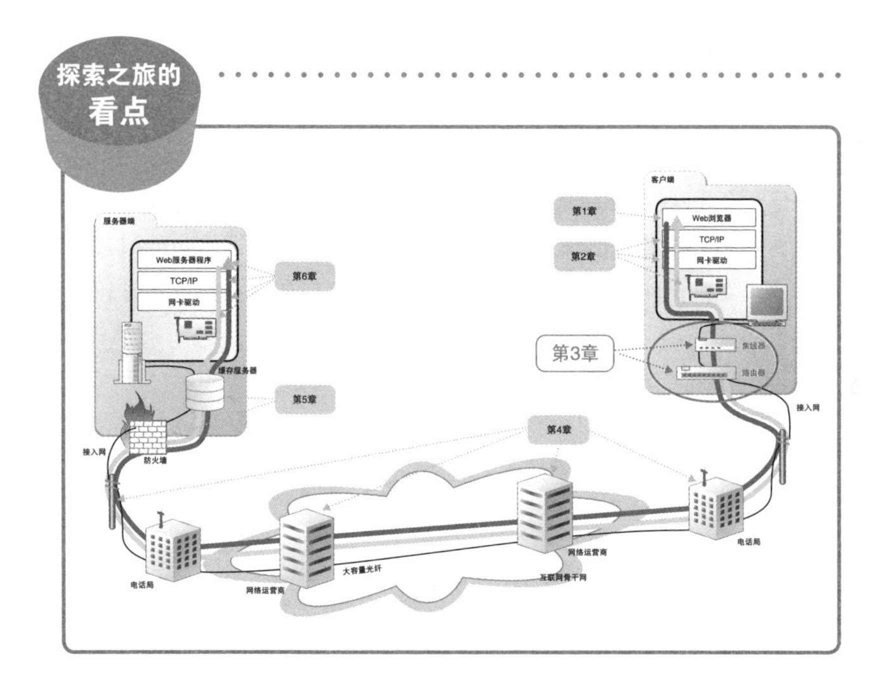

(1) 信号在网线和集线器中传输

信号从计算机中流出之后，会在网线中经过集线器等设备前进。此时，信号是如何在网线和集线器传输的，就是我们的第一个看点。信号在传输过程中会衰减，还会受到噪声干扰而失真，如何抑制这些影响是我们的另一个看点。

(2) 交换机的包转发操作

交换机的工作方式也是本章看点之一。交换机并不只是简单地让信号流过，而是先接收信号并将其还原为数字信息，然后再重新转换成信号并发送出去的过程。这里我们将详细探索这一过程。

(3) 路由器的包转发操作

路由器和交换机一样也负责对包进行转发，但它们的工作方式有一些差异。交换机是基于以太网规格工作的设备，而路由器是基于 IP 工作的，它们之间的差异也是本章看点之一。

(4) 路由器的附加功能

位于互联网接入端的路由器通常还会提供一些附加功能，例如将私有地址转换为公有地址的地址转换功能，以及阻止危险网络包的包过滤功能等。本章最后将介绍一下这些功能，这样我们就会对路由器有较全面的认识。

3.1 信号在网线和集线器中传输

3.1.1 每个包都是独立传输的

从计算机发送出来的网络包会通过集线器、路由器等设备被转发，最终到达目的地。我们在第 2 章的 2.5.1 节和 2.5.2 节讲过，转发设备会根据包头部中的控制信息，在转发设备内部一个写有转发规则的表中进行查询，以此来判断包的目的地，然后将包朝目的地的方向进行转发。邮递员在送信的时候只看信封，不看里面的内容，同样地，转发设备在进行转发时也不看数据的内容。因此，无论包里面装的是应用程序的数据或者是 TCP 协议的控制信息[①]，都不会对包的传输操作本身产生影响。换句话说，HTTP 请求的方法，TCP 的确认响应和序号，客户端和服务器之间的关系，这一切都与包的传输无关。因此，所有的包在传输到目的地的过程中都是独立的，相互之间没有任何关联。

记住这个概念之后，本章我们来探索一下网络包在进入互联网之前经历的传输过程。这里我们假设客户端计算机连接的局域网结构是像图 3.1 这样的。也就是说，网络包从客户端计算机发出之后，要经过集线器、交换机和路由器最终进入互联网。实际上，我们家里用的路由器已经集成了集线器和交换机的功能，像图上这样使用独立设备的情况很少见。不过，把每个功能独立出来更容易理解，而且理解了这种模式之后，也就能理解集成了多种功能的设备了，因此我们这里将所有功能独立出来，逐个来进行探索。

① TCP 控制信息也叫 TCP 头部，但从以太网和 IP 传输网络包的角度来看，TCP 头部并不算是“头部”，只能算是“数据”。

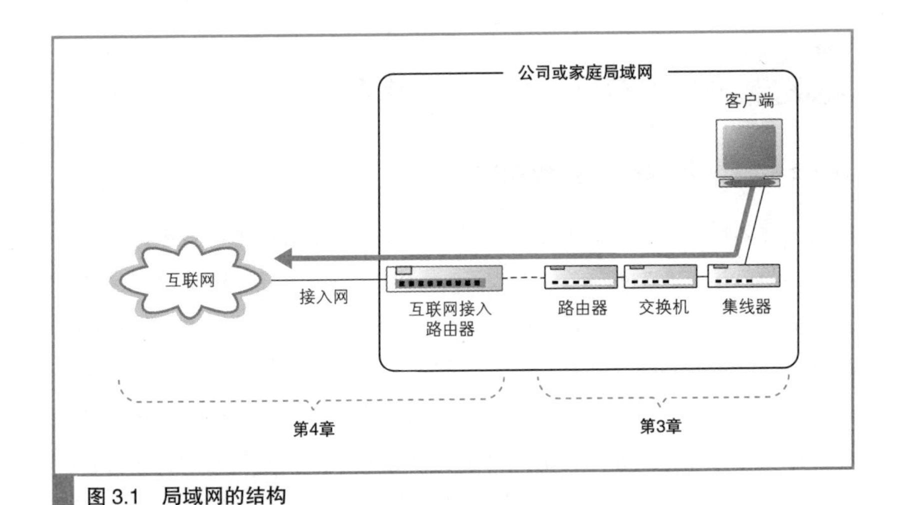

图 3.1　局域网的结构

3.1.2　防止网线中的信号衰减很重要

本章的探索从信号流出网卡进入网线开始。网卡中的 PHY（MAU）[①]模块负责将包转换成电信号，信号通过 RJ-45 接口进入双绞线，这部分的放大图如图 3.2 的右侧部分所示。以太网信号的本质是正负变化的电压，大家可以认为网卡的 PHY（MAU）模块就是一个从正负两个信号端子输出信号的电路。

网卡的 PHY（MAU）模块直接连接图 3.2 右侧中的 RJ-45 接口，信号从这个接口中的 1 号和 2 号针脚流入网线。然后，信号会通过网线到达集线器的接口，这个过程就是单纯地传输电信号而已。

但是，信号到达集线器的时候并不是跟刚发送出去的时候一模一样。集线器收到的信号有时会出现衰减（图 3.3）。信号在网线的传输过程中，能量会逐渐损失。网线越长，信号衰减就越严重。

---

① PHY（MAU）：以太网有多重派生方式，每种方式中信号收发模块的名称都不一样。现在 100 Mbit/s 以上的以太网中叫作 PHY（物理层装置），以前低速方式中则叫作 MAU（介质连接单元）。

而且，信号损失能量并非只是变弱而已。在第 2 章的图 2.25、图 2.26、图 2.27 中我们已经看到，以太网中的信号波形是方形的，但损失能量会让信号的拐角变圆，这是因为电信号的频率越高，能量的损失率越大[①]。信号的拐角意味着电压发生剧烈的变化，而剧烈的变化意味着这个部分的信号频率很高。高频信号更容易损失能量，因此本来剧烈变化的部分就会变成缓慢的变化，拐角也就变圆了。

即便线路条件很好，没有噪声，信号在传输过程中依然会发生失真，如果再加上噪声的影响，失真就会更厉害。噪声根据强度和类型会产生不同的影响，无法一概而论，但如果本来就已经衰减的信号再进一步失真，就会出现对 0 和 1 的误判，这就是产生通信错误的原因。

3.1.3 “双绞”是为了抑制噪声

局域网网线使用的是双绞线，其中“双绞”的意思就是以两根信号线为一组缠绕在一起，这种拧麻花一样的设计是为了抑制噪声的影响。

那么双绞线为什么能够抑制噪声呢？首先，我们来看看噪声是如何产生的。产生噪声的原因是网线周围的电磁波，当电磁波接触到金属等导体时，在其中就会产生电流。因此，如果网线周围存在电磁波，就会在网线中产生和原本的信号不同的电流。由于信号本身也是一种带有电压变化的电流，其本质和噪声产生的电流是一样的，所以信号和噪声的电流就会混杂在一起，导致信号的波形发生失真，这就是噪声的影响。

影响网线的电磁波分为两种。一种是由电机、荧光灯、CRT 显示器等设备泄漏出来的电磁波，这种电磁波来自网线之外的其他设备，我们来看看双绞线如何抑制这种电磁波的影响。首先，信号线是用金属做成的，当电磁波接触到信号线时，会沿电磁波传播的右旋方向产生电流，这种电流会导致波形发生失真。如果我们将信号线缠绕在一起，信号线就变成了螺旋形，在因绞合形成的同一根信号线的相邻两段信号线中产生的噪声电流

---

① 高频信号会释放出更多的电磁波，这些电磁波带走了一部分能量，就造成了能量的损失。

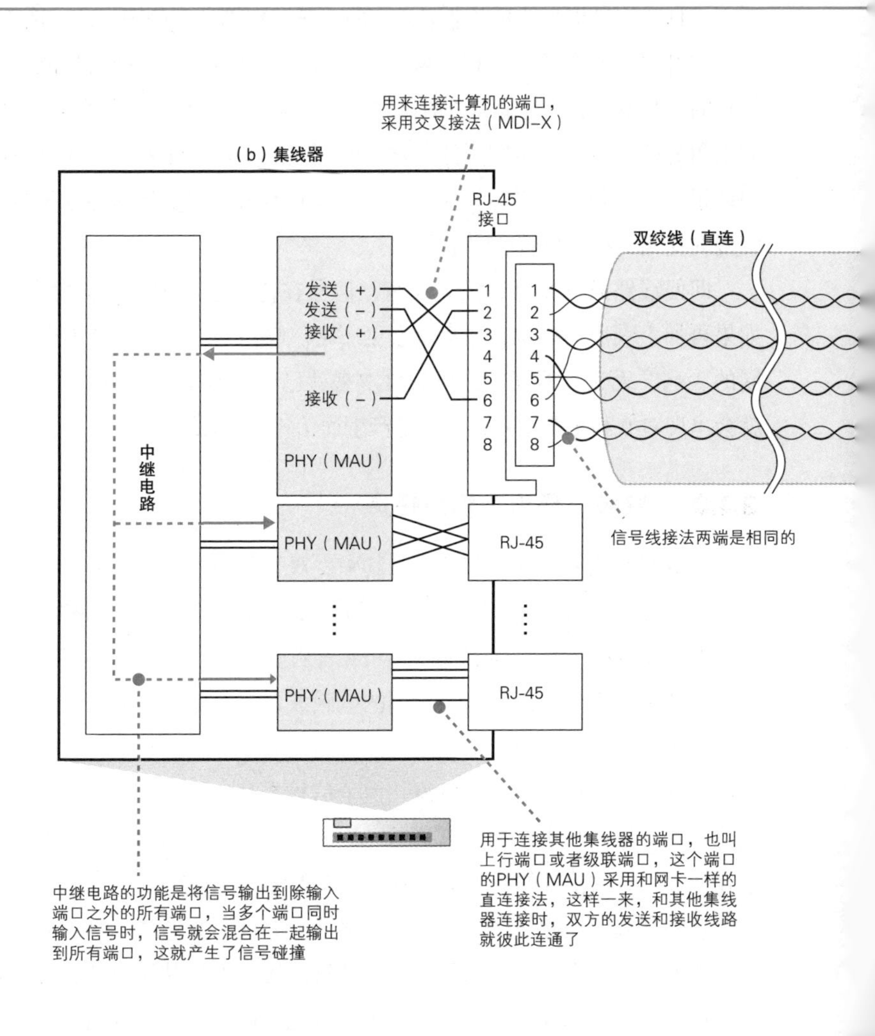

图 3.2 网卡与集线器用双绞线连接的形态

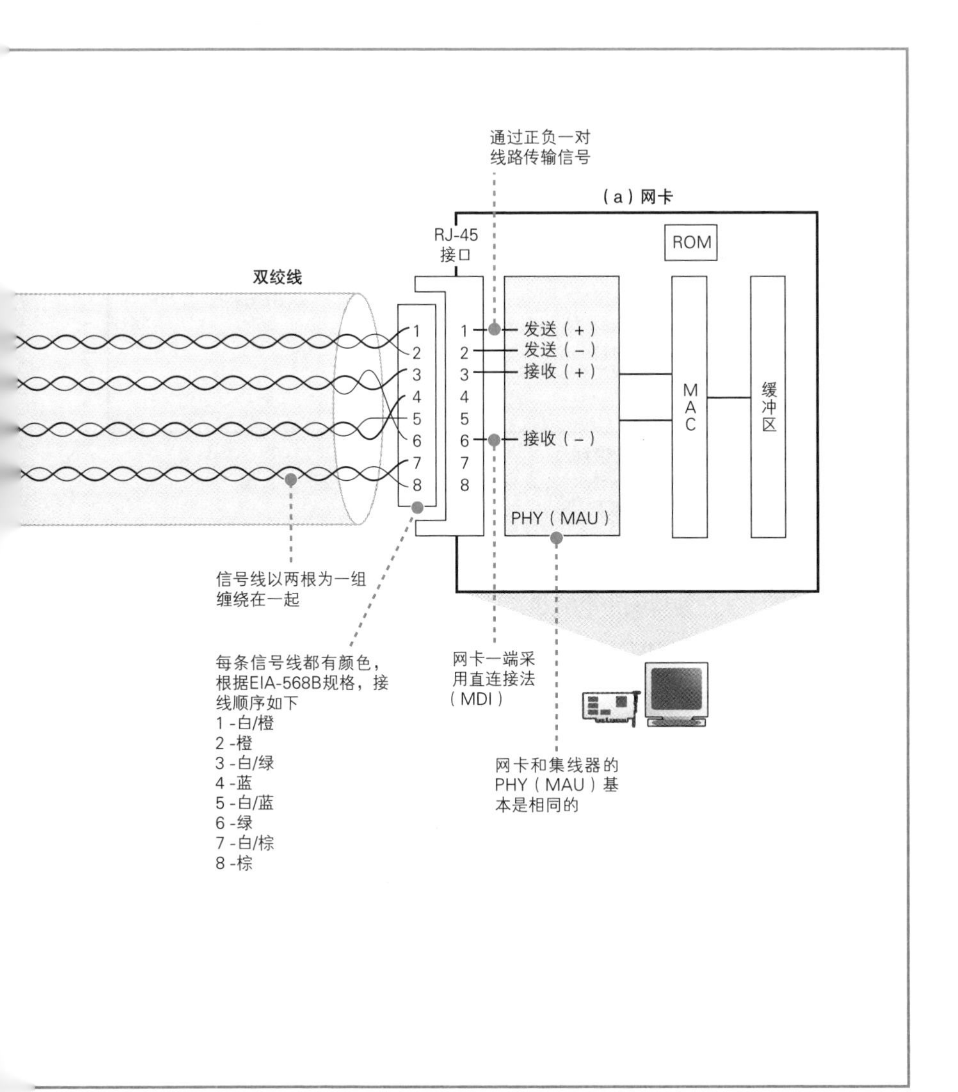

通过正负一对
线路传输信号
（a）网卡
RJ-45
接口
ROM
双绞线
1
2
3
4
5
6
7
8
发送（+）
发送（-）
接收（+）
接收（-）
M
A
C
缓
冲
区
PHY（MAU）
信号线以两根为一组
缠绕在一起
每条信号线都有颜色，
根据EIA-568B规格，接
线顺序如下
1 -白/橙
2 -橙
3 -白/绿
4 -蓝
5 -白/蓝
6 -绿
7 -白/棕
8 -棕
网卡一端采
用直连接法
（MDI）
网卡和集线器的
PHY（MAU）基
本是相同的

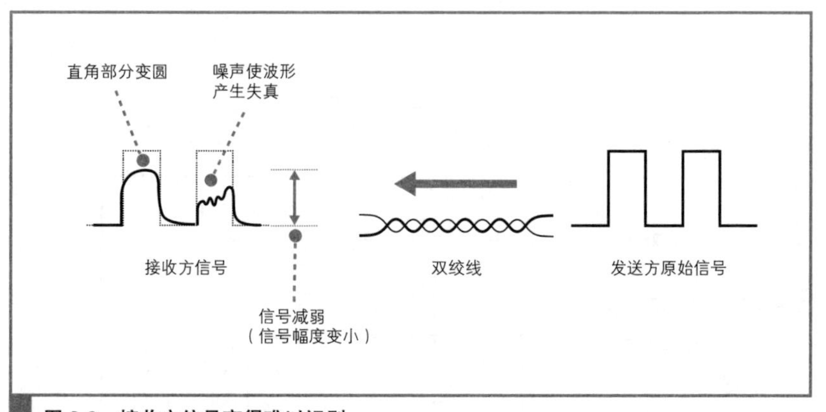

图 3.3 接收方信号变得难以识别
在发送方一端还十分清晰的矩形信号波形，在传输过程不断衰减，波形也会失真，导致接收方难以读取。

方向就会相反，从而使得噪声电流相互抵消，噪声就得到了抑制（图 3.4（a））。当然，即便信号线变成螺旋形，里面的信号依然可以原样传输，也就是说，信号没有变，只是噪声被削弱了。

另一种电磁波是从网线中相邻的信号线泄漏出来的。由于传输的信号本身就是一种电流，当电流流过时就会向周围发出电磁波，这些电磁波对于其他信号线来说就成了噪声。这种内部产生的噪声称为串扰（crosstalk）。

这种噪声的强度其实并不高，但问题是噪声源的距离太近了。距离发生源越远，电磁波就会因扩散而变得越弱，但在同一根网线中的信号线之间距离很近，这些电磁波还没怎么衰减就已经接触到了相邻的信号线。因此，尽管信号线产生的电磁波十分微弱，也能够在相邻的信号线中产生感应电流。

要抑制这种噪声，关键在于双绞线的缠绕方式。在一根网线中，每一对信号线的扭绞间隔（节距）都有一定的差异，这使得在某些地方正信号线距离近，另一些地方则是负信号线距离近。由于正负信号线产生的噪声影响是相反的，所以两者就会相互抵消（图 3.4（b））。从网线整体来看，正负的分布保持平衡，自然就会削弱噪声的影响。

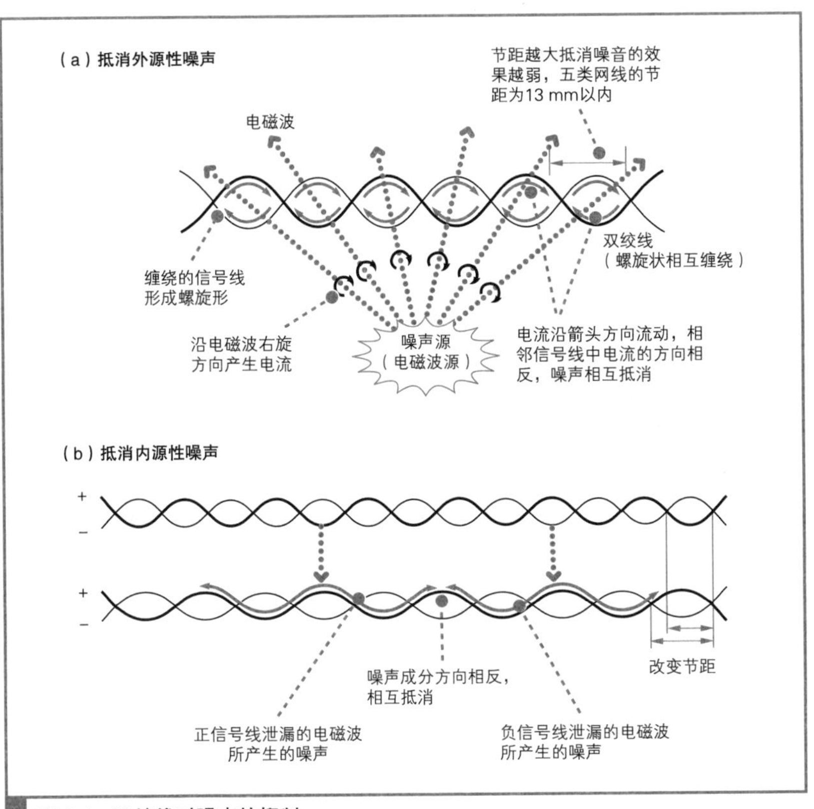

图 3.4 双绞线对噪声的抑制
(a) 通过两根信号线的缠绕抵消外源性噪声；(b) 通过改变节距抑制内源性噪声。

通过将信号线缠绕在一起的方式，噪声得到了抑制，从结果来看提升了网线的性能，除此之外还有其他一些工艺也能够帮助提升性能。例如在信号线之间加入隔板保持距离，以及在外面包裹可阻挡电磁波的金属屏蔽网等。有了这些工艺的帮助，我们现在可以买到性能指标不同的各种网线。网线的性能是以“类”来区分的，现在市售双绞线的主要种类如表 3.1 所示。

表 3.1 双绞线的种类

类	含 义
五类（CAT-5）	用于 10 Mbit/s（10BASE-T）和 100 Mbit/s（100BASE-TX）以太网，可以最高 125 MHz 的频率在最长 100 米的距离内传输信号
超五类（CAT-5e）	用于千兆（1000BASE-T）以太网，对五类网线进行了改良，改善了串扰，也向下兼容 10BASE-T 和 100BASE-TX
六类（CAT-6）	支持最高 250 MHz 的信号传输，用于 1000BASE-TX 规格的千兆以太网和 10GBASE-T 规格的万兆以太网，同时向下兼容 10BASE-T、100BASE-TX 和 1000BASE-T
超六类（CAT-6A）	对六类网线进行了改良，改善了外部串扰，兼容 10GBASE-T、1000BASE-TX、1000BASE-T、100BASE-TX 和 10BASE-T
七类（CAT-7）	支持最高 600 MHz 的高速信号传输，兼容 10GBASE-T、1000BASE-TX、1000BASE-T、100BASE-TX 和 10BASE-T

3.1.4 集线器将信号发往所有线路

当信号到达集线器后，会被广播到整个网络中。以太网的基本架构[①]就是将包发到所有的设备，然后由设备根据接收方 MAC 地址来判断应该接收哪些包，而集线器就是这一架构的忠实体现，它就是负责按照以太网的基本架构将信号广播出去。下面来看看它的工作方式。

集线器的内部结构如图 3.2 左侧部分所示。首先，在每个接口的后面装有和网卡中的 PHY（MAU）功能相同的模块，但如果它们像网卡端一样采用直连式接线，是无法正常接收信号的。要正常接收信号，必须将“发送线路”和“接收线路”连接起来才行。在图 3.2 中，集线器中的 PHY（MAU）模块与接口之间采用交叉接线的原因正是在于此。

集线器的接口中有一个 MDI/MDI-X[②] 切换开关，现在你应该知道它是

① 2.5.6 节介绍过。

② MDI 是 Media Dependent Interface（媒体相关接口）的缩写，MDI-X 是 MDI-Crossover 的缩写。

干什么用的了吧[①]？MDI就是对RJ-45接口和信号收发模块进行直连接线，而MDI-X则是交叉接线。由于集线器的接口一般都是MDI-X模式，要将两台集线器相连时，就需要将其中一台改成MDI模式（图3.5（a））。如果集线器上没有MDI切换开关，而且所有的接口又都是MDI-X时，可以用交叉网线连接两台集线器。所谓交叉网线，就是一种将发送和接收信号线反过来接的网线（图3.6）。

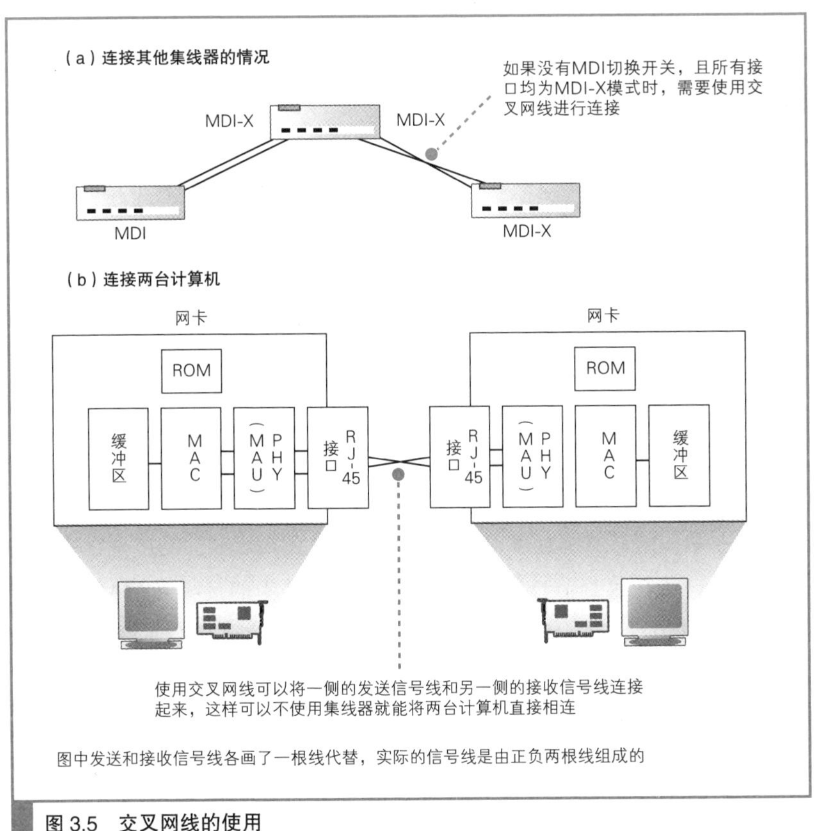

图3.5 交叉网线的使用

① 也有一些产品上没有切换开关，而是安装了MDI和MDI-X两种接口。此外，还有一些产品能够自动判断MDI和MDI-X并在两种模式间自动切换。

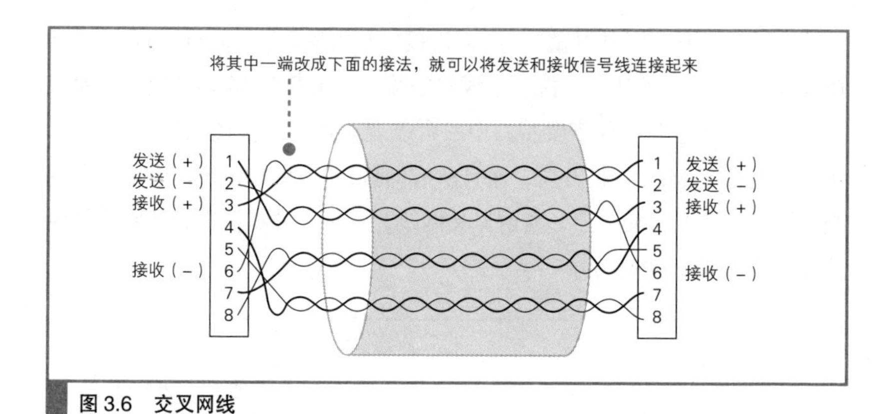

图 3.6 交叉网线

此外，交叉网线也可以像图 3.5（b）这样用于将两台计算机直接连接起来。网卡不仅可以连接集线器，因为网卡的 PHY（MAU）模块和集线器都是一样的，所以两台计算机的网卡也可以相互连接，只要将一侧的发送信号线和另一侧的接收信号线连起来就可以收发数据了。

信号到达集线器的 PHY（MAU）模块后，会进入中继电路。中继电路的基本功能就是将输入的信号广播到集线器的所有端口上。当然，也有一些产品具有信号整形、错误抑制等功能，但基本上就是将输入的信号原封不动地输出到网线接口。

接下来，信号从所有接口流出，到达连接在集线器上的所有设备。然后，这些设备在收到信号之后会通过 MAC 头部中的接收方 MAC 地址判断是不是发给自己的，如果是发给自己的就接受，否则就忽略[①]。这样，网络包就能够到达指定 MAC 地址的接收方了。

集线器将信号发送给所有连接在它上面的线路。

① 这一过程适用于客户端、服务器、路由器等所有具有收发以太网网络包功能的设备。我们后面会讲到，交换机是无视接收方 MAC 地址的，会将所有的包都接收下来。

由于集线器只是原封不动地将信号广播出去，所以即便信号受到噪声的干扰发生了失真，也会原样发送到目的地。这时，接收信号的设备，也就是交换机、路由器、服务器等，会在将信号转换成数字信息后通过 FCS[①] 校验发现错误，并将出错的包丢弃。当然，丢弃包并不会影响数据的传输，因为丢弃的包不会触发确认响应。因此协议栈的 TCP 模块会检测到丢包，并对该包进行重传。

3.2 交换机的包转发操作

3.2.1 交换机根据地址表进行转发

下面来看一下包是如何通过交换机的。交换机的设计是将网络包原样转发到目的地，图 3.7 就是它的内部结构，我们边看图边讲。

首先，信号到达网线接口，并由 PHY（MAU）模块进行接收，这一部分和集线器是相同的。也就是说，它的接口和 PHY（MAU）模块也是以 MDI-X 模式进行连接的[②]，当信号从双绞线传入时，就会进入 PHY（MAU）模块的接收部分。

接下来，PHY（MAU）模块会将网线中的信号转换为通用格式，然后传递给 MAC 模块。MAC 模块将信号转换为数字信息，然后通过包末尾的 FCS 校验错误，如果没有问题则存放到缓冲区中[③]。这部分操作和网卡基本相同，大家可以认为交换机的每个网线接口后面都是一块网卡。网线接口和后面的电路部分加在一起称为一个端口，也就是说交换机的一个端口就

① FCS（帧校验序列）在第 2 章介绍过。

② 早期的交换机基本上都和图 3.7 最上面的那种情况一样，是通过集线器和计算机进行连接的，由于集线器的接口是 MDI-X 模式，如果要用直连网线连接，那么交换机应该采用 MDI 模式的接口。不过现在我们基本上不使用集线器了，而是将计算机直接连接到交换机上，因此交换机也和集线器一样采用了 MDI-X 接线。

③ 如果检测到错误就丢弃这个包。

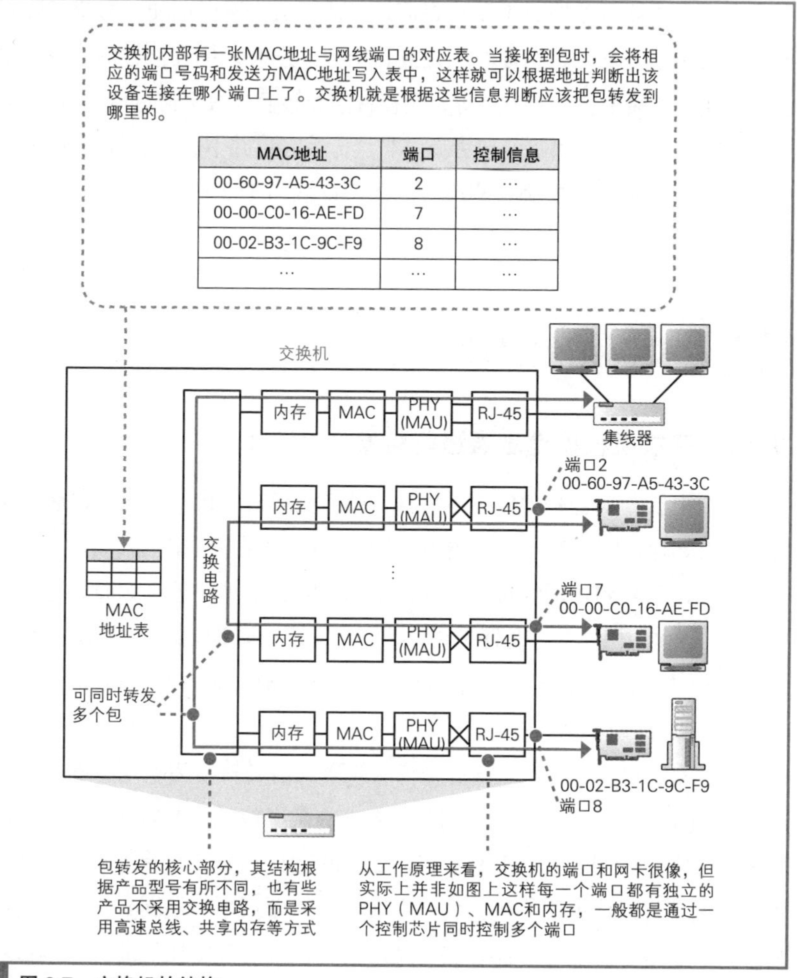

图 3.7 交换机的结构

相当于计算机上的一块网卡[①]。但交换机的工作方式和网卡有一点不同。网卡本身具有 MAC 地址，并通过核对收到的包的接收方 MAC 地址判断是

① 换句话说，如果在计算机上安装多块网卡，并开启“混杂模式”让网卡接收所有的网络包，然后再安装一个和交换机具备同样功能的网络包转发软件，那么这台计算机就变成了一台交换机。

不是发给自己的，如果不是发给自己的则丢弃；相对地，交换机的端口不核对接收方 MAC 地址，而是直接接收所有的包并存放到缓冲区中。因此，和网卡不同，交换机的端口不具有 MAC 地址[①]。

交换机端口的 MAC 模块不具有 MAC 地址。

将包存入缓冲区后，接下来需要查询一下这个包的接收方 MAC 地址是否已经在 MAC 地址表中有记录了。MAC 地址表主要包含两个信息，一个是设备的 MAC 地址，另一个是该设备连接在交换机的哪个端口上。以图 3.7 中的地址表为例，MAC 地址和端口是一一对应的，通过这张表就能够判断出收到的包应该转发到哪个端口。举个例子，如果收到的包的接收方 MAC 地址为 00-02-B3-1C-9C-F9，则与图 3.7 的表中的第 3 行匹配，根据端口列的信息，可知这个地址位于 8 号端口上，然后就可以通过交换电路将包发送到相应的端口了[②]。

现在来看看交换电路到底是如何工作的。交换电路的结构如图 3.8 所示，它可以将输入端和输出端连接起来。其中，信号线排列成网格状，每一个交叉点都有一个交换开关，交换开关是电子控制的，通过切换开关的状态就可以改变信号的流向。交换电路的输入端和输出端分别连接各个接收端口和发送端口，网络包通过这个网格状的电路在端口之间流动。举个例子，假设现在要将包从 2 号端口发送到 7 号端口，那么信号会从输入端的 2 号线进入交换电路，这时，如果让左起的 6 个开关水平导通，然后将第 7 个开关切换为垂直导通，信号就会像图上一样流到输出端 7 号线路，于是网络包就被发送到了 7 号端口。每个交叉点上的交换开关都可以独立工作，因此只要路径不重复，就可以同时传输多路信号。

---

① 内置用于实现管理等功能的处理器的交换机除外。这种交换机相当于在一个盒子里同时集成了计算机和交换机两种设备，因此其中相当于计算机的部分是具有 MAC 地址的。

② 有些产品不是用交换电路来传输网络包的，但交换电路是交换机的原型，“交换机”这个词也是从交换电路来的。

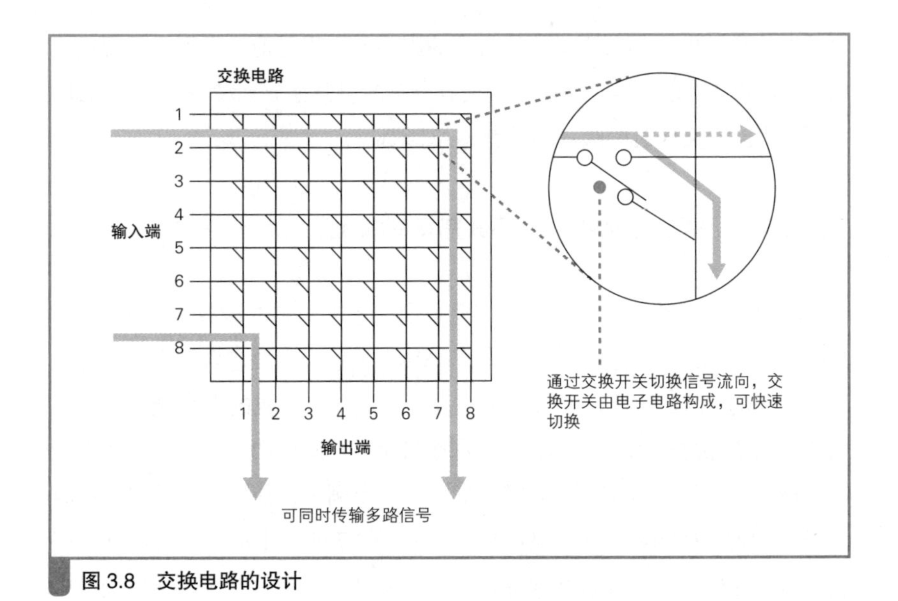

图 3.8　交换电路的设计

当网络包通过交换电路到达发送端口时，端口中的 MAC 模块和 PHY（MAU）模块会执行发送操作，将信号发送到网线中，这部分和网卡发送信号的过程是一样的。根据以太网的规则，首先应该确认没有其他设备在发送信号，也就是确认信号收发模块中的接收线路没有信号进来。如果检测到其他设备在发送信号，则需要等待信号发送完毕；如果没有其他信号，或者其他信号已经发送完毕，这时就可以将包的数字信息转换为电信号发送出去。在发送信号的过程中，还需要对接收信号进行监控，这一点和网卡也是一样的。如果在发送过程中检测到其他设备发送信号，就意味着出现了信号碰撞，这时需要发送阻塞信号以停止网络中所有的发送操作，等待一段时间后再尝试重新发送，这一步和网卡也是一样的[①]。

① 这个操作过程的前提是终端通过集线器连接到交换机，也就是半双工模式的工作方式。这是以太网的原型，但现在基本上都不使用集线器了，而是直接用交换机将终端和路由器相连接，在这种情况下，交换机的端口会自动切换为全双工模式。关于全双工模式的工作过程我们将稍后介绍。

交换机根据 MAC 地址表查找 MAC 地址，然后将信号发送到相应的端口。

3.2.2 MAC 地址表的维护

交换机在转发包的过程中，还需要对 MAC 地址表的内容进行维护，维护操作分为两种。

第一种是收到包时，将发送方 MAC 地址以及其输入端口的号码写入 MAC 地址表中。由于收到包的那个端口就连接着发送这个包的设备，所以只要将这个包的发送方 MAC 地址写入地址表，以后当收到发往这个地址的包时，交换机就可以将它转发到正确的端口了。交换机每次收到包时都会执行这个操作，因此只要某个设备发送过网络包，它的 MAC 地址就会被记录到地址表中。

另一种是删除地址表中某条记录的操作，这是为了防止设备移动时产生问题。比如，我们在开会时会把笔记本电脑从办公桌拿到会议室，这时设备就发生了移动。从交换机的角度来看，就是本来连接在某个端口上的笔记本电脑消失了。这时如果交换机收到了发往这台已经消失的笔记本电脑的包，那么它依然会将包转发到原来的端口，通信就会出错，因此必须想办法删除那些过时的记录。然而，交换机没办法知道这台笔记本电脑已经从原来的端口移走了。因此地址表中的记录不能永久有效，而是要在一段时间不使用后就自动删除。

那么当笔记本电脑被拿到会议室之后，会议室里的交换机又会如何工作呢？只要笔记本电脑连接到会议室的交换机，交换机就会根据笔记本电脑发出的包来更新它的地址表。因此，对于目的地的交换机来说，不需要什么特别的措施就可以正常工作了。

综合来看，为了防止终端设备移动产生问题，只需要将一段时间不使用的过时记录从地址表中删除就可以了。

过时记录从地址表中删除的时间一般为几分钟，因此在过时记录被删除之前，依然可能有发给该设备的包到达交换机。这时，交换机会将包转发到老的端口，通信就会发生错误，这种情况尽管罕见，但的确也有可能发生。不过大家不必紧张，遇到这样的情况，只要重启一下交换机，地址表就会被清空并更新正确的信息，然后网络就又可以正常工作了。

总之，交换机会自行更新或删除地址表中的记录，不需要手动维护[①]。当地址表的内容出现异常时，只要重启一下交换机就可以重置地址表，也不需要手动进行维护。

3.2.3 特殊操作

上面介绍了交换机的基本工作方式，下面来看一些特殊情况下的操作。比如，交换机查询地址表之后发现记录中的目标端口和这个包的源端口是同一个端口。当像图 3.9 这样用集线器和交换机连接在一起时就会遇到这样的情况，那么这种情况要怎么处理呢？首先，计算机 A 发送的包到达集线器后会被集线器转发到所有端口上，也就是会到达交换机和计算机 B（图 3.9 ①）。这时，交换机转发这个包之后，这个包会原路返回集线器（图 3.9 ②），然后，集线器又把包转发到所有端口，于是这个包又到达了计算机 A 和计算机 B。所以计算机 B 就会收到两个相同的包，这会导致无法正常通信。因此，当交换机发现一个包要发回到原端口时，就会直接丢弃这个包。

还有另外一种特殊情况，就是地址表中找不到指定的 MAC 地址。这可能是因为具有该地址的设备还没有向交换机发送过包，或者这个设备一段时间没有工作导致地址被从地址表中删除了。这种情况下，交换机无法判断应该把包转发到哪个端口，只能将包转发到除了源端口之外的所有端口上，无论该设备连接在哪个端口上都能收到这个包。这样做不会产生什么问题，因为以太网的设计本来就是将包发送到整个网络的，然后只有相应的接收者才接收包，而其他设备则会忽略这个包。

---

① 具备管理功能的高端交换机是提供手动维护地址表的功能的，但一般的低端机型中没有这个功能，想手动维护也不行。

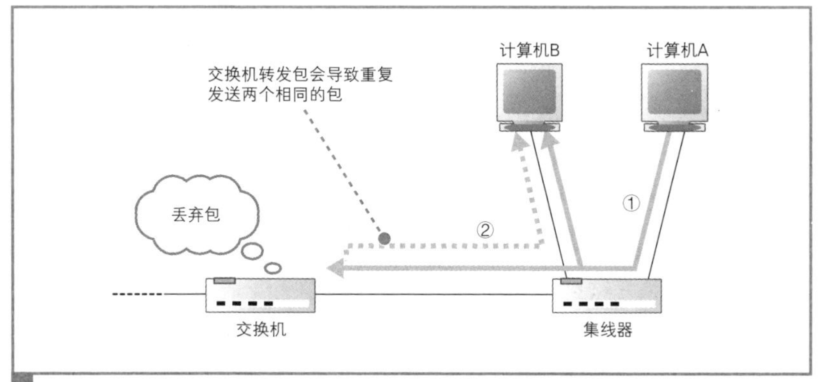

图 3.9 不向源端口转发网络包

有人会说："这样做会发送多余的包，会不会造成网络拥塞呢？"其实完全不用过于担心，因为发送了包之后目标设备会作出响应，只要返回了响应包，交换机就可以将它的地址写入地址表，下次也就不需要把包发到所有端口了。局域网中每秒可以传输上千个包，多出一两个包并无大碍。

此外，如果接收方 MAC 地址是一个广播地址[①]，那么交换机会将包发送到除源端口之外的所有端口。

3.2.4 全双工模式可以同时进行发送和接收

全双工模式是交换机特有的工作模式，它可以同时进行发送和接收操作，集线器不具备这样的特性。

使用集线器时，如果多台计算机同时发送信号，信号就会在集线器内部混杂在一起，进而无法使用，这种现象称为碰撞，是以太网的一个重要特征。不过，只要不用集线器，就不会发生碰撞。

① 广播地址（broadcast address）是一种特殊的地址，将广播地址设为接收方地址时，包会发送到网络中所有的设备。MAC 地址中的 FF:FF:FF:FF:FF:FF 和 IP 地址中的 255.255.255.255 都是广播地址。

而使用双绞线时，发送和接收的信号线是各自独立的[①]，因此在双绞线中信号不会发生碰撞。网线连接的另一端，即交换机端口和网卡的 PHY（MAU）模块以及 MAC 模块，其内部发送和接收电路也是各自独立的，信号也不会发生碰撞。因此，只要不用集线器，就可以避免信号碰撞了。

如果不存在碰撞，也就不需要半双工模式中的碰撞处理机制了。也就是说，发送和接收可以同时进行。然而，以太网规范中规定了在网络中有信号时要等该信号结束后再发送信号，因此发送和接收还是无法同时进行。于是，人们对以太网规范进行了修订，增加了一个无论网络中有没有信号都可以发送信号的工作模式，同时规定在这一工作模式下停用碰撞检测（图 3.10）。这种工作模式就是全双工模式。在全双工模式下，无需等待其他信号结束就可以发送信号，因此它比半双工模式速度要快[②]。由于双方可以同时发送数据，所以可同时传输的数据量也更大，性能也就更高。

交换机的全双工模式可以同时发送和接收信号。

3.2.5 自动协商：确定最优的传输速率

随着全双工模式的出现，如何在全双工和半双工模式之间进行切换的问题[③]也产生了。在全双工模式刚刚出现的时候，还需要手动进行切换，但这样实在太麻烦，于是后来出现了自动切换工作模式的功能。这一功能可以由相互连接的双方探测对方是否支持全双工模式，并自动切换成相应的

---

① 1000BASE-T 规格的千兆以太网中，发送和接收信号线不是独立的，而是在同一条线上同时传输两个方向的信号，但 PHY（MAU）模块可以将发送和接收的信号进行分离，因此两者也不会发生碰撞。

② 如果网络中包的数量很少，不会出现等待其他传输结束的情况，那么全双工模式和半双工模式的速度是一样的。

③ 原本以太网并没有工作模式的概念，也没有表示工作模式的专门术语。后来在全双工模式出现时，人们将通信技术中一直使用的全双工、半双工两个词搬到了网络技术中，于是就出现了这样的叫法。

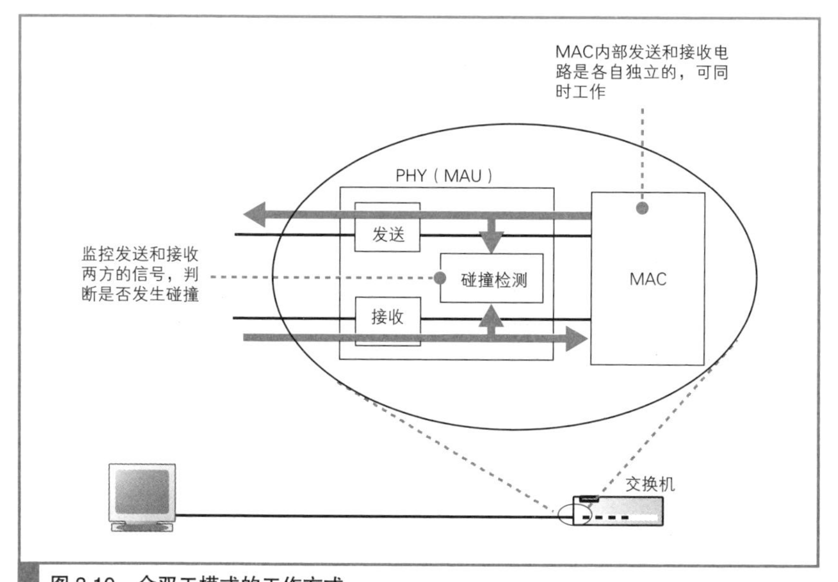

图 3.10 全双工模式的工作方式
在 PHY（MAU）的发送和接收电路之间有一个检测信号碰撞的模块，当网络在全双工模式下工作时，发送和接收可同时进行，这一模块就失效了。

工作模式。此外，除了能自动切换工作模式之外，还能探测对方的传输速率并进行自动切换。这种自动切换的功能称为自动协商。

在以太网中，当没有数据在传输时，网络中会填充一种被称为连接脉冲的脉冲信号。在没有数据信号时就填充连接脉冲，这使得网络中一直都有一定的信号流过，从而能够检测对方是否在正常工作，或者说网线有没有正常连接。以太网设备的网线接口周围有一个绿色的 LED 指示灯，它表示是否检测到正常的脉冲信号。如果绿灯亮，说明 PHY（MAU）模块以及网线连接正常①。

在双绞线以太网规范最初制定的时候，只规定了按一定间隔发送脉冲信号，这种信号只能用来确认网络是否正常。后来，人们又设计出了如图 3.11 这样的具有特定排列的脉冲信号，通过这种信号可以将自身的状态告知对

① MAC 模块、缓冲区、内存和总线部分的异常无法通过这个指示灯来判断。

方。自动协商功能就利用了这样的脉冲信号，即通过这种信号将自己能够支持的工作模式[①]和传输速率相互告知对方，并从中选择一个最优的组合[②]。

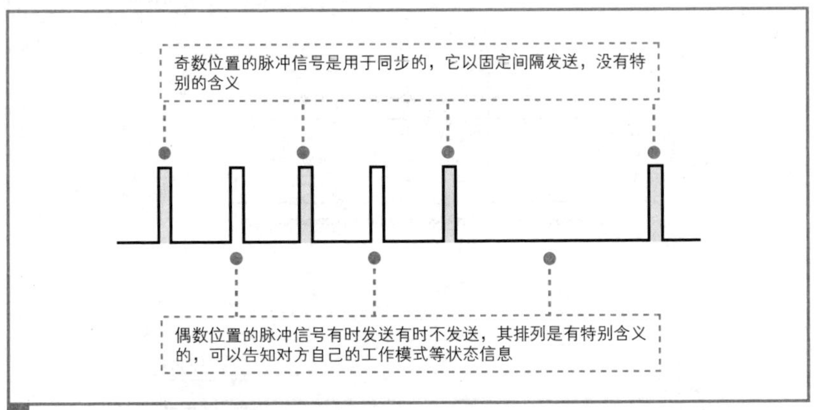

图 3.11　没有传输数据时网络中的信号

下面来看一个具体的例子。假设现在连接双方的情况如表 3.2 所示，网卡一方支持所有的速率和工作模式，而交换机只支持到 100 Mbit/s 全双工模式。当两台设备通电并完成硬件初始化之后，就会开始用脉冲信号发送自己支持的速率和工作模式。当对方收到信号之后，会通过读取脉冲信号的排列来判断对方支持的模式，然后看看双方都支持的模式有哪些。表 3.2 是按照优先级排序的，因此双方都支持的模式就是第 3 行及以下的部分。越往上优先级越高，因此在本例中 100 Mbit/s 全双工模式就是最优组合，于是双方就会以这个模式开始工作。

---

① 即是否支持全双工模式，以及是否支持半双工模式。

② 自动协商功能是后来才写入以太网规范中的，因此会出现支持这一功能的设备和不支持这一功能的设备混用的情况。在这样的情况下，不支持自动协商的设备由于其所发送的脉冲信号不具备规定的排列，无法正确告知工作模式，所以会引发故障。自动协商规格本身也存在一定的缺陷，这些缺陷有时也会引发故障。因此，尽管有人不喜欢这个功能，但只要正确理解和使用它，就可以防止上述故障。当然，现在基本上已经没有不支持自动协商的旧设备了，因此一般也不会出问题。

表 3.2 自动协商的示例

如果双方设备为以下组合，则最优模式为 100 Mbit/s 全双工。

传输速率 / 工作模式	网 卡	交 换 机
1 Gbit/s 全双工	○	×
1 Gbit/s 半双工	○	×
100 Mbit/s 全双工	○	○
100 Mbit/s 半双工	○	○
10 Mbit/s 全双工	○	○
10 Mbit/s 半双工	○	○

3.2.6 交换机可同时执行多个转发操作

交换机只将包转发到具有特定 MAC 地址的设备连接的端口，其他端口都是空闲的。如图 3.7 中的例子所示，当包从最上面的端口发送到最下面的端口时，其他端口都处于空闲状态，这些端口可以传输其他的包，因此交换机可以同时转发多个包。

相对地，集线器会将输入的信号广播到所有的端口，如果同时输入多个信号就会发生碰撞，无法同时传输多路信号，因此从设备整体的转发能力来看，交换机要高于集线器。

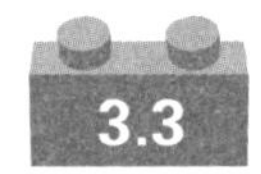

3.3 路由器的包转发操作

3.3.1 路由器的基本知识

网络包经过集线器和交换机之后，现在到达了路由器，并在此被转发到下一个路由器。这一步转发的工作原理和交换机类似，也是通过查表判断包转发的目标。不过在具体的操作过程上，路由器和交换机是有区别的。因为路由器是基于 IP 设计的，而交换机是基于以太网设计的[①]。IP 和以太网的区

① 1.2.1 节和 2.5.1 节对 IP 进行过简单介绍。

别在很多地方都会碰到，我们稍后再具体讲，现在先来看看路由器的概况。

首先，路由器的内部结构如图 3.12 所示。这张图已经画得非常简略了，大家只要看明白路由器包括转发模块和端口模块两部分就可以了。其中转发模块负责判断包的转发目的地，端口模块负责包的收发操作。这一分工模式在第 2 章介绍计算机内部结构的时候也出现过，换句话说，路由器转发模块和端口模块的关系，就相当于协议栈的 IP 模块和网卡之间的关系。因此，大家可以将路由器的转发模块想象成 IP 模块，将端口模块想象成网卡。

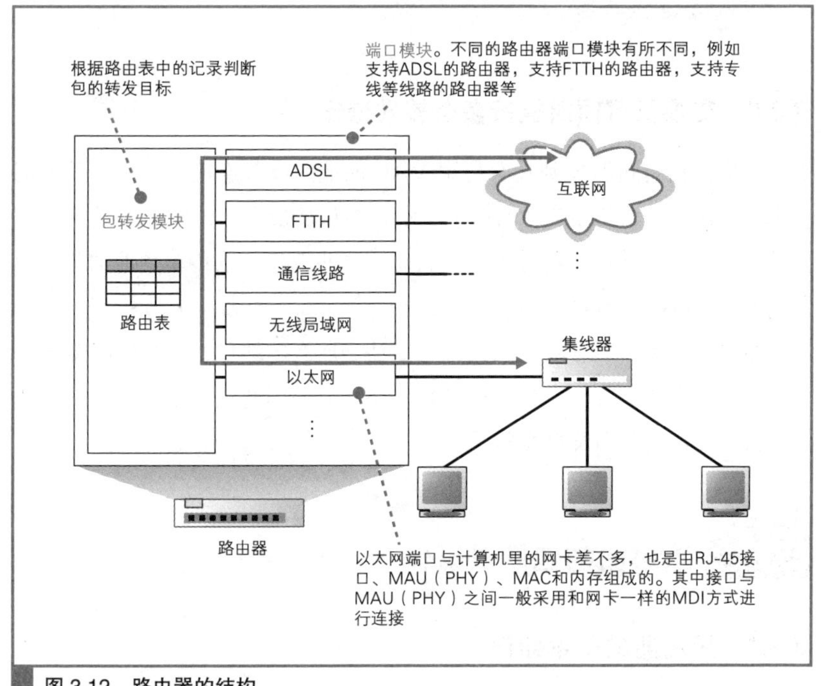

图 3.12　路由器的结构

通过更换网卡，计算机不仅可以支持以太网，也可以支持无线局域网，路由器也是一样。如果路由器的端口模块安装了支持无线局域网的硬件，就可以支持无线局域网了。此外，计算机的网卡除了以太网和无线局域网之外很少见到支持其他通信技术的品种，而路由器的端口模块则支持除局域网之外的多种通信技术，如 ADSL、FTTH，以及各种宽带专线等，只要端口模块安装了支持这些技术的硬件即可[①]。

看懂了内部结构之后，大家应该能大致理解路由器的工作原理了吧。路由器在转发包时，首先会通过端口将发过来的包接收进来，这一步的工作过程取决于端口对应的通信技术。对于以太网端口来说，就是按照以太网规范进行工作，而无线局域网端口则按照无线局域网的规范工作，总之就是委托端口的硬件将包接收进来。接下来，转发模块会根据接收到的包的 IP 头部中记录的接收方 IP 地址，在路由表中进行查询，以此判断转发目标。然后，转发模块将包转移到转发目标对应的端口，端口再按照硬件的规则将包发送出去，也就是转发模块委托端口模块将包发送出去的意思。

这就是路由器的基本原理，下面再做一些补充。刚才我们讲到端口模块会根据相应通信技术的规范来执行包收发的操作，这意味着端口模块是以实际的发送方或者接收方的身份来收发网络包的。以以太网端口为例，路由器的端口具有 MAC 地址[②]，因此它就能够成为以太网的发送方和接收方[③]。端口还具有 IP 地址，从这个意义上来说，它和计算机的网卡是一样的。当转发包时，首先路由器端口会接收发给自己的以太网包[④]，然后查询转发目标，再由相应的端口作为发送方将以太网包发送出去。这一点和交换机是不同的，交换机只是将进来的包转发出去而已，它自己并不会成为发送方或者接收方。

路由器的各个端口都具有 MAC 地址和 IP 地址。

---

① 从原理上说，计算机只要安装相应的适配器，也可以支持各种通信技术，但现实中除了局域网之外几乎没有其他需求，因此一般市场上也没有这样的产品。

② 和网卡一样，MAC 地址也是在生产时写入端口的 ROM 中的。

③ 但端口并不会成为 IP 的发送方和接收方。

④ 端口是按照以太网规范接收包的，即当端口的 MAC 地址和包的接收方 MAC 地址一致时，端口才接受这个包，否则就丢弃包。

3.3.2 路由表中的信息

在“查表判断转发目标”这一点上，路由器和交换机的大体思路是类似的，不过具体的工作过程有所不同。交换机是通过 MAC 头部中的接收方 MAC 地址来判断转发目标的，而路由器则是根据 IP 头部中的 IP 地址来判断的。由于使用的地址不同，记录转发目标的表的内容也会不同。

关于细节我们留到后面再讲，现在先来大致介绍一下。路由器中的表叫作路由表，其中包含的信息如图 3.13 所示[①]。

路由器根据“IP 地址”判断转发目标。

最左侧的目标地址列记录的是接收方的信息。这里可能不是很容易理解，实际上这里的 IP 地址只包含表示子网的网络号部分的比特值，而表示主机号部分的比特值全部为 0[②]。路由器会将接收到的网络包的接收方 IP 地址与路由表中的目标地址进行比较，并找到相应的记录。交换机在地址表中只匹配完全一致的记录，而路由器则会忽略主机号部分，只匹配网络号部分。打个比方，路由器在转发包的时候只看接收方地址属于哪个区，×× 区发往这一边，×× 区发往那一边。

在匹配地址的过程中，路由器需要知道网络号的比特数，因此路由表中还有一列子网掩码。子网掩码的含义和第 1 章的图 1.9（b）中介绍的子网掩码基本相同，通过这个值就可以判断出网络号的比特数。

---

① 无论是路由器的路由表，还是我们在第 2 章的图 2.18 中展示的计算机中的路由表，它们的结构和功能都是相同的，只不过每一列的名称可能会有所不同，这是由于厂商和型号的不同导致的。不过，为了便于大家理解，我们在这张图上所使用的列名已经和图 2.18 中的列名进行了统一，因此和实际的路由器中的路由表会有所差异。

② 图 3.13 中也有一些 IP 地址的主机号不是全部为 0，关于这些地址我们稍后会解释，现在请大家先忽略。

路由器的路由表

目标地址（Destination）	子网掩码（Netmask）	网关（Gateway）	接口（Interface）	跃点数（Metric）
10.10.1.0	255.255.255.0	——	e2	1
10.10.1.101	255.255.255.255	——	e2	1
192.168.1.0	255.255.255.0	——	e3	1
192.168.1.10	255.255.255.255	——	e3	1
0.0.0.0	0.0.0.0	192.0.2.1	e1	1

10.10.1.101
10.10.1.1
互联网
接入路由器
e2
192.0.2.1
互联网
e1
192.0.2.31
e3
192.168.1.1
192.168.1.10
局域网中的服务器

图 3.13 路由器根据路由表对包进行转发

路由器会忽略主机号，只匹配网络号。

上面这些介绍可以帮助大家大致理解路由器的工作方式，如果要进一步深入，还需要再思考一些问题。刚才我们说过，目标地址列中的 IP 地址表示的是子网，但也有一些例外，有时地址本身的子网掩码和路由表中的子网掩码是不一致的，这是路由聚合的结果。路由聚合会将几个子网合并成一个子网，并在路由表中只产生一条记录。要搞清楚这个问题，我们还是看一个例子。如图 3.14 所示，我们现在有 3 个子网，分别为

10.10.1.0/24、10.10.2.0/24、10.10.3.0/24，路由器 B 需要将包发往这 3 个子网。在这种情况下，路由器 B 的路由表中原本应该有对应这 3 个子网的 3 条记录，但在这个例子中，无论发往任何一个子网，都是通过路由器 A 来进行转发，因此我们可以在路由表中将这 3 个子网合并成 10.10.0.0/16，这样也可以正确地进行转发，但我们减少了路由表中的记录数量，这就是路由聚合。经过路由聚合，多个子网会被合并成一个子网，子网掩码会发生变化，同时，目标地址列也会改成聚合后的地址。

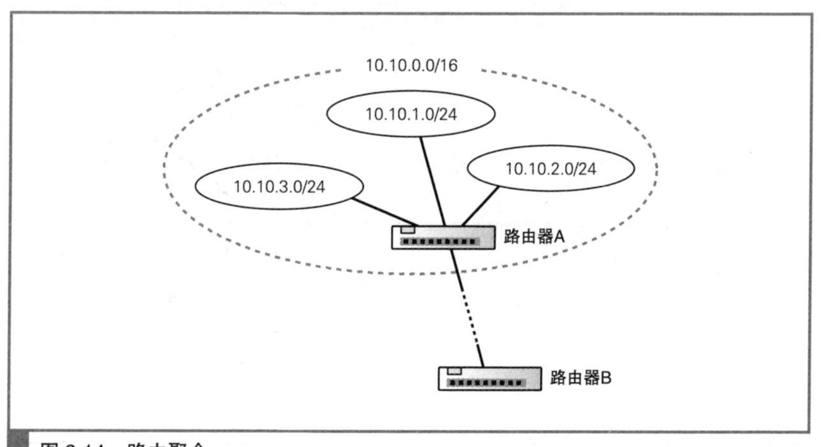

图 3.14　路由聚合

相对地，还有另外一些情况，如将一个子网进行细分并注册在路由表中，然后拆分成多条记录。

从结果上看，路由表的子网掩码列只是用来在匹配目标地址时告诉路由器应该匹配多少个比特。而且，目标地址中的地址和实际子网的网络号可能并不完全相同，但即便如此，路由器依然可以正常工作。

此外，通过上述方法，我们也可以将某台具体计算机的地址写入路由表中，这时的子网掩码为 255.255.255.255，也就是说 32 个比特全部都为 1。这样一来，主机号部分比特全部为 0 可以表示一个子网，主机号部分比特不全部为 0 可以表示某一台计算机，两种情况可以用相同的规则来处理[①]。

路由表的子网掩码列只表示在匹配网络包目标地址时需要对比的比特数量。

关于目标地址和子网掩码我们先讲到这里。接下来在子网掩码的右边还有网关和接口两列，它们表示网络包的转发目标。根据目标地址和子网掩码匹配到某条记录后，路由器就会将网络包交给接口列中指定的网络接口（即端口）[②]，并转发到网关列中指定的 IP 地址。

最后一列是跃点计数，它表示距离目标 IP 地址的距离是远还是近。这个数字越小，表示距离目的地越近；数字越大，表示距离目的地越远。

路由表记录维护的方式和交换机也有所不同。交换机中对 MAC 地址表的维护是包转发操作中的一个步骤[③]，而路由器中对路由表的维护是与包转发操作相互独立的，也就是说，在转发包的过程中不需要对路由表的内容进行维护。

对路由表进行维护的方法有几种，大体上可分为以下两类。

(a) 由人手动维护路由记录

(b) 根据路由协议机制，通过路由器之间的信息交换由路由器自行维护路由表的记录

其中 (b) 中提到的路由协议有很多种，例如 RIP、OSPF、BGP 等都属于路由协议。

---

① 图 3.13 的第 2 行和第 4 行就是这样的例子。

② 在路由器的范畴中，接口和端口表示同一个意思，但从历史上的惯用法来看，接口和端口两种叫法都有。

③ 3.2.2 节对交换机如何在地址表中更新转发目标信息进行了介绍。

3.3.3 路由器的包接收操作

下面我们来看一看路由器的整个工作过程。首先，路由器会接收网络包。路由器的端口有各种不同的类型，这里我们只介绍以太网端口是如何接收包的。以太网端口的结构和计算机的网卡基本相同，接收包并存放到缓冲区中的过程也和网卡几乎没有区别。

首先，信号到达网线接口部分，其中的 PHY（MAU）模块和 MAC 模块将信号转换为数字信息，然后通过包末尾的 FCS 进行错误校验，如果没问题则检查 MAC 头部中的接收方 MAC 地址，看看是不是发给自己的包，如果是就放到接收缓冲区中，否则就丢弃这个包。如果包的接收方 MAC 地址不是自己，说明这个包是发给其他设备的，如果接收这个包就违反了以太网的规则。

路由器的端口都具有 MAC 地址，只接收与自身地址匹配的包，遇到不匹配的包则直接丢弃。

3.3.4 查询路由表确定输出端口

完成包接收操作之后，路由器就会丢弃包开头的 MAC 头部。MAC 头部的作用就是将包送达路由器，其中的接收方 MAC 地址就是路由器端口的 MAC 地址。因此，当包到达路由器之后，MAC 头部的任务就完成了，于是 MAC 头部就会被丢弃。

通过路由器转发的网络包，其接收方 MAC 地址为路由器端口的 MAC 地址。

接下来，路由器会根据 MAC 头部后方的 IP 头部中的内容进行包的转发操作。转发操作分为几个阶段，首先是查询路由表判断转发目标。关于具体的工作过程，我们还是来看一个实际的例子，如图 3.13 的情况，假设地址为 10.10.1.101 的计算机要向地址为 192.168.1.10 的服务器发送一个包，这个包先到达图中的路由器。判断转发目标的第一步，就是根据包的接收方 IP 地址查询路由表中的目标地址栏，以找到相匹配的记录。就像前面讲过的一样，这个匹配并不是匹配全部 32 个比特，而是根据子网掩码列中的值判断网络号的比特数，并匹配相应数量的比特①。例如，图 3.13 的第 3 行，子网掩码列为 255.255.255.0，就表示需要匹配从左起 24 个比特。网络包的接收方 IP 地址和路由表中的目标地址左起 24 个比特的内容都是 192.168.1，因此两者是匹配的，该行记录就是候选转发目标之一。

按照这样的规则，我们可能会匹配到多条候选记录。在这个例子中，第 3、4、5 行都可以匹配②。其中，路由器首先寻找网络号比特数最长的一条记录③。网络号比特数越长，说明主机号比特数越短，也就意味着该子网内可分配的主机数量越少，即子网中可能存在的主机数量越少，这一规则的目的是尽量缩小范围，所以根据这条记录判断的转发目标就会更加准确。我们来看图 3.13 中的例子。

第 3 行 192.168.1.0/255.255.255.0 表示一个子网，第 4 行 192.168.1.10/255.255.255.255 表示一台服务器。相比服务器所属的子网来说，直接指定服务器本身的地址时范围更小，因此这里应该选择第 4 行作为转发目标。按照最长匹配原则筛选后，如果只剩一条候选记录，则按照这条记录的内容进行转发。

然而，有时候路由表中会存在网络号长度相同的多条记录，例如考虑到路由器或网线的故障而设置的备用路由就属于这种情况。这时，需要根据跃点计数的值来进行判断。跃点计数越小说明该路由越近，因此应选择跃点计数较小的记录。

---

① 前面讲过，路由表中的子网和实际的子网并非完全一致，因此说“匹配的是网络号”可能并不准确，但这样说可能更容易理解。

② 第 5 行为什么会匹配的原因我们稍后再解释，大家先知道可以匹配就好了。

③ 这一规则称为“最长匹配”原则。

如果在路由表中无法找到匹配的记录，路由器会丢弃这个包，并通过 ICMP[①] 消息告知发送方[②]。这里的处理方式和交换机不同，原因在于网络规模的大小。交换机连接的网络最多也就是几千台设备的规模，这个规模并不大[③]。如果只有几千台设备，遇到不知道应该转发到哪里的包，交换机可以将包发送到所有的端口上，虽然这个方法很简单粗暴，但不会引发什么问题。然而，路由器工作的网络环境就是互联网，它的规模是远远大于以太网的，全世界所有的设备都连接在互联网上，而且规模还在持续扩大，未来的互联网里到底会有多少设备，我们谁都说不准。在如此庞大的网络中，如果将不知道应该转发到哪里的包发送到整个网络上，那就会产生大量的网络包，造成网络拥塞。因此，路由器遇到不知道该转发到哪里的包，就会直接丢弃。

3.3.5 找不到匹配路由时选择默认路由

既然如此，那么是不是所有的转发目标都需要配置在路由表中才行呢？如果是公司或者家庭网络，这样的做法也没什么问题，但互联网中的转发目标可能超过 20 万个，如果全部要配置在路由表中实在是不太现实。

其实，大家不必担心，因为之前的图 3.13 路由表中的最后一行的作用就相当于把所有目标都配置好了。这一行的子网掩码为 0.0.0.0，关键就在这里，子网掩码 0.0.0.0 的意思是网络包接收方 IP 地址和路由表目标地址的匹配中需要匹配的比特数为 0，换句话说，就是根本不需要匹配。只要将子网掩码设置为 0.0.0.0，那么无论任何地址都能匹配到这一条记录，这样就不会发生不知道要转发到哪里的问题了。

---

① ICMP：Internet Control Message Protocol，Internet 控制报文协议。当包传输过程中发生错误时，用来发送控制消息。

② 2.5.11 节介绍过 ICMP。

③ 这里几千台设备的规模指的是以太网的规模。交换机本身的设计并不需要按照这个规模，但由于它是基于以太网进行工作的，因此其规模和以太网的规模是一致的。

只要在这一条记录的网关列中填写接入互联网的路由器地址，当匹配不到其他路由时[①]，网络包就会被转发到互联网接入路由器。因此这条记录被称为默认路由，这一行配置的网关地址被称为默认网关。在计算机的TCP/IP设置窗口中也有一个填写默认网关的框，意思是一样的。计算机上也有一张和路由器一样的路由表，其中默认网关的地址就是我们在设置窗口中填写的地址。

路由表中子网掩码为0.0.0.0的记录表示“默认路由”。

这样一来，无论目标地址是表示一个子网还是表示某台设备，都可以用相同的方法查找出转发目标，而且也避免了不知道转发到哪里的问题。

3.3.6 包的有效期

从路由表中查找到转发目标之后，网络包就会被转交给输出端口，并最终发送出去，但在此之前，路由器还有一些工作要完成。

第一个工作是更新IP头部中的TTL（Time to Live，生存时间）字段（参见第2章的表2.2）。TTL字段表示包的有效期，包每经过一个路由器的转发，这个值就会减1，当这个值变成0时，就表示超过了有效期，这个包就会被丢弃。

这个机制是为了防止包在一个地方陷入死循环。如果路由表中的转发目标都配置正确，应该不会出现这样的情况，但如果其中的信息有问题，或者由于设备故障等原因切换到备用路由时导致暂时性的路由混乱，就会出现这样的情况。

发送方在发送包时会将TTL设为64或128，也就是说包经过这么多路由器后就会“寿终正寝”。现在的互联网即便访问一台位于地球另一侧的

① 由于匹配的比特数越长优先级越高（最长匹配原则），因此子网掩码为0.0.0.0的记录优先级是最低的，只有当找不到其他匹配的记录时，才会选择这条记录。

服务器，最多也只需要经过几十个路由器，因此只要包被正确转发，就可以在过期之前到达目的地。

3.3.7 通过分片功能拆分大网络包

路由器的端口并不只有以太网一种，也可以支持其他局域网或专线通信技术。不同的线路和局域网类型各自能传输的最大包长度也不同，因此输出端口的最大包长度可能会小于输入端口[①]。即便两个端口的最大包长度相同，也可能会因为添加了一些头部数据而导致包的实际长度发生变化，ADSL、FTTH 等宽带接入技术中使用的 PPPoE[②] 协议就属于这种情况。无论哪种情况，一旦转发的包长度超过了输出端口能传输的最大长度，就无法直接发送这个包了。

遇到这种情况，可以使用 IP 协议中定义的分片功能对包进行拆分，缩短每个包的长度。需要注意的是，这里说的分片和第 2 章介绍的 TCP 对数据进行拆分的机制是不同的。TCP 拆分数据的操作是在将数据装到包里之前进行的，换句话说，拆分好的一个数据块正好装进一个包里。从 IP 分片的角度来看，这样一个包其实是一个未拆分的整体，也就是说，分片是对一个完整的包再进行拆分的过程。

分片操作的过程如图 3.15 所示。首先，我们需要知道输出端口的 MTU[③]，看看这个包能不能不分片直接发送。最大包长度是由端口类型决定的，用这个最大长度减掉头部的长度就是 MTU，将 MTU 与要转发的包长度进行比较。如果输出端口的 MTU 足够大，那么就可以不分片直接发送；如果输出端口的 MTU 太小，那么就需要将包按照这个 MTU 进行分片，但

---

① 最大包长度是由各个通信规格定义的，如果包超过了这个最大长度就不符合相应的规格，也就不能传输了，因此输入端口收到的包不会超过最大长度。

② PPPoE：PPP over Ethernet。它是一种控制 ADSL、FTTH 等宽带网络的方式，4.3.2 一节将会对它进行介绍。

③ 一个包能传输的最大数据长度，2.3.1 节介绍过。

在此之前还需要看一下 IP 头部中的标志字段，确认是否可以分片[①]。

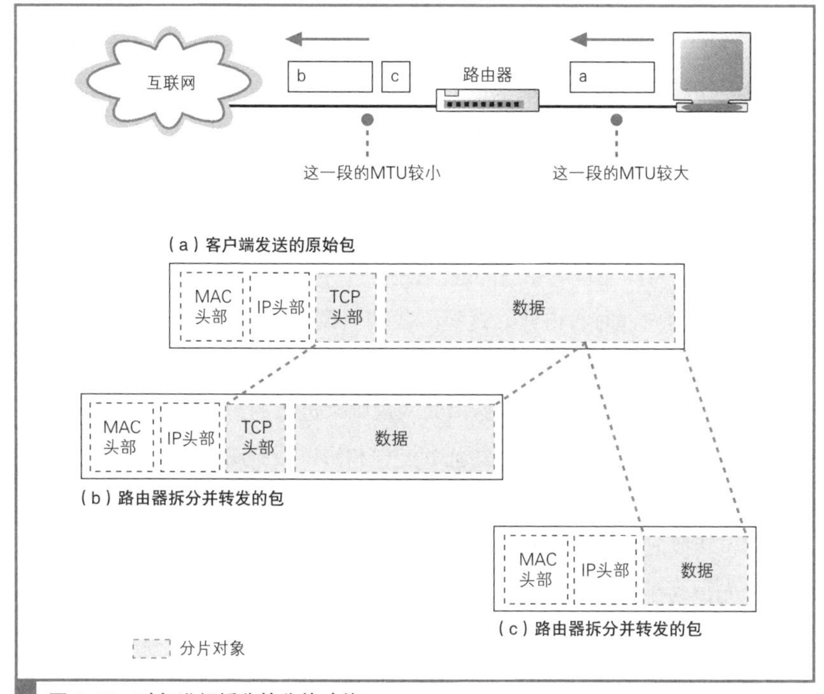

图 3.15 对包进行拆分的分片功能
尽管 TCP 头部不是用户数据，但从 IP 协议的角度来看它也是数据的一部分。

如果查询标志字段发现不能分片，那么就只能丢弃这个包，并通过 ICMP 消息通知发送方。否则，就可以按照输出端口 MTU 对数据进行依次拆分了。在分片中，TCP 头部及其后面的部分都是可分片的数据，尽管 TCP 头部不属于用户数据，但从 IP 来看也是 TCP 请求传输的数据的一部分。数据被拆分后，每一份数据前面会加上 IP 头部，其大部分内容都和原本的 IP 头部一模一样，但其中有部分字段需要更新，这些字段用于记录分片相关的信息。

---

① 一般来说都是可以分片的，但下面两种情况不能分片：1）发送方应用程序等设置了不允许分片；2）这个包已经是经过分片后的包。

3.3.8 路由器的发送操作和计算机相同

到这里，发送前的准备工作就完成了[①]，接下来就会进入包的发送操作。

这一步操作取决于输出端口的类型。如果是以太网端口，则按照以太网的规则将包转换为电信号发送出去；如果是ADSL则按照ADSL的规则来转换，以此类推。在家庭网络中，路由器后面一般连接ADSL等线路接入互联网，因此路由器会根据接入网的规则来发送包。不过，要理解具体的操作过程，需要先理解相应的通信线路[②]，比较复杂，因此我们留到下一章探索互联网内部时再讲解。这里，我们假设路由器位于公司等局域网的内部，即输出端口也是以太网，看看这种情况是如何操作的。

以太网的包发送操作是根据以太网规则来进行的，即便设备种类不同，规则也是相同的。也就是说，其基本过程和协议栈中的IP模块发送包的过程是相同的，即在包前面加上MAC头部，设置其中的一些字段，然后将完成的包转换成电信号并发送出去。下面来简单复习一下这个过程。

首先，为了判断MAC头部中的MAC地址应该填写什么值，我们需要根据路由表的网关列判断对方的地址。如果网关是一个IP地址，则这个IP地址就是我们要转发到的目标地址；如果网关为空[③]，则IP头部中的接收方IP地址就是要转发到的目标地址。知道对方的IP地址之后，接下来需要通过ARP[④]根据IP地址查询MAC地址，并将查询的结果作为接收方

① 实际上还有一项工作。IP头部中有一个用于错误检验的字段“校验和”，在路由器更新TTL和分片的过程中，IP头部的内容发生了改变，因此必须重新计算校验和。这里之所以没有详细讲解这个过程，是因为和以太网以及通信线路本身的错误校验机制相比，IP校验和的可靠性很低，因此大多数路由器都不去校验这个值，就当它不存在一样。

② ADSL等通信线路会在下一章介绍。

③ 第2章我们讲过网关的IP地址和接口的IP地址相同时，表示IP头部中的接收方IP地址就是我们要转发的直接目标，但这段内容是针对Windows计算机的。路由器和Windows不一样，当包可以直接发送到最终接收方时，一般网关列是留空的。

④ ARP是根据IP地址查询MAC地址的协议，2.5.5节介绍过。

MAC 地址。路由器也有 ARP 缓存，因此首先会在 ARP 缓存中查询，如果找不到则发送 ARP 查询请求。

路由器判断下一个转发目标的方法如下。

- **如果路由表的网关列内容为 IP 地址，则该地址就是下一个转发目标。**
- **如果路由表的网关列内容为空，则 IP 头部中的接收方 IP 地址就是下一个转发目标。**

路由器也会使用 ARP 来查询下一个转发目标的 MAC 地址。

接下来是发送方 MAC 地址字段，这里填写输出端口的 MAC 地址[①]。还有一个以太类型字段，填写 0800（十六进制）。

网络包完成后，接下来会将其转换成电信号并通过端口发送出去。这一步的工作过程和计算机也是相同的。例如，当以太网工作在半双工模式时，需要先确认线路中没有其他信号后才能发送，如果检测到碰撞，则需要等待一段时间后重发。如果以太网工作在全双工模式，则不需要确认线路中的信号，可以直接发送。

如果输出端口为以太网，则发送出去的网络包会通过交换机到达下一个路由器。由于接收方 MAC 地址就是下一个路由器的地址，所以交换机会根据这一地址将包传输到下一个路由器。接下来，下一个路由器会将包转发给再下一个路由器，经过层层转发之后，网络包就到达了最终的目的地。

3.3.9 路由器与交换机的关系

关于路由器的基本工作，也就是包转发，到这里就全部讲完了，下面来整理一下路由器与交换机的关系。

① 端口的 MAC 地址一般也是在硬件生产过程中写入 ROM 中的。

要理解两者之间的关系，关键点在于计算机在发送网络包时，或者是路由器在转发网络包时，都需要在前面加上 MAC 头部。之前的讲解都是说在开头加上 MAC 头部，如果看图 3.16 大家可以发现，准确的说法应该是将 IP 包装进以太网包的数据部分中。也就是说，给包加上 MAC 头部并发送，从本质上说是将 IP 包装进以太网包的数据部分中，委托以太网去传输这些数据。IP 协议本身没有传输包的功能，因此包的实际传输要委托以太网来进行。路由器是基于 IP 设计的，而交换机是基于以太网设计的，因此 IP 与以太网的关系也就是路由器与交换机的关系。换句话说，路由器将包的传输工作委托给交换机来进行[①]。当然，这里讲的内容只适用于原原本本实现 IP 和以太网机制的纯粹的路由器和交换机，实际的路由器有内置交换机功能的，比如用于连接互联网的家用路由器就属于这一种，对于这种路由器，上面内容可能就不适用了。但是，如果把这种“不纯粹”的路由器拆分成“纯粹”的路由器和“纯粹”的交换机，则它们各自都适用上面的内容。

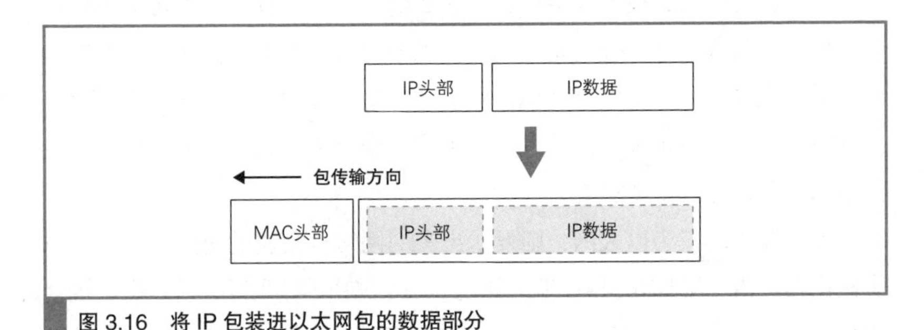

图 3.16 将 IP 包装进以太网包的数据部分

从包的转发目标也可以看出路由器和交换机之间的委托关系。IP 并不是委托以太网将包传输到最终目的地，而是传输到下一个路由器。在创建 MAC 头部时，也是从 IP 的路由表中查找出下一个路由器的 IP 地址，并通

① 除了使用交换机，还可以使用集线器，或者用交叉双绞线直接连接到路由器端口都可以。关键是，在委托传输时，只要能按照以太网规则传输包，不管是什么样的设备都可以。

过 ARP 查询出 MAC 地址，然后将 MAC 地址写入 MAC 头部中的，这表示 IP 对以太网的委托只是将包传输到下一个路由器就行了。当包到达下一个路由器后，下一个路由器又会重新委托以太网将包传输到再下一个路由器。随着这一过程反复执行，包就会最终到达 IP 的目的地，也就是通信的对象。

到这里我们已经梳理了路由器与交换机之间的关系。简单来说，IP（路由器）负责将包发送给通信对象这一整体过程，而其中将包传输到下一个路由器的过程则是由以太网（交换机）来负责的。

当然，网络并非只有以太网一种，还有无线局域网，以及接入互联网的通信线路，它们和 IP 之间的关系又是什么样的呢？其实只要将以太网替换成无线局域网、互联网线路等通信规格就可以了。也就是说，如果和下一个路由器之间是通过无线局域网连接的，那么就委托无线局域网将包传输过去；如果是通过互联网线路连接的，那么就委托它将包传输过去。除了这里列举的例子之外，世界上还有很多其他类型的通信技术，它们之间的关系也是一样的，都是委托所使用的通信技术将包传输过去。

IP 本身不负责包的传输，而是委托各种通信技术将包传输到下一个路由器，这样的设计是有重要意义的，即可以根据需要灵活运用各种通信技术，这也是 IP 的最大特点。正是有了这一特点，我们才能够构建出互联网这一规模巨大的网络。

IP（路由器）负责将包送达通信对象这一整体过程，而其中将包传输到下一个路由器的过程则是由以太网（交换机）来负责的。

3.4 路由器的附加功能

3.4.1 通过地址转换有效利用 IP 地址

刚才我们介绍了路由器的基本工作过程，现在的路由器除了这些基本功能之外，还有一些附加功能。下面来介绍两种最重要的功能——地址转换和包过滤。

首先，我们先了解一下地址转换功能出现的背景。所谓地址，就是用来识别每一台设备的标志，因此每台设备都应该有一个唯一不重复的地址，就好像如果很多人的地址都一样，那么快递员就不知道该把包裹送给谁了。网络也是一样，本来互联网中所有的设备都应该有自己的固定地址，而且最早也确实是这样做的。比如，公司内网需要接入互联网的时候，应该向地址管理机构申请 IP 地址，并将它们分配给公司里的每台设备。换句话说，那个时候没有内网和外网的区别，所有客户端都是直接连接到互联网的。

尽管互联网原本是这样设计的，但进入 20 世纪 90 年代之后，互联网逐步向公众普及，接入互联网的设备数量也快速增长，如此一来，情况就发生了变化。如果还用原来的方法接入，过不了多久，可分配的地址就用光了。如果不能保证每台设备有唯一不重复的地址，就会从根本上影响网络包的传输，这是一个非常严重的问题。如果任由这样发展下去，不久的将来，一旦固定地址用光，新的设备就无法接入了，互联网也就无法继续发展了。

解决这个问题的关键在于固定地址的分配方式。举个例子，假如有 A、B 两家公司，它们的内网是完全独立的。这种情况下，两家公司的内网之间不会有网络包流动，即使 A 公司的某台服务器和 B 公司的某台客户端具有相同的 IP 地址也没关系，因为它们之间不会进行通信。只要在每家公司自己的范围内，能够明确判断网络包的目的地就可以了，是否和其他公司的内网地址重复无关紧要，只要每个公司的网络是相互独立的，就不会出现问题。

解决地址不足的问题，利用的就是这样的性质，即公司内部设备的地址不一定要和其他公司不重复。这样一来，公司内部设备就不需要分配固定地址了，从而大幅节省了 IP 地址。当然，就算是公司内网，也不是可以随便分配地址的，因此需要设置一定的规则，规定某些地址是用于内网的，这些地址叫作私有地址，而原来的固定地址则叫作公有地址[①]。

私有地址的规则其实并不复杂，在内网中可用作私有地址的范围仅限以下这些。

10.0.0.0 ~ 10.255.255.255

172.16.0.0 ~ 172.31.255.255

192.168.0.0 ~ 192.168.255.255

在制定私有地址规则时，这些地址属于公有地址中还没有分配的范围。换句话说，私有地址本身并没有什么特别的结构，只不过是将公有地址中没分配的一部分拿出来规定只能在内网使用它们而已。这个范围中的地址和其他公司重复也没关系，所以对于这些地址不作统一管理，不需要申请，任何人都可以自由使用。当然，如果在公司内部地址有重复就无法传输网络包了，因此必须避免在内网中出现重复的地址。

尽管这样的确能节省一部分地址，但仅凭这一点还无法完全解决问题。公司内网并不是完全独立的，而是需要通过互联网和其他很多公司相连接，所以当内网和互联网之间需要传输包的时候，问题就出现了，因为如果很多地方都出现相同的地址，包就无法正确传输了。

于是，当公司内网和互联网连接的时候，需要采用图 3.17 这样的结构，即将公司内网分成两个部分，一部分是对互联网开放的服务器，另一部分是公司内部设备。其中对互联网开放的部分分配公有地址，可以和互联网直接进行通信，这一部分和之前介绍的内容是一样的。相对地，内部设备则分配私有地址，不能和互联网直接收发网络包，而是通过一种特别的机制进行连接，这个机制就叫地址转换。

---

① 在互联网规格中写作 Globally Unique Address 或者 Public Address。

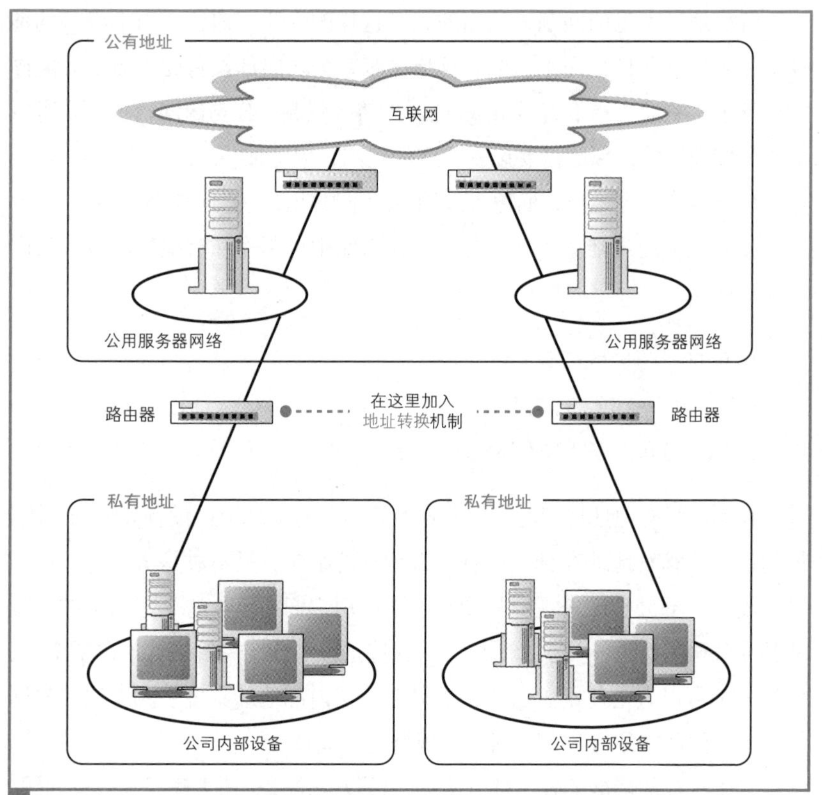

图 3.17 私有地址和公有地址分别管理

3.4.2 地址转换的基本原理

地址转换的基本原理是在转发网络包时对 IP 头部中的 IP 地址和端口号[①]进行改写。具体的过程我们来看一个实际的例子，假设现在要访问 Web 服务器，看看包是如何传输的。

首先，TCP 连接操作的第一个包被转发到互联网时，会像图 3.18 这样，将发送方 IP 地址从私有地址改写成公有地址。这里使用的公有地址是

① 这里的端口号指的是 TCP 和 UDP 的端口号，不是路由器和集线器连接网线的那个端口。

地址转换设备[①]的互联网接入端口的地址。与此同时,端口号也需要进行改写,地址转换设备会随机选择一个空闲的端口。然后,改写前的私有地址和端口号,以及改写后的公有地址和端口号,会作为一组相对应的记录保存在地址转换设备内部的一张表中。

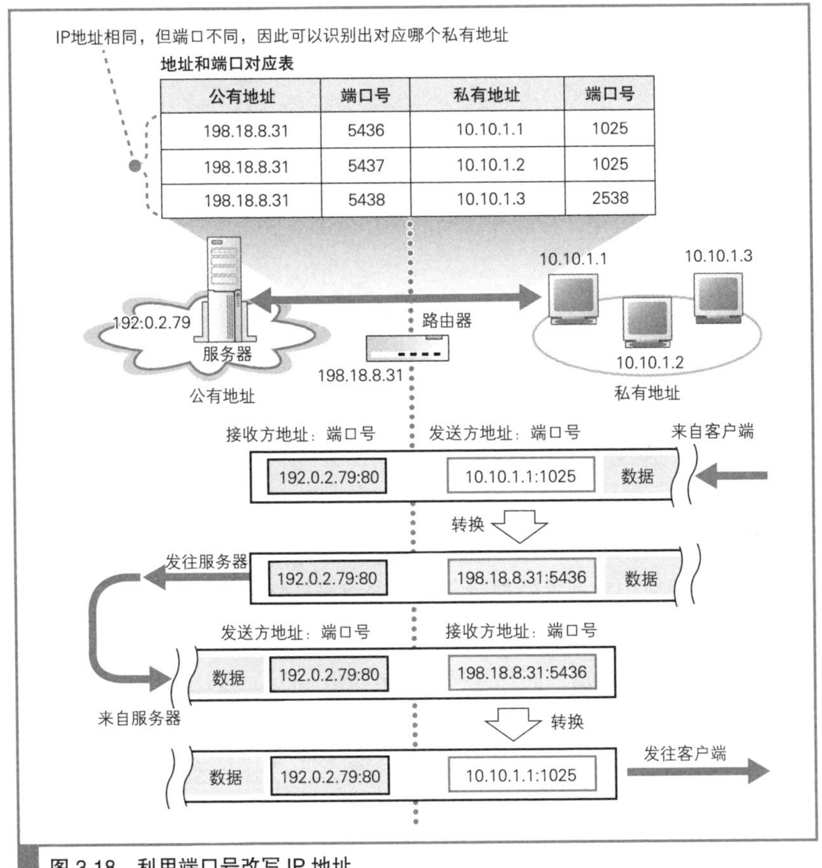

图 3.18 利用端口号改写 IP 地址
在对外只能使用一个公有地址的情况下,可以用不同的端口号来区别内网中的不同终端。

① 具备地址转换功能的设备不仅有路由器,有些防火墙也有地址转换功能,它的工作方式和路由器是相同的,因此这里我们虽然用了地址转换设备这个词,但在这里的上下文中指的就是路由器。

改写发送方 IP 地址和端口号之后，包就被发往互联网，最终到达服务器，然后服务器会返回一个包。服务器返回的包的接收方是原始包的发送方，因此返回的包的接收方就是改写后的公有地址和端口号。这个公有地址其实是地址转换设备的地址，因此这个返回包就会到达地址转换设备。

接下来，地址转换设备会从地址对应表中通过公有地址和端口号找到相对应的私有地址和端口号，并改写接收方信息，然后将包发给公司内网，这样包就能够到达原始的发送方了。

在后面的包收发过程中，地址转换设备需要根据对应表查找私有地址和公有地址的对应关系，再改写地址和端口号之后进行转发。当数据收发结束，进入断开阶段，访问互联网的操作全部完成后，对应表中的记录就会被删除。

通过这样的机制，具有私有地址的设备就也可以访问互联网了。从互联网一端来看，实际的通信对象是地址转换设备（这里指的是路由器）。

上面是以公司内网为例来进行介绍的，家庭网络中的工作过程也是完全相同的，只是规模不同而已。

3.4.3　改写端口号的原因

现在我们使用的地址转换机制是同时改写地址和端口号的，但早期的地址转换机制是只改写地址，不改写端口号的。用这种方法也可以让公司内网和互联网进行通信，而且这种方法更简单。

但是，使用这种方法的前提是私有地址和公有地址必须一一对应，也就是说，有多少台设备要上互联网，就需要多少个公有地址。当然，访问动作结束后可以删除对应表中的记录，这时同一个公有地址可以分配给其他设备使用，因此只要让公有地址的数量等于同时访问互联网的设备数量就可以了。然而公司人数一多，同时访问互联网的人数也会增加。一个几千人的公司里，有几百人同时访问互联网是很正常的，这样就需要几百个公有地址。

改写端口号正是为了解决这个问题。客户端一方的端口号本来就是从空闲端口中随机选择的，因此改写了也不会有问题。端口号是一个 16 比特的数值，总共可以分配出几万个端口[①]，因此如果用公有地址加上端口的组合对应一个私有地址，一个公有地址就可以对应几万个私有地址，这种方法提高了公有地址的利用率。

3.4.4 从互联网访问公司内网

对于从公司内网访问互联网的包，即便其发送方私有地址和端口号没有保存在对应表中也是可以正常转发的，因为用来改写的公有地址就是地址转换设备自身的地址，而端口号只要随便选一个空闲的端口就可以了，这些都可以由地址转换设备自行判断。然而，对于从互联网访问公司内网的包，如果在对应表中没有记录就无法正常转发。因为如果对应表中没有记录，就意味着地址转换设备无法判断公有地址与私有地址之间的对应关系。

换个角度来看，这意味着对于没有在访问互联网的内网设备，是无法从互联网向其发送网络包的。而且即便是正在访问的设备，也只能向和互联网通信中使用的那个端口发送网络包，无法向其他端口发送包。也就是说，除非公司主动允许，否则是无法从互联网向公司内网发送网络包的。这种机制具有防止非法入侵的效果。

不过，有时候我们希望能够从互联网访问公司内网，这需要进行一些设置才能实现。之所以无法从互联网访问内网，是因为对应表里没有相应的记录，那么我们只要事先手动添加这样的记录就可以了（图 3.19）。一般来说，用于外网访问的服务器可以放在地址转换设备的外面并为它分配一个公有地址，也可以将服务器的私有地址手动添加到地址转换设备中，这样就可以从互联网访问到这台具有私有地址的服务器了[②]。

---

① 16 比特可以表示 65 536 个端口号，但并不是所有这些端口都可以用于地址转换。

② 这种配置中，需要将地址转换设备的公有地址添加到 DNS 服务器中。

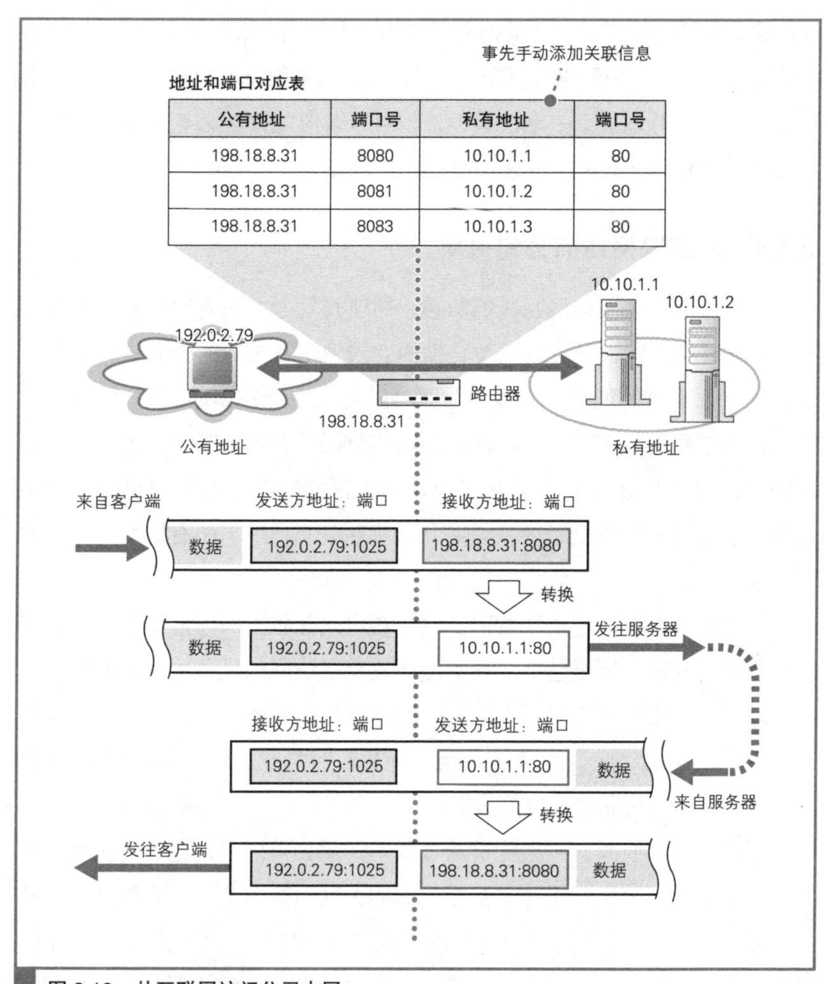

图 3.19 从互联网访问公司内网

只要事先将地址和端口的关联信息添加到地址转换设备的对应表中，就可以从互联网访问内网中的设备了。

3.4.5 路由器的包过滤功能

下面来介绍一下包过滤功能。包过滤也是路由器的一个重要附加功能，刚才的地址转换看起来有点复杂，不过包过滤的机制并不复杂。包过滤就是在对包进行转发时，根据 MAC 头部、IP 头部、TCP 头部的内容[1]，按照事先设置好的规则决定是转发这个包，还是丢弃这个包。我们通常说的防火墙设备或软件，大多数都是利用这一机制来防止非法入侵的[2]。

包过滤的原理非常简单，但要想设置一套恰当的规则来区分非法访问和正常访问，只阻止非法入侵而不影响正常访问，是非常不容易的。举个例子，为了防止从互联网非法入侵内网，我们可以将来自互联网的所有包都屏蔽掉，但是这会造成什么结果呢？正如我们第 2 章介绍过的 TCP 的工作过程一样，网络包是双向传输的，如果简单地阻止来自互联网的全部包，那么从内网访问互联网的操作也会无法正常进行。

这个话题其实非常有趣，由于包过滤的使用方法和服务器的工作相关，所以我们在探索服务器时再详细介绍吧。

当网络包通过互联网接入路由器之后，它终于要进入互联网内部了，下一章将对这一部分进行探索。

小测验

本章的旅程告一段落，我们为大家准备了一些小测验题目，确认一下自己的成果吧。

问题

1. 局域网中使用的双绞线中为什么要将信号线缠绕在一起？
2. 将输入的信号广播到所有端口上的设备是交换机还是集线器？
3. 用来指定网络号和主机号比特数的值叫什么？
4. 将大网络包进行拆分的功能叫什么？
5. 路由器的路由表中有时可以看到子网掩码为 0.0.0.0 的记录，这代表什么意思？

---

① 也有些设备可以根据 TCP 头部后面的数据内容设置过滤规则，不过一般不太常见。

② 也有一些防火墙是用其他机制来防止非法入侵的。

Column
网络术语其实很简单

集线器和路由器，换个名字身价翻倍？

探索队员： 集线器（repeater hub）和交换机（switching hub）虽然都叫hub，但内部结构完全不同呢。

探索队长： 是啊。

队员： 那为什么它们都叫hub呢？

队长： 查过字典了吗？

队员： 没呢。

队长： 你先查查hub这个词是什么意思吧。

队员： 好吧，等一下。嗯，字典上说是车轮的中心部分，啥叫车轮的中心啊？

队长： 自行车的车轮你总该见过吧？

队员： 太小看我了吧，当然见过了。

队长： 自行车的车轮外面一圈是橡胶胎，辐条从车轮边缘一直汇聚到位于中心的轴，这个轴就是hub。

队员： 这又跟集线器、交换机有什么关系啊？

队长： 网络中的hub就是连着很多网线的设备对不对？

队员： 对。

队长： 那么hub就是一个网线汇聚起来的地方，想想看，网线像不像车轮的辐条一样？

队员： 原来如此，把网线汇聚到一起的中心部分，就是hub咯？

队长： 不错，理解得挺快。总之，hub指的是网线连接起来的这个形状，所以无论是集线器还是交换机都是一样的。

队员： 确实如此。不过，路由器也是汇聚网线的设备，为什么它不叫hub呢？

队长： 唔，hub给人感觉是那种简单廉价的设备是吧，怎么看都不是什么功能很强大的东西。

队员： 是啊。

队长： 如果管路由器叫hub的话，感觉一下子就掉价了，所以之所以路由器不叫hub是怕掉价。

队员： 那为什么交换机还会叫hub呢？

队长： 这是个例外，要说很多才能解释清楚，算了吧。

队员：呵，真小气！

队长：哦，总之呢，是为了告诉用户这是一种接上网线就能工作的简单设备。

队员：这样啊。

队长：交换机当初的宣传卖点就是比路由器性能高，但却非常简单好用。

队员：原来交换机比路由器的性能高啊？

队长：早期的路由器都是靠软件来控制的，当然是通过硬件控制的交换机速度更快了。

队员：咦，原来是这样啊。我能再问个问题吗？

队长：什么问题？

队员：为什么有些交换机要叫"二层交换机"呢？

队长：唔，这个问题挺复杂的，大概是因为二层交换机和一般交换机工作原理都是一样的。

队员：其实我想问的是，为什么有的叫交换机，有的叫二层交换机呢？

队长：小型廉价的普及型产品一般叫交换机，大型的高性能产品一般叫二层交换机。

队员：为什么还要分得那么麻烦啊？

队长：怎么说呢，还是一个产品形象的问题吧，得让大家觉得那些卖几千几万块的产品跟 hub 是不一样的。

队员：唔，网络真的是好难哦。

小测验答案

1. 为了抑制噪声的影响（参见【3.1.3】）
2. 集线器（参见【3.1.4】）
3. 子网掩码（参见【3.3.2】）
4. 分片（参见【3.3.7】）
5. 默认路由（参见【3.3.5】）

第4章

通过接入网进入互联网内部

——探索接入网和网络运营商

热身问答

在开始探索之旅之前，我们准备了一些和本章内容有关的小题目，请大家先试试看。

这些题目是否答得出来并不影响接下来的探索之旅，因此请大家放轻松。

下列说法是正确的（√）还是错误的（×）？

1. 第一个采用包机制的网络就是互联网的前身 ARPANET。
2. ADSL 方式中，从家里到电话局的线路费用包含在电话费中，因此可以降低上网费。
3. 光纤的通信速率之所以更快，是因为光信号的传播速度比电信号要快。

答案

1. √。互联网通过技术更新一直在不断进化，大家可能会认为它是一种很新的网络，其实并非如此。互联网实际上是一种具有将近 40 年历史的“最古老的”包网络。
2. √。ADSL 的线路费用包含在电话费中，光纤的线路费用包含在上网费中，因此光纤的上网费高，电话费便宜。
3. ×。电信号和光信号传播的速度大体上相同，之所以电缆不如光纤通信速率高，是因为电信号在提升通信速率的同时，其衰减率也会提高（信号在传播过程中减弱），导致信号无法传到目的地。相对地，光信号本来的衰减率就很低，提高通信速率也并不会提高衰减率。此外，光纤还不受电磁噪声的影响，因此光纤能够进行高速通信。

前情提要

上一章，我们探索了从客户端计算机发送的网络包通过家庭和公司局域网中的集线器和路由器前往目的地的过程。本章，我们来看一看网络包是如何通过用于接入互联网的路由器，最终进入互联网内部的。

探索之旅的看点

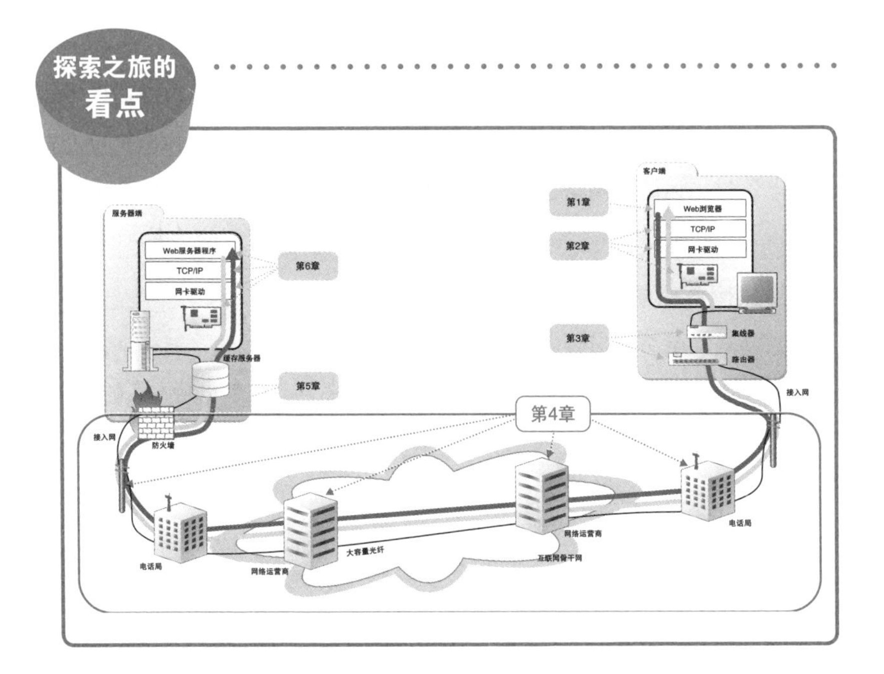

（1）ADSL 接入网的结构和工作方式

家庭和公司的内网是通过接入网连接到网络运营商的。接入网有很多类型，这里我们将介绍 ADSL 接入网的知识，重点包括 ADSL 接入网的结构、电话线中传输的信号以及与电话共用的方式。

（2）光纤接入网（FTTH）

我们还会介绍另一种常用的接入网技术——与 ADSL 技术的利用率不相上下的光纤技术，重点包括光纤结构、单模和多模的区别之类的光纤性质，以及光纤用作接入网时的工作方式。

(3) 接入网中使用的 PPP 和隧道

接入网需要通过用户名和密码验证用户的身份，然后由网络运营商向用户分配公有地址。此外，从接入网向网络运营商传输网络包时还使用了隧道技术，这些都是本章的看点。

(4) 网络运营商的内部

接入网后面连接着网络运营商的网络，运营商网络也是以路由器为核心组成的，这一点和家庭、公司网络是一样的，包转发的工作原理也没有区别。不过，运营商网络也使用了一些和家庭、公司网络不同的技术，比如运营商之间可以自动交换路由信息和更新路由表，这些都是本章的看点。

(5) 跨越运营商的网络包

互联网是由多个运营商网络相互连接形成的巨大网络，而多个运营商之间相互连接的部分可以说就是互联网的核心部分，这里也是本章的看点。

4.1 ADSL 接入网的结构和工作方式

4.1.1 互联网的基本结构和家庭、公司网络是相同的

互联网是一个遍布世界的巨大而复杂的系统，但其基本工作方式却出奇地简单。和家庭、公司网络一样，互联网也是通过路由器来转发包的，而且路由器的基本结构和工作方式也并没有什么不同（图 4.1）。因此，我们可以将互联网理解为家庭、公司网络的一个放大版。

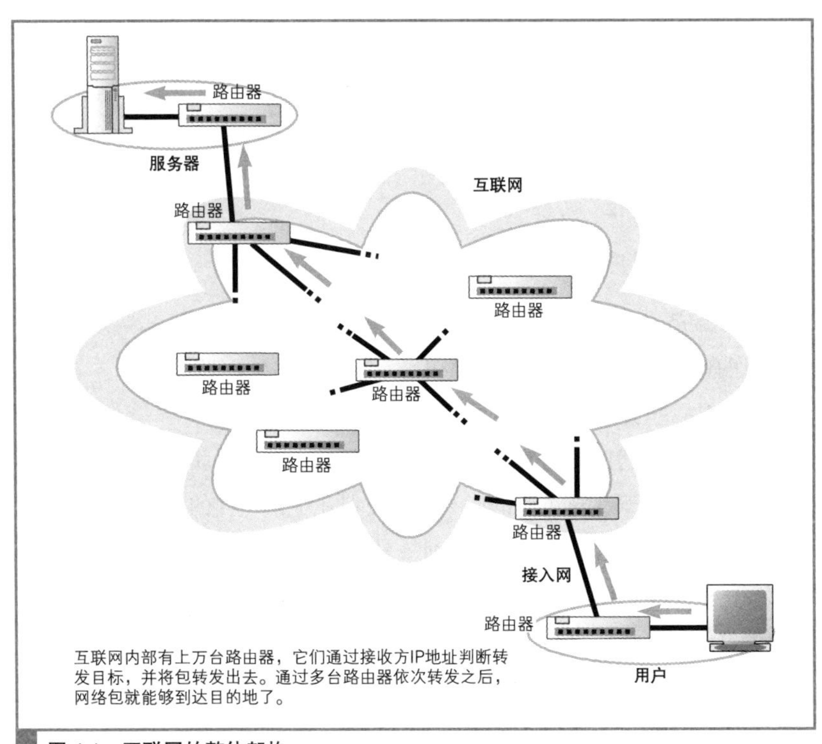

图 4.1　互联网的整体架构

当然，互联网也有一些和家庭、公司网络不同的地方，其中之一就是与转发设备间的距离。在家庭、公司网络中，与转发设备之间的距离不过

几十米到几百米，在这种情况下，只要延长以太网线就可以到达相邻的转发设备了[①]。然而，互联网可不能这么搞，因为你家到最近的电话局至少也有几公里的距离，而从日本连接到美国甚至要跨越太平洋，用以太网线是无法实现这种连接的。

除了距离之外，路由器在如何控制包的转发目标上也不一样。尽管从基本原理来看，互联网也是根据路由表中的记录来判断转发目标的，但路由表记录的维护方式不同[②]。互联网中的路由器上有超过 10 万条路由记录，而且这些记录还在不断变化，当出现线路故障时，或者新的公司加入互联网时，都会引发路由的变化。人工维护这些路由信息是不现实的，必须实现自动化。公司的路由器也有自动维护路由表的机制，但出于各种原因，互联网中采用的机制和公司有所区别。

距离的不同和路由的维护方式，就是互联网与家庭、公司网络之间最主要的两个不同点。

4.1.2 连接用户与互联网的接入网

上一章已经讲过，网络包通过交换机和路由器的转发一步一步地接近它的目的地，在通过互联网接入路由器之后，就进入了互联网[③]。本章的探索之旅就从这里开始。

刚才讲过，路由器的转发操作都是相同的，因此互联网接入路由器的包转发操作也和第 3 章讲过的以太网路由器几乎是一样的。简单来说，就是根据包 IP 头部中的接收方 IP 地址在路由表的目标地址中进行匹配，找到相应的路由记录后将包转发到这条路由的目标网关。不过，互联网接入路由器发送网络包的操作和以太网路由器有一点不同，互联网接入路由器是按照接入网规则来发送包的。

---

① 双绞线的极限距离是 100 米，但光纤的连接距离可以长达几公里。

② 关于路由表，第 3 章有详细的介绍。

③ 如果网络包的目标服务器位于家庭、公司网络中的话，那么就不需要通过互联网接入路由器，而是直接转发给目标服务器，也不会进入互联网。

所谓接入网，就是指连接互联网与家庭、公司网络的通信线路[①]。一般家用的接入网方式包括 ADSL[②]、FTTH[③]、CATV、电话线、ISDN 等，公司则还可能使用专线。接入网的线路有很多种类，我们无法探索所有这些线路，因此下面先介绍一个比较有代表性的例子——ADSL。

4.1.3 ADSL Modem 将包拆分成信元

ADSL 技术使用的接入线路，其内部结构如图 4.2 所示，在这张图中网络包是从右往左传输的。用户端路由器[④]发出的网络包通过 ADSL Modem[⑤]和电话线到达电话局，然后到达 ADSL 的网络运营商（即 ISP，互联网服务提供商）。在网络包从用户传输到运营商的过程中，会变换几种不同的形态，整个过程如图 4.3 所示，让我们一边看图一边继续我们的探索之旅吧。

首先，客户端生成的网络包（图 4.3 的①和②）先经过集线器和交换机到达互联网接入路由器（图 4.3 ③），并在此从以太网包中取出 IP 包并判断转发目标（图 4.3 ④），上面这一部分刚才已经讲过，和第 3 章介绍的以太网路由器的工作方式是一样的。接下来，包发送的操作也很类似。如果互

① 接入网这个词表示的是通信线路的用法，而并不表示通信线路的结构。例如公司里使用的专线，当它用来连接互联网时就叫作接入网，而用来连接总公司和分公司时就不叫接入网。此外，接入网这个词也不仅限于互联网，当使用运营商提供的通信服务时，一般都会将用户与运营商之间的线路叫作接入网。

② ADSL：Asymmetric Digital Subscriber Line，不对称数字用户线。它是一种利用架设在电线杆上的金属电话线来进行高速通信的技术，它的上行方向（用户到互联网）和下行方向（互联网到用户）的通信速率是不对称的。

③ FTTH：Fiber To The Home，光纤到户。指的是将光纤接入家庭的意思。

④ 有些情况下会使用集成了互联网接入路由器和 ADSL Modem 的多功能 ADSL Modem（也叫路由型 ADSL Modem），其实就是把路由器和 ADSL Modem 装到一个外壳里而已。

⑤ 中文全称为“调制解调器”，因为这个名字比较长，所以正文中统一使用 Modem。——译者注

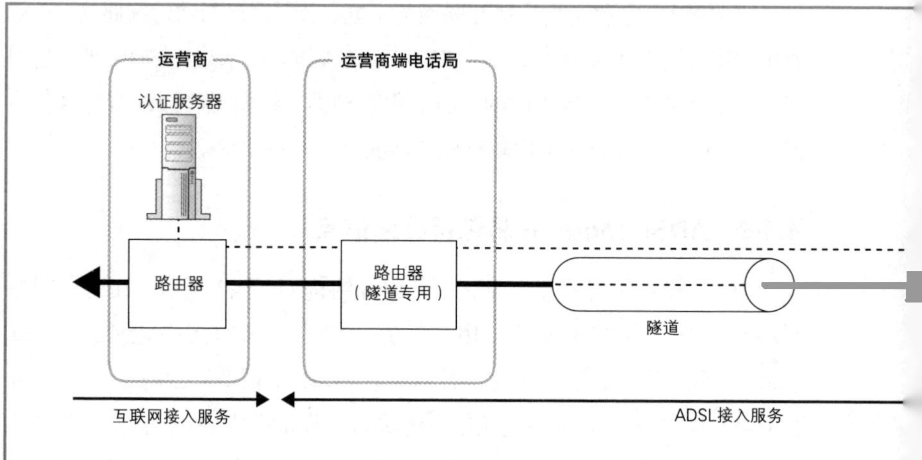

图 4.2　ADSL 接入网的结构（PPPoE 方式）

联网接入路由器和 ADSL Modem 之间是通过以太网连接的，那么就会按照以太网的规则执行包发送的操作，发送信号本身的过程跟之前是一样的，但以太网的头部会有一些差异。这部分的具体情况各运营商会有所不同，而且还需要一些关于 BAS①（位于接入网另一端的包转发设备）的知识，因此相关的细节我们在探索 BAS 的时候再具体讲解。这里大家先记住，网络包会加上 MAC 头部、PPPoE 头部、PPP② 头部总共 3 种头部（图 4.3 ⑤），

① BAS：Broadband Access Server，宽带接入服务器。它也是一种路由器。

② PPP：Point-to-Point Protocol，点到点协议。它是电话线、ISDN 等通信线路所使用的一种协议，集成了用户认证、配置下发、数据压缩、加密等各种功能。

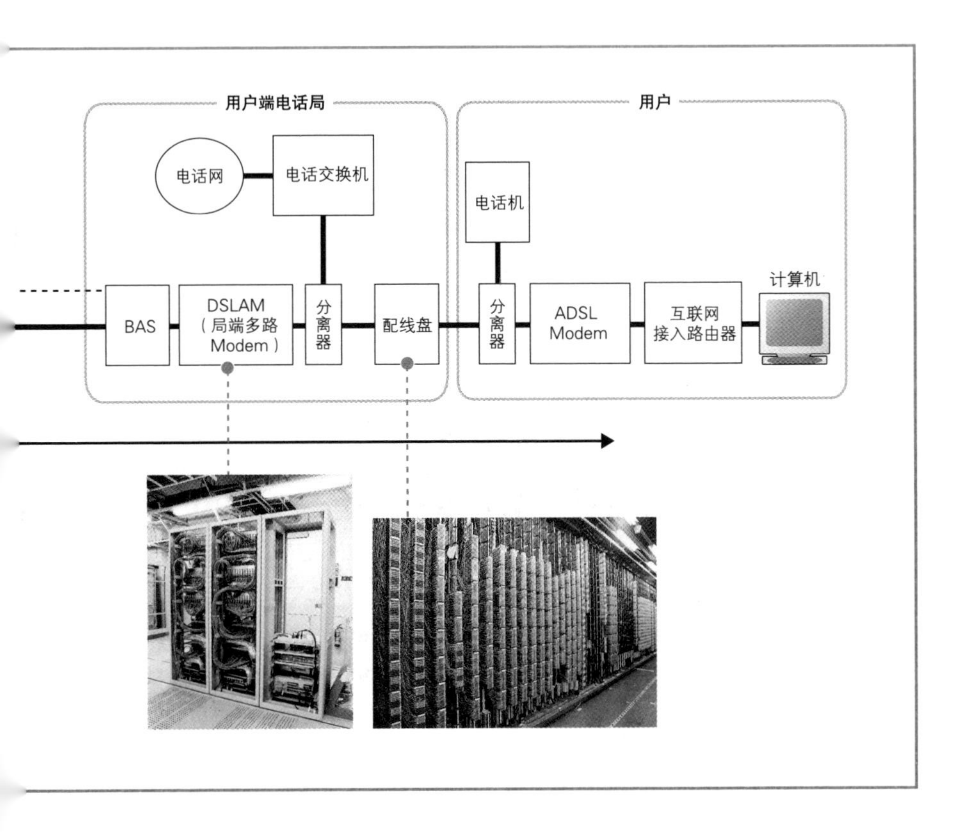

然后按照以太网规则转换成电信号后被发送出去[①]。

互联网接入路由器会在网络包前面加上 MAC 头部、PPPoE 头部、PPP 头部总共 3 种头部，然后发送给 ADSL Modem（PPPoE 方式下）。

互联网接入路由器将包发送出去之后，包就到达了 ADSL Modem（图 4.3 ⑥），然后，ADSL Modem 会把包拆分成很多小格子（图 4.3 ⑦），

① 这是后面将会讲到的 PPPoE 方式所规定的。

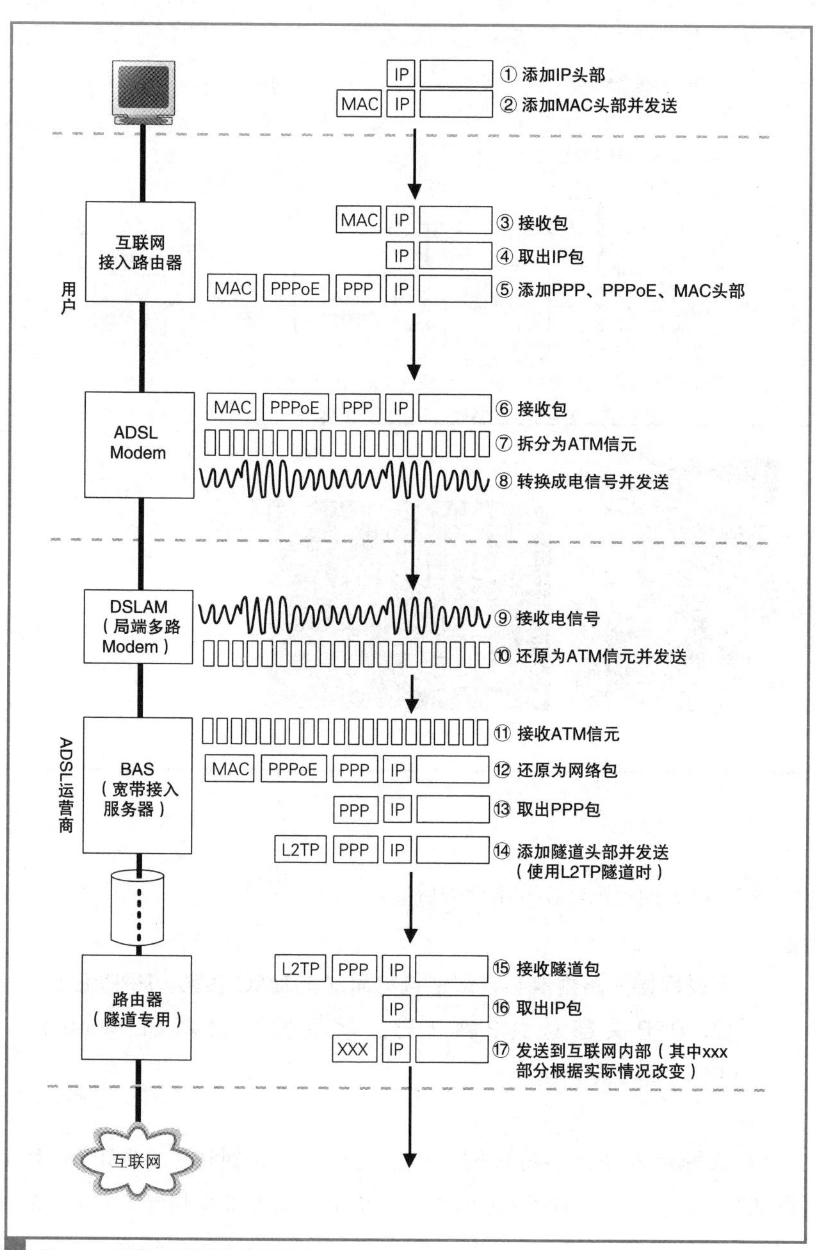

图 4.3　不断改变形态的网络包

每一个小格子称为一个信元。信元是一个非常小的数据块，开头是有 5 个字节的头部，后面是 48 个字节的数据，用于一种叫作 ATM[①] 的通信技术。大家可以将信元理解为一种更小一号的包，原理上跟 TCP/IP 将应用程序的数据拆分成块装进一个个包的过程是一样的[②]。

说点题外话，其实之所以要将包拆分成信元，原因是这样的。当初开发 ADSL 技术时，通信业比较看好 ATM 技术，各运营商也在 ATM 相关的设备上投入了很多资金。在这样的情况下，如果使用信元来传输数据，就比较容易和其他设备进行整合，可以降低开发投入和设备投入。如果不是出于这样的原因，其实并不需要将包拆分成信元，实际上也有一些 ADSL 运营商使用的 ADSL Modem 是不进行数据拆分的。

ADSL Modem 将包拆分成信元，并转换成电信号发送给分离器。

4.1.4 ADSL 将信元“调制”成信号

将网络包拆分成信元之后，接下来就要将这些信元转换成信号了（图 4.3 ⑧）。我们在第 2 章的图 2.27 中介绍过，以太网采用的是用方波信号表示 0 和 1 的方式，这种方式很简单，但同样是将数字信息转换成模拟信号，ADSL 采用的方法要复杂一些。其中有两个原因，一个原因是方波信号的波形容易失真，随着距离的延长错误率也会提高；另一个原因是方波信号覆盖了从低频到高频的宽广频段，信号频率越高，辐射出来的电磁噪声就越强，因此信号频谱太宽就难以控制噪声。

因此，ADSL Modem 采用了一种用圆滑波形（正弦波）对信号进行合成来表示 0 和 1 的技术，这种技术称为调制。调制有很多方式，ADSL 采

---

① ATM：Asynchronous Transfer Mode，异步传输。它是在以电话线为载体的传统电话技术基础上扩展出来的一种通信方式。它的数据传输是以“信元”为单位来进行的，这和以包为单位传输数据的 TCP/IP 很像，但这种方式并不适用于计算机通信。

② TCP 协议拆分数据的过程请参见第 2 章关于协议栈的介绍。

用的调制方式是振幅调制（ASK）和相位调制（PSK）相结合的正交振幅调制（QAM）[①] 方式。下面先来看一下它的两个组成要素。

振幅调制是用信号的强弱，也就是信号振幅的大小来对应 0 和 1 的方式。如图 4.4（b），振幅小的信号为 0，振幅大的信号为 1，这是一种最简单的对应关系。在这个例子中，振幅大小只有两个级别，如果增加振幅变化的级别，就可以对应更多的比特。例如，如果将振幅增加到 4 个级别，则振幅从小到大可分别对应 00、01、10 和 11，这样就可以表示两个比特了。这样做可以将单位时间内传输的数据量加倍，也就能够提高速率。以此类推，如果振幅有 8 个级别，就可以表示 3 个比特，16 个级别就可以表示 4 个比特，速率也就越来越高。不过，信号会在传输过程中发生衰减，也会受到噪声影响而失真，如果振幅级别太多，接收方对信号的识别就容易出错，因此振幅级别也不能太多。

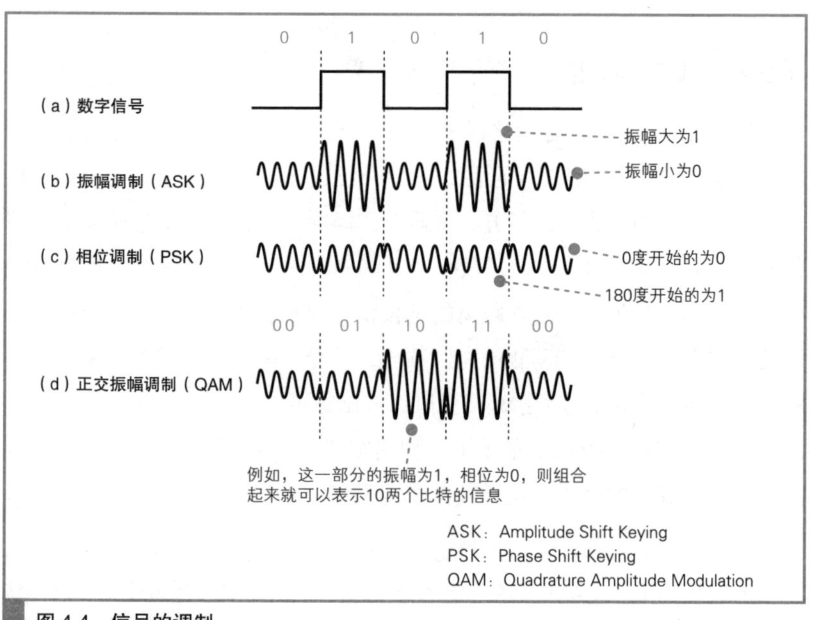

图 4.4 信号的调制

① 也被称为正交调幅。

另一个组成要素是相位调制，这是一种根据信号的相位来对应 0 和 1 的方式。Modem 产生的信号是以一定周期振动的波，如图 4.5 所示，振动的起始位置不同，波的形状也就不同。如果将波的一个振动周期理解为一个圆，则起始位置就可以用 0 度到 360 度的角度来表示，这个角度就是相位，用角度来对应 0 和 1 的方式就叫作相位调制。例如，从 0 度开始的波为 0，从 180 度开始的波为 1，这是一种最简单的对应关系，如图 4.4（c）所示。和振幅调制一样，相位调制也可以通过将角度划分为更细的级别来增加对应的比特数量，从而提高速率。但是，角度太接近的时候也容易产生误判，因此这样提升速率还是有限度的。

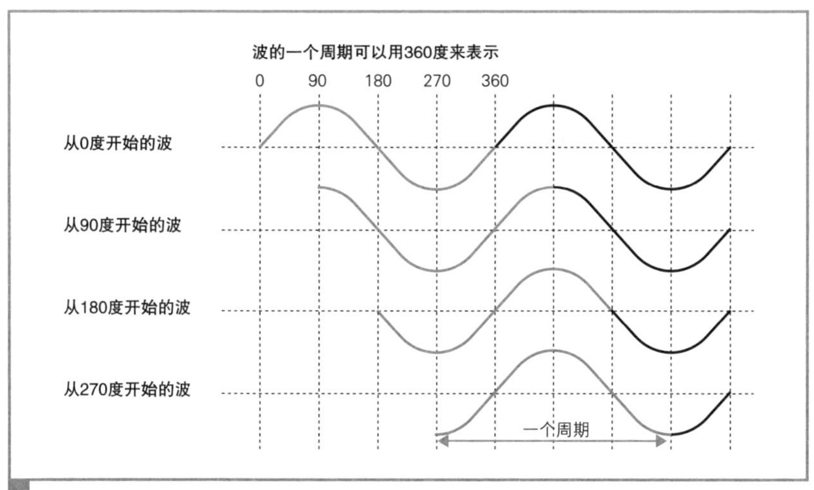

图 4.5　波的相位

ADSL 使用的正交振幅调制就是将前面这两种方式组合起来实现的。图 4.4（d）就是将图 4.4（b）和图 4.4（c）组合起来的一个例子，大家应该一看就明白了。如果信号的振幅可以表示 1 个比特，相位可以表示 1 个比特，那么加起来就可以表示 2 个比特。因此，将两种方式组合起来，正交振幅调制就可以用一个波表示更多的比特，从而提高传输速率。

正交振幅调制中，通过增加振幅和相位的级别，就可以增加能表示的比特数。例如，如果振幅和相位各自都有 4 个级别，那么组合起来就有 16 个级别，也就可以表示 4 个比特的值。当然，和单独使用振幅调制或相位调制的情况一样，级别过多就容易发生误判，因此这种方法提升的速率是有限度的。

4.1.5 ADSL 通过使用多个波来提高速率

图 4.4 的例子中的信号是一个频率的波，实际上信号不一定要限制在一个频率。不同频率的波可以合成，也可以用滤波器从合成的波中分离出某个特定频率的波。因此，我们可以使用多个频率合成的波来传输信号，这样一来，能够表示的比特数就可以成倍提高了。

ADSL 就是利用了这一性质，通过多个波增加能表示的比特数来提高速率的。具体来说，如图 4.6 所示，ADSL 使用间隔为 4.3125 kHz 的上百个不同频率的波进行合成，每个波都采用正交振幅调制，而且，根据噪声等条件的不同，每个波表示的比特数是可变的。也就是说，噪声小的频段可以给波分配更多的比特，噪声大的频段则给波分配较少的比特[①]，每个频段表示的比特数加起来，就决定了整体的传输速率。

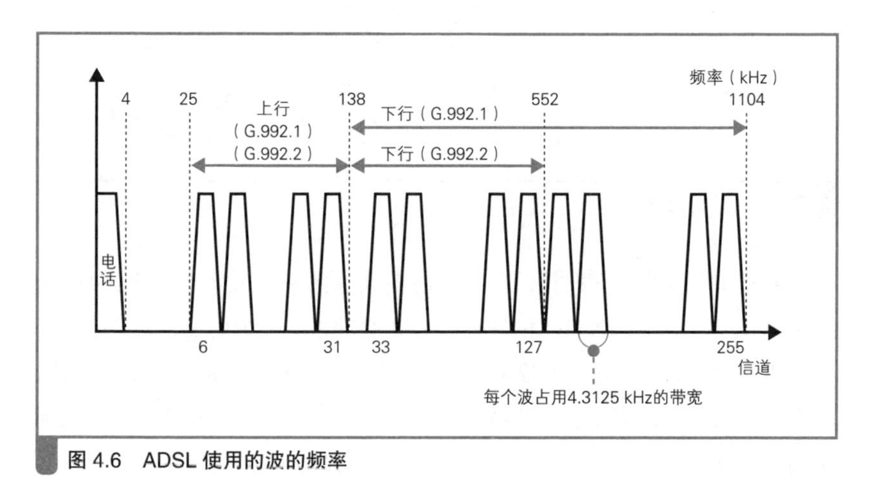

图 4.6 ADSL 使用的波的频率

① 一般情况下，一个波可表示几个比特到几十个比特。

ADSL 技术中，上行方向（用户到互联网）和下行方向（互联网到用户）的传输速率是不同的，原因也在这里。如果上行使用 26 个频段，下行则可以使用 95 个或者 223 个频段，波的数量不同，导致了上下行速率不同。

当然，下行使用的频段较高，这些信号容易衰减而且更容易受到噪声的影响，因此这些频段可能只能表示较少的比特数，或者干脆无法传输信号。距离越远，频率越高，这种情况也就越显著，因此如果你家距离电话局太远，速率就会下降。

噪声和衰减等影响线路质量的因素在每条线路上都不同，而且会随着时间发生变化。因此，ADSL 会持续检查线路质量，动态判断使用的频段数量，以及每个频段分配到的比特数。具体来说，当 Modem 通电后，会发送测试信号，并根据信号的接收情况判断使用的频段数量和每个频段的比特数，这个过程称为训练（握手），需要几秒到几十秒的时间。

4.1.6 分离器的作用

ADSL Modem 将信元转换为电信号之后，信号会进入一个叫作分离器的设备，然后 ADSL 信号会和电话的语音信号混合起来一起从电话线传输出去。在信号从用户端发送出去时，电话和 ADSL 信号只是同时流到一条线路上而已，分离器实际上并没有做什么事。

分离器的作用其实在相反的方向，也就是信号从电话线传入的时候。这时，分离器需要负责将电话和 ADSL 的信号进行分离（图 4.7）。电话线传入的信号是电话的语音信号和 ADSL 信号混合在一起的，如果这个混合信号直接进入电话机，ADSL 信号就会变成噪音，导致电话难以听清。为了避免这样的问题，就需要通过分离器将传入的信号分离，以确保 ADSL 信号不会传入电话机。具体来说，分离器的功能是将一定频率以上的信号过滤掉，也就是过滤掉了 ADSL 使用的高频信号，这样一来，只有电话信号才会传入电话机，但对于另一头的 ADSL Modem，则是传输原本的混合信号给它。ADSL Modem 内部已经具备将 ADSL 频率外的信号过滤掉的功能，因此不需要在分离器进行过滤[①]。

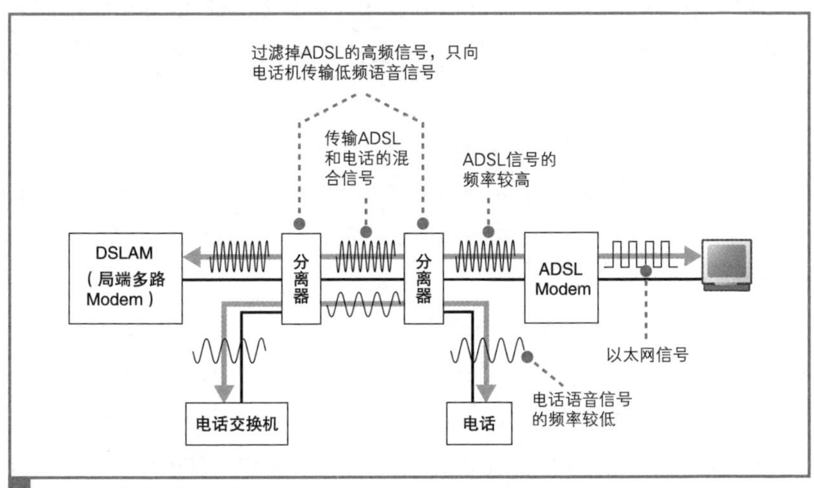

图 4.7 分离器的作用

大家可能会认为分离器的功能只是过滤掉高频信号，防止 ADSL 对电话产生干扰，而实际上它还可以防止电话对 ADSL 产生干扰。如果没有分离器，拿起电话听筒接通电话的状态，和放下听筒挂断电话的状态下，信号的传输方式是不同的。当放下听筒时，电话机的电路和电话线是断开的，当拿起听筒时电话机就和电话线相连，电话机的信号就会传到电话线上。这两种状态的差异会导致噪声等线路状态的改变，如果 ADSL 通信过程中拿起话筒导致线路状态改变，就需要重新训练（握手），这就会导致几十秒的通信中断，分离器可以防止发生这样的问题。当然，也有一种技术能够快速重新握手，即便没有分离器也不会影响 ADSL 通信，G.992.2 的 ADSL 规格就包含这种技术，但 ADSL 信号还是会影响电话，因此 G.992.2 的 ADSL 规格中一般还是需要使用分离器。

① 电话局端也有分离器，功能是一样的。

4.1.7 从用户到电话局

从分离器出来，就是插电话线的接口，信号从这里出来之后，会通过室内电话线，然后到达大楼的 IDF[①] 和 MDF[②]，外面的电话线在这里和大楼内部的室内电话线相连接。如果是独栋住宅，就可以将室外线和室内线直接连起来。通过配线盘之后，信号会到达保安器。保安器是为了防止雷电等情况下电话线中产生过大电流的一种保护装置，内部有保险丝。

接下来，信号会进入电线杆上架设的电话电缆。电话线是一种直径 0.32 ~ 0.9 mm[③] 的金属信号线，这些信号线如图 4.8 所示被捆绑在一起。

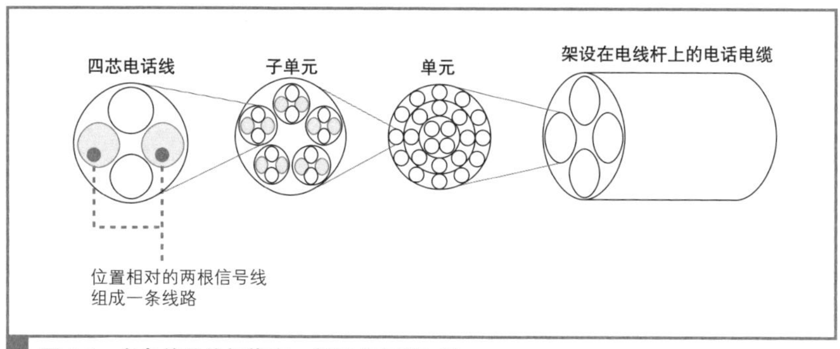

图 4.8 多条信号线捆绑在一起形成电话电缆

电话电缆在用户住宅附近一般是架设在电线杆上，但中途会沿电线杆侧面的金属管进入地下。由于电话线必须进入很多住宅和大楼，所以电话局附近就会集结数量庞大的电缆，这么多电缆要通过电线杆引入电话局是非常不现实的，电话局周围得密密麻麻地立满了电线杆，而且电线杆上架设过多的电缆，还会产生防灾方面的问题。因此，在电话局附近，电话线都是埋在地下的。由于电话局附近的地下电缆很多，集中埋设电缆的地方

① IDF：Intermediate Distribution Frame，中间配线盘。

② MDF：Main Distribution Frame，主配线盘（总配线架）。

③ 信号线的直径不同，信号衰减率等特性也不同，线越细衰减率越高，因此距离电话局近的地方使用细线，当需要延伸较远的距离时使用粗线。

就形成了一条地道，这部分称为电缆隧道（如照片 4.1）。通过电缆隧道进入电话局后，电缆会逐根连接到电话局的 MDF 上。

照片 4.1 电缆隧道

4.1.8 噪声的干扰

电话电缆中的信号也会受到噪声的干扰。虽然电话线和以太网双绞线的结构有所不同，但它们都是用金属信号线传输电信号，本质上是共通的。也就是说，电话线也会受到来自外部的噪声和来自内部的噪声（串扰[①]）的干扰，导致信号失真。此外，电话线原本的设计并没有考虑到传输 ADSL 这样的高频信号，从这个角度上可以说它比以太网双绞线更容易受到噪声的干扰。

不过，电话线受到干扰的方式和双绞线有些不同。双绞线中只有一路方波信号，信号失真后就无法读取还原成数字信号，于是就会产生错误，但 ADSL 信号受到干扰后并不会立即造成错误。ADSL 信号分布在多个频段上，只有和噪声频率相同的信号会受到影响而无法读取，即可用的信号数量减少，结果导致速率下降。

因此，电话线架设在噪声比较多的地方时，可能就会导致速率下降，

① 串扰：信号线本身泄漏电磁波而产生的噪声对电缆内部相邻信号线产生干扰。3.1.3 节有相关介绍。

比如电车线路旁边。电车的受电弓（pantograph）从架空接触网获取电力时会产生电火花释放噪声，ADSL 会因此受到干扰，导致速率下降。此外，ADSL 还会受到 AM 电台广播的干扰。

电缆内部产生的噪声也会形成干扰。图 4.8 中的四芯线内部，或者相邻子单元的附近如果同时存在 ADSL 和 ISDN 信号线，ISDN 发出的噪声就会干扰 ADSL。ADSL 刚刚开始普及的时候，大家还都比较关注防止 ISDN 干扰的技术，不过现在防止 ISDN 干扰的技术已经形成了，因此在使用 ADSL 时已经基本上没必要在意 ISDN 线路的问题了。

4.1.9 通过 DSLAM 到达 BAS

信号通过电话线到达电话局之后，会经过配线盘、分离器到达 DSLAM[①]（图 4.3 ⑨）。在这里，电信号会被还原成数字信息——信元（图 4.3 ⑩）。DSLAM 通过读取信号波形，根据振幅和相位判断对应的比特值，将信号还原成数字信息，这一过程和用户端的 ADSL Modem 在接收数据时的过程是一样的。因此，如果在电话局里安装一大堆和用户端一样的 ADSL Modem，也可以完成这些工作，只不过安装这么多 Modem 需要占用大量的空间，而且监控起来也非常困难。因此，电话局使用了 DSLAM 设备，它是一种将相当于很多个 ADSL Modem 的功能集中在一个外壳里的设备。

不过，DSLAM 和用户端 ADSL Modem 相比还是有一个不同的地方。用户端 ADSL Modem 具备以太网接口，可以与用户端的路由器和计算机交互，收发以太网包，而 DSLAM 一般不用以太网接口，而是用 ATM 接口，和后方路由器收发数据时使用的是原始网络包拆分后的 ATM 信元形式[②]。

---

① DSLAM：DSL Access Multiplexer，数字用户线接入复用设备。它是一种电话局用的多路 ADSL Modem，可以理解为将多个 ADSL Modem 整合在一个外壳里的设备。

② 也有一些 DSLAM 是不将网络包拆分成 ATM 信元的，而是直接以网络包的状态转换成 ADSL 信号，这样的 DSLAM 在和后方路由器收发数据时也是使用包的形式。

DSLAM 具有 ATM 接口，和后方路由器收发数据时使用的是原始网络包拆分后的 ATM 信元形式。

信元从 DSLAM 出来之后，会到达一个叫作 BAS 的包转发设备（图 4.3⑪）。BAS 和 DSLAM 一样，都具有 ATM 接口，可以接收 ATM 信元，还可以将接收到的 ATM 信元还原成原始的包（图 4.3⑫）。到这里，BAS 的接收工作就完成了，接下来，它会将收到的包前面的 MAC 头部和 PPPoE 头部丢弃，取出 PPP 头部以及后面的数据（图 4.3⑬）。MAC 头部和 PPPoE 头部的作用是将包送达 BAS 的接口，当接口完成接收工作后，它们就完成了使命，可以被丢弃了。具有以太网接口的路由器在接收到包之后也会丢弃其中的 MAC 头部，道理是一样的。接下来，BAS 会在包的前面加上隧道专用头部[①]，并发送到隧道的出口（图 4.3⑭）[②]。

然后，网络包会到达隧道出口的隧道专用路由器（图 4.3⑮），在这里隧道头部会被去掉，IP 包会被取出（图 4.3⑯），并被转发到互联网内部（图 4.3⑰）。

BAS 负责将 ATM 信元还原成网络包并转发到互联网内部。

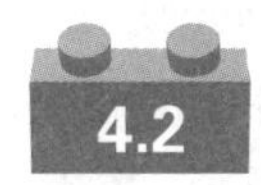

4.2 光纤接入网（FTTH）

4.2.1 光纤的基本知识

通过 ADSL 接入网和 BAS 之后，网络包就到达了互联网内部，在继续探索之前，我们再来介绍另一种接入网技术，它的名字叫 FTTH，是一种基于光纤的接入网技术。FTTH 的关键点在于对光纤的使用，所以我们

① 一般情况下使用的隧道技术为 L2TP，在这种情况下就会加上 L2TP 头部。

② 这部分的具体工作过程，我们会在后面 4.3 节探索 BAS 的时候介绍。

先来介绍一些光纤的基本知识。

光纤的结构如图 4.9 所示，它是由一种双层结构的纤维状透明材质（玻璃和塑料）构成的，通过在里面的纤芯中传导光信号来传输数字信息（图 4.10）。ADSL 信号是由多个频段的信号组成的，比较复杂，但光信号却非常简单，亮表示 1，暗表示 0。

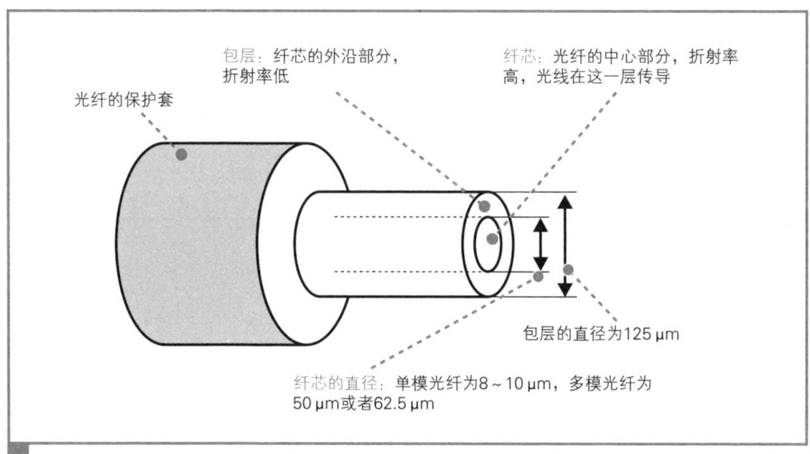

图 4.9　光纤的结构

不过，数字信息并不能一下子变成光信号，而是需要像图 4.10 所示的这样，先将数字信息转换成电信号，然后再将电信号转换成光信号。这里的电信号非常简单，1 用高电压表示，0 用低电压表示。将这样的电信号输入 LED、激光二极管等光源后，这些光源就会根据信号电压的变化发光，高电压发光亮，低电压发光暗。这样的光信号在光纤中传导之后，就可以通过光纤到达接收端。接收端有可以感应光线的光敏元件，光敏元件可以根据光的亮度产生不同的电压。当光信号照射到上面时，光亮的时候就产生高电压，光暗的时候就产生低电压，这样就将光信号转换成了电信号。最后再将电信号转换成数字信息，我们就接收到数据了。

这就是光纤的通信原理。

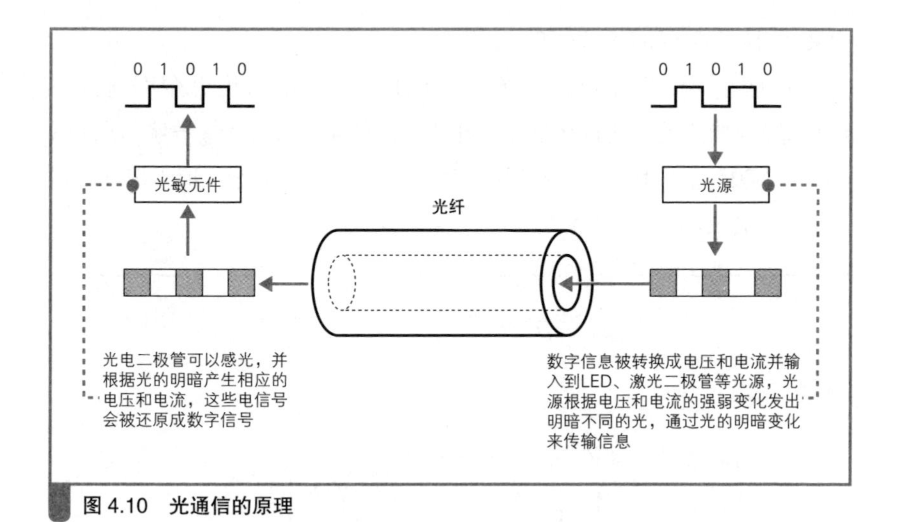

图 4.10 光通信的原理

4.2.2 单模与多模

光纤通信的关键技术就是能够传导光信号的光纤。光在透明材质中传导似乎听起来很简单，但实际上光的传导方式是非常复杂的，不同材质的光纤其透光率和折射率也不同，纤芯的直径等因素也会影响光的传导。其中，纤芯的直径对光的传导影响很大，要理解这一点，我们得先来看看光在光纤中是如何传导的。

首先，我们来看看光源发出的光是如何进入纤芯的。光源在所有方向上都会发光，因此会有各种角度的光线进入纤芯，但入射角度太大的光线会在纤芯和包层（纤芯外沿部分）的边界上折射出去，只有入射角度较小的光线会被包层全反射，从而在纤芯中前进（图 4.11）。

不过，也不是所有入射角度小的光线都会在纤芯中传导。光也是一种波，因此光也有如图 4.5 中那样的相位，当光线在纤芯和包层的边界上反射时，会由于反射角产生相位变化。当朝反射面前进的光线和被反射回来的光线交会时，如果两条光线的相位不一致，就会彼此发生干涉抵消，只有那些相位一致的光线才会继续在光纤中传导。

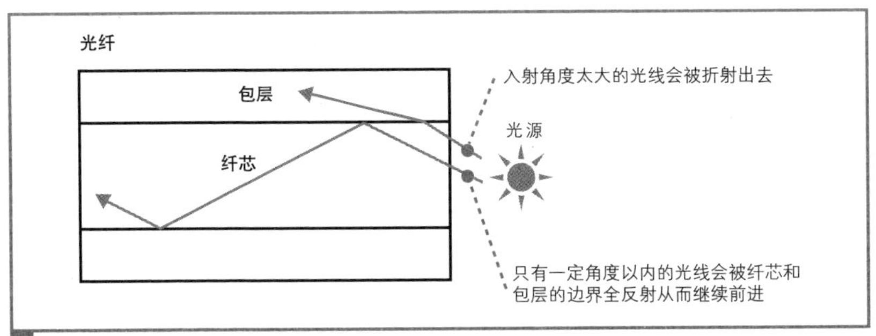

图 4.11 光信号的传导

这个现象和往水面上投一颗石子产生的波纹是一样的。水波也有相位，在石子进入水面的瞬间，波纹中心会产生各种相位的波。不过，相位不同的波会相互干涉，图 4.12 中相位相反的情况是最容易理解的。相位不同的波在干涉后会变弱、消失，最后就只剩下相位相同的波向周围扩散开来。石子投入水面后扩散出来的波纹会形成同心圆状，一般大家对这样的现象已经习以为常，实际上只有相位相同的波才会扩散出来被我们看到。

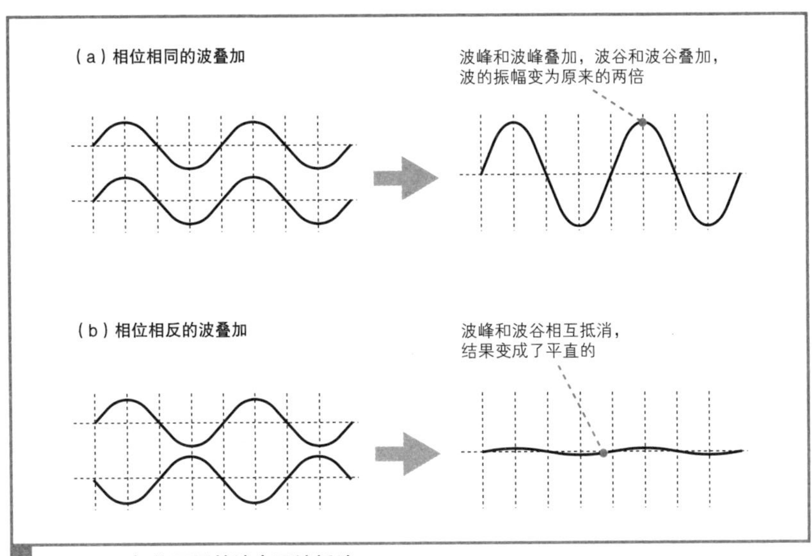

图 4.12 相位不同的波会干涉抵消

如果周围没有障碍物，水面上的波纹会一直呈同心圆状扩散出去，但如果遇到两侧的墙壁，波纹就会被反射回来。这时，向墙壁前进的波和从墙壁反射回来的波就会相互叠加，其中相位相同的波相互加强，相位不同的波相互抵消。

光纤中的情况也是一样的，只不过和水波不同的是，光在被纤芯和包层的边界反射时，相位会发生变化。这个变化的量随光在反射面的反射角度不同而不同，大多数角度下，都会因为相位不同而被干涉抵消。不过，有几个特定的角度下，向反射面前进的光和反射回来的光的相位是一致的，只有以这些角度反射的光才能继续向前传导（图 4.13）。进入光纤的光线有各种角度，但其中，只有少数按照特定角度入射以保持相位一致的光线才会继续传导。

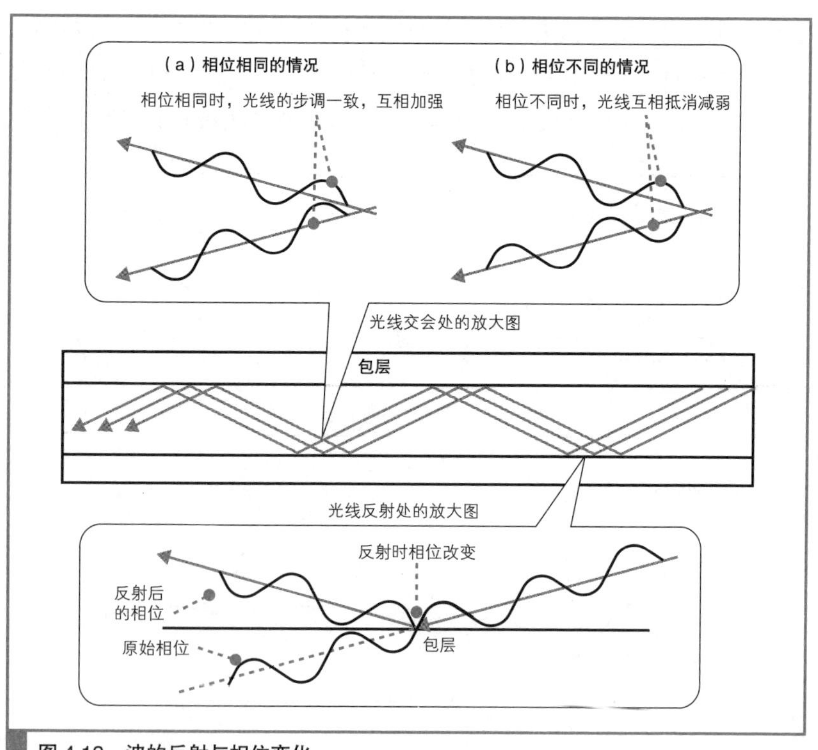

图 4.13　波的反射与相位变化

这个角度非常关键，纤芯的直径也是根据这个角度来确定的，而且纤芯的直径大小会极大地改变光纤的性质。根据纤芯直径，光纤可以划分成几种类型，大体上包括较细的单模光纤（8 ~ 10 μm）和较粗的多模光纤（50 μm 或 62.5 μm）。单模光纤的纤芯很细，只有入射角度很小的光线才能进入，因此在能够保持相位一致的角度中，只有角度最小的光线能进入光纤。反过来可以说，单模光纤的纤芯直径就是按照只允许相位一致的最小角度的光进入而设计的。多模光纤的纤芯比较粗，入射角度比较大的光也可以进入，这样一来，在相位一致的角度中，不仅角度最小的可以在光纤中传导，其他角度更大一些的也可以，也就是说，可以有多条光线在纤芯中同时传导。换句话说，单模和多模实际上表示相位一致的角度有一个还是多个（图 4.14）。

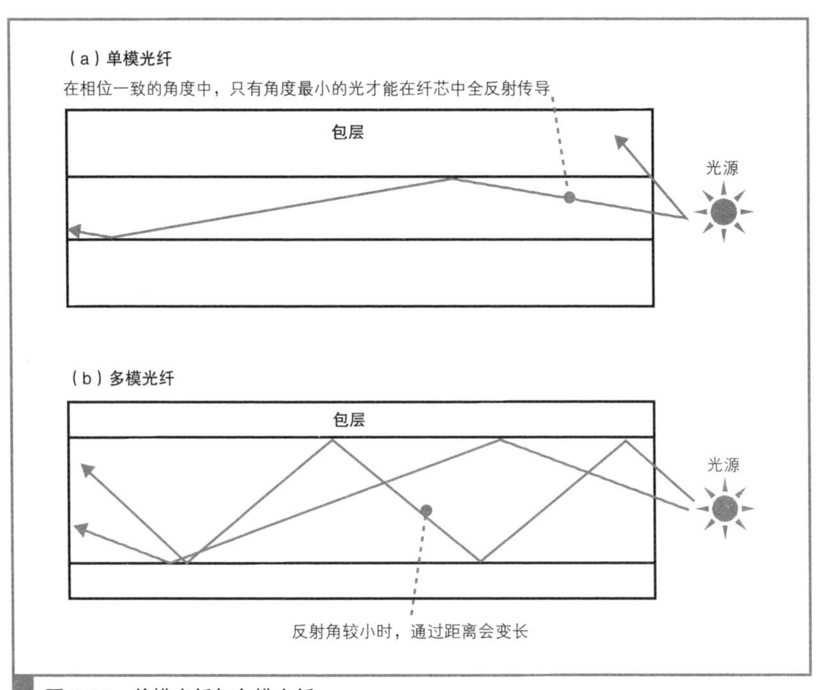

图 4.14　单模光纤与多模光纤

单模光纤和多模光纤在光的传导方式上有所不同，这决定了它们的特性也有所不同。多模光纤中可以传导多条光线，这意味着能通过的光线较多，对光源和光敏元件的性能要求也就较低，从而可以降低光源和光敏元件的价格。相对地，单模光纤的纤芯中只能传导一条光线，能通过的光线较少，相应地对于光源和光敏元件的性能要求就较高，但信号的失真会比较小。

信号失真与光在纤芯传导时反射的次数相关。多模光纤中，多条反射角不同的光线同时传导，其中反射角越小的光线反射次数越多，走过的距离也就越长；相对地，反射角越大的光线走过的距离越短。光通过的距离会影响其到达接收端的时间，也就是说，通过的距离越长，到达接收端的时间越长。结果，多条光线到达的时间不同，信号的宽度就会被拉伸，这就造成了失真。因此，光纤越长，失真越大，当超过允许范围时，通信就会出错（图 4.15）。

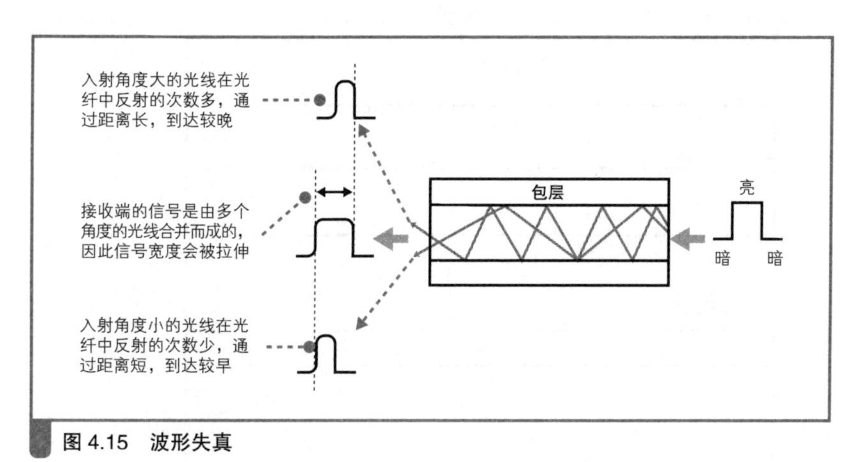

图 4.15　波形失真

相对地，单模光纤则不会出现这样的问题。因为在纤芯传导的光线只有一条，不会因为行进距离的差异产生时间差，所以即便光纤很长，也不会产生严重的失真。

光纤的最大长度也是由上述性质决定的。单模光纤的失真小，可以比多模光纤更长，因此多模光纤主要用于一座建筑物里面的连接，单模光纤则用于距离较远的建筑物之间的连接。FTTH 属于后者，因此主要使用单模光纤。

4.2.3 通过光纤分路来降低成本

用光纤来代替 ADSL 将用户端接入路由器和运营商的 BAS 连接起来的接入方式就是 FTTH[①]，从形态上可大致分为两种。

一种是用一根光纤直接从用户端连接到最近的电话局（图 4.16（a））。这种类型的 FTTH 中，用户和电话局之间通过光纤直接连接，网络包的传输方式如下。首先，用户端的光纤收发器[②]将以太网的电信号转换成光信号。这一步只进行电信号到光信号的转换，而不会像 ADSL 一样还需要将包拆分成信元，大家可以认为是将以太网包原原本本地转换成了光信号。接下来，光信号通过连接到光纤收发器的光纤直接到达 BAS 前面的多路光纤收发器。FTTH 一般使用单模光纤，因此其纤芯中只有特定角度的光信号能够反射并前进。然后，多路光纤收发器将光信号转换成电信号，BAS 的端口接收之后，将包转发到互联网内部。

把网络包发送到互联网之后，服务器会返回响应，响应包的光信号也是沿着同一条光纤传输到用户端的。这里，前往互联网的上行光信号和前往用户的下行光信号在光纤中混合在一起，信号会变得无法识别，因此我们需要对它们进行区分，办法是上行和下行信号采用不同波长的光。波长不同的光混合后可通过棱镜原理进行分离，因此光纤中的上行和下行信号即便混合起来也可以识别。像这样在一条光纤中使用不同的波长传输多个光信号的方式叫作波分复用。

另一种光纤的接入方式是在用户附近的电线杆上安装一个名为分光器

---

① FTTH 和 ADSL 一样也有不同的衍生规格，主流规格是和 ADSL 一样采用 PPPoE 方式进行接入，后面我们的介绍也是基于 PPPoE 方式。

② 将以太网的电信号转换成光信号的设备，也叫“终端盒”。

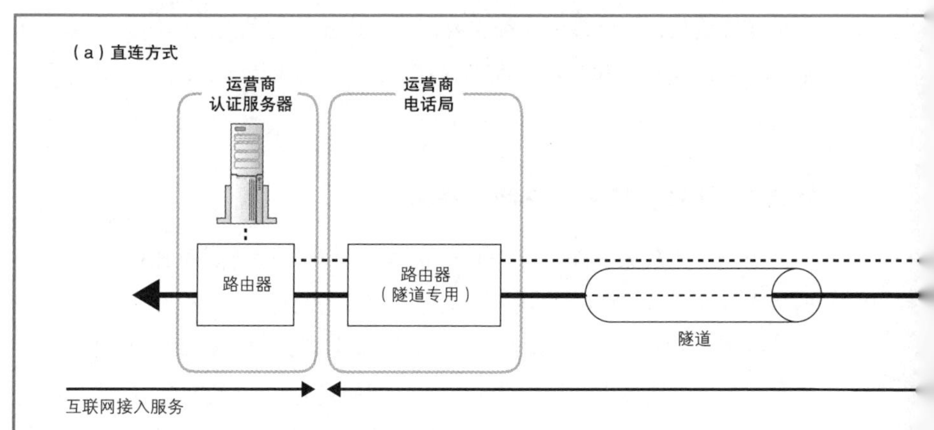

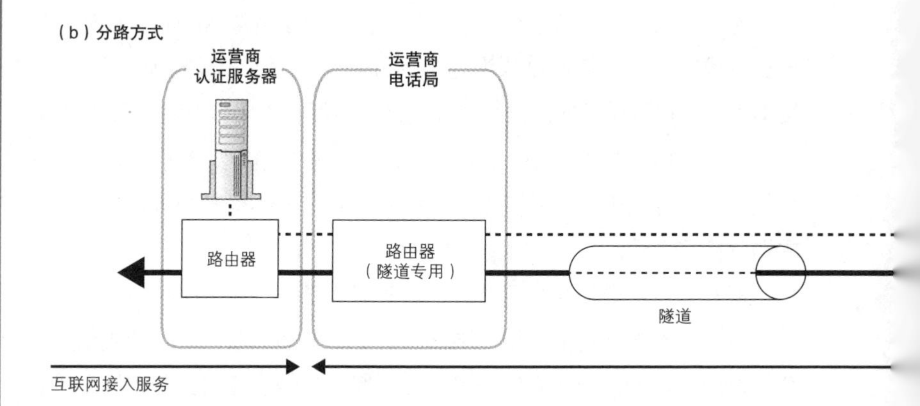

※最近的电话局中的多路光纤收发器和OLT右侧还应该有光纤配线盘，图中省略。

图 4.16　FTTH 接入网的结构

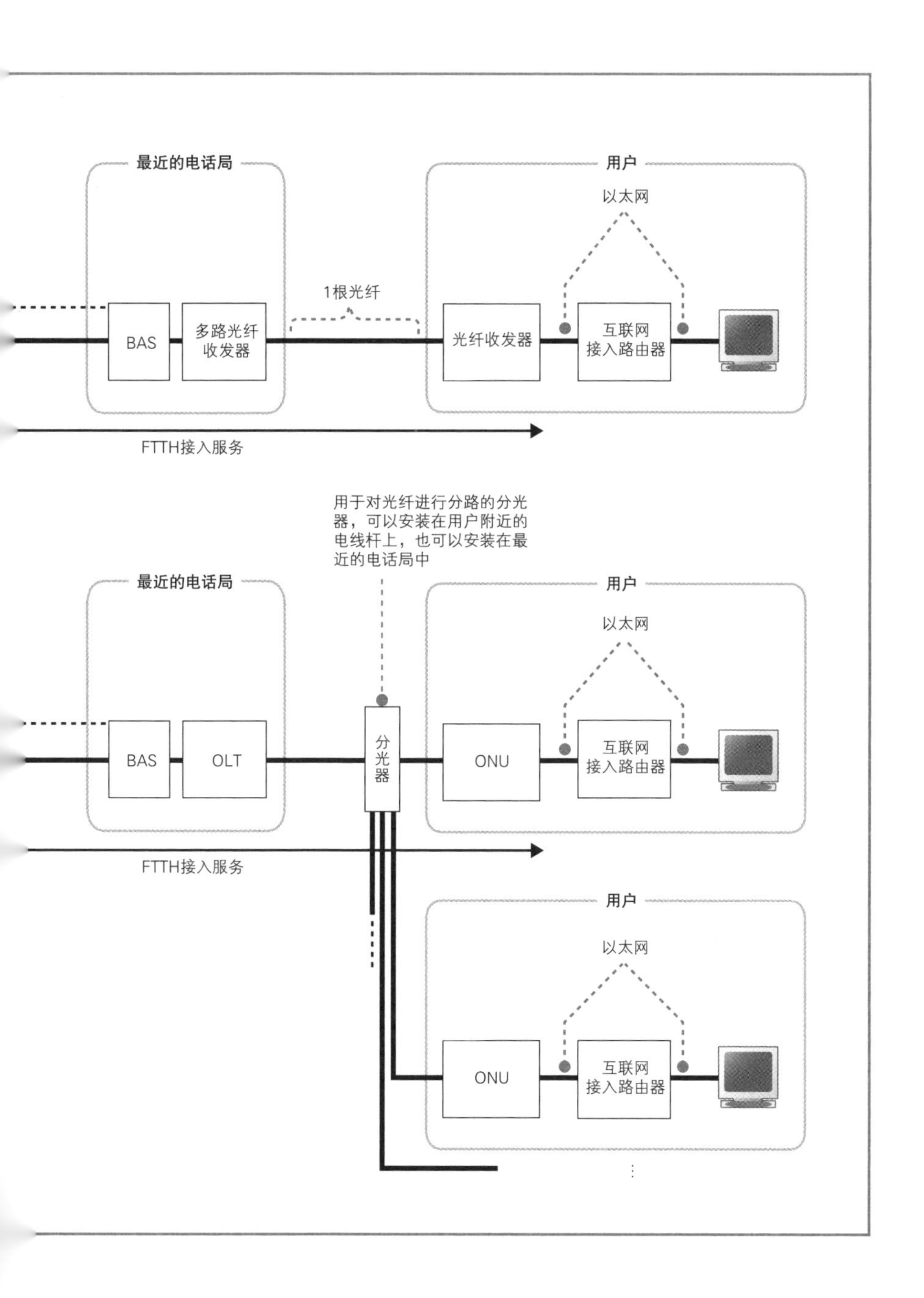
最近的电话局
用户
以太网
1根光纤
BAS
多路光纤收发器
光纤收发器
互联网接入路由器
FTTH接入服务
用于对光纤进行分路的分光器，可以安装在用户附近的电线杆上，也可以安装在最近的电话局中
最近的电话局
用户
以太网
BAS
OLT
分光器
ONU
互联网接入路由器
FTTH接入服务
用户
以太网
ONU
互联网接入路由器

的设备，通过这个设备让光纤分路，同时连接多个用户[①]（图 4.16（b））。在这种方式下，用户端不使用光纤收发器，而是使用一个叫作 ONU[②] 的设备，它将以太网的电信号转换成光信号之后，会到达 BAS 前面的一个叫作 OLT[③] 的设备。光信号的传导方式和刚才介绍的直连方式是一样的，但有一点不同，因为多个用户同时收发网络包时信号会在分光器产生碰撞。因此，OLT 和 ONU 中具备通过调整信号收发时机来避免碰撞的功能。具体来说，OLT 会调整信号发送时机并向 ONU 下发指令，ONU 则根据 OLT 的指令来发送数据。反过来，当 BAS 端向用户发送数据时，分光器只需要将信号发给所有用户就可以了，这里并不会发生碰撞，但这样做会导致一个用户收到其他所有用户的信号，造成信息泄露的问题，因此需要在每个包前面加上用于识别 ONU 的信息，当 ONU 收到信号后，会接收发给自己的信号并将其转换成以太网信号。

像这样，FTTH 可以分为直连和分路两种方式，这两种方式只是光信号的传输方式有一些区别，实际传输的网络包是相同的。当使用 PPPoE 来传输包时，其工作过程和刚才讲过的 ADSL 类似。具体来说，就是像图 4.3 中的⑤一样，由互联网接入路由器在 IP 头部前面加上 MAC 头部、PPPoE 头部和 PPP 头部，然后由光纤收发器或者 ONU 转换成光信号[④]，并通过光纤到达 BAS 前面的多路光纤收发器和 OLT，最后被还原成电信号并到达 BAS。

---

① 通过光纤分路连接多个用户的光纤接入模式统称为 PON（Passive Optical Network，无源光网络），可分为 GE-PON、WDM-PON、B-PON、G-PON 等多种方式，现在大多使用最高速率为 1 Gbit/s 的 GE-PON 方式。

② ONU：Optical Network Unit，光网络单元。它和光纤收发器一样，可以将电信号转换成光信号，除此之外还具有和电话局的 OLT 相互配合避免信号碰撞的功能。这个设备有时也被叫作终端盒，因此终端盒这个词本身是对光纤收发器和 ONU 等光纤终端设备的统称。

③ OLT：Optical Line Terminal，光线路终端。

④ 不使用信元，而是将以太网包原原本本地转换成光信号。

4.3 接入网中使用的 PPP 和隧道

4.3.1 用户认证和配置下发

刚才已经简单讲过，用户发送的网络包会通过 ADSL 和 FTTH 等接入网到达运营商[1]的 BAS[2]。

互联网本来就是由很多台路由器相互连接组成的，因此原则上应该是将接入网连接到路由器上。随着接入网发展到 ADSL 和 FTTH，接入网连接的路由器也跟着演进，而这种进化型的路由器就叫作 BAS。下面我们来具体讲一讲。

首先是用户认证和配置下发功能。ADSL 和 FTTH 接入网中，都需要先输入用户名和密码[3]，登录之后才能访问互联网，而 BAS 就是登录操作的窗口。BAS 使用 PPPoE[4] 方式来实现这个功能[5]。PPPoE 是由传统电话拨号上网上使用的 PPP 协议发展而来的，所以我们先来看一看 PPP 拨号上网的工作方式。

在使用电话线或者 ISDN 拨号上网时，PPP 是如图 4.17 这样工作的。首先，用户向运营商的接入点拨打电话（图 4.17 ① -1），电话接通后（图 4.17 ① -2）输入用户名和密码进行登录操作（图 4.17 ② -2）。用户名和密码通过 RADIUS[6] 协议从 RAS[7] 发送到认证服务器，认证服务器校验这些信息是否正确。当确

① 日本有代表性的运营商包括 NTT 东日本、NTT 西日本、eAccess、ACCA Networks 等。上面 4 家公司是专门从事网络接入服务的，还有一些综合运营商也提供网络接入服务，例如 SoftBank BB。

② 电话局中有专门用来安装 BAS 的地方，运营商会将 BAS 安装在这个地方，DSLAM 等设备也是一样的。

③ 这里指的就是和运营商签约时由运营商分配给用户的上网用户名和密码。

④ PPPoE：Point-to-Point Protocol over Ethernet，以太网的点对点协议。

⑤ 也有一些运营商使用后面会提到的 PPPoA 方式。

⑥ RADIUS：Remote Authentication Dial-in User Service，远程认证拨号用户服务。

⑦ RAS：Remote Access Server，远程访问服务器。

认无误后，认证服务器会返回IP地址等配置信息，并将这些信息下发给用户（图4.17②-3）。用户的计算机根据这些信息配置IP地址等参数，完成TCP/IP收发网络包的准备工作，接下来就可以发送TCP/IP包了（图4.17③）。

这个过程的重点在于图4.17②-3下发TCP/IP配置信息的步骤。在接入互联网时，必须为计算机分配一个公有地址，但这个地址并不是事先确定的。因为在拨号连接时，可以根据电话号码来改变接入点，而不同的接入点具有不同的IP地址，因此无法事先在计算机上设置这个地址。所以，在连接时运营商会向计算机下发TCP/IP配置信息，其中就包括为计算机分配的公有地址。

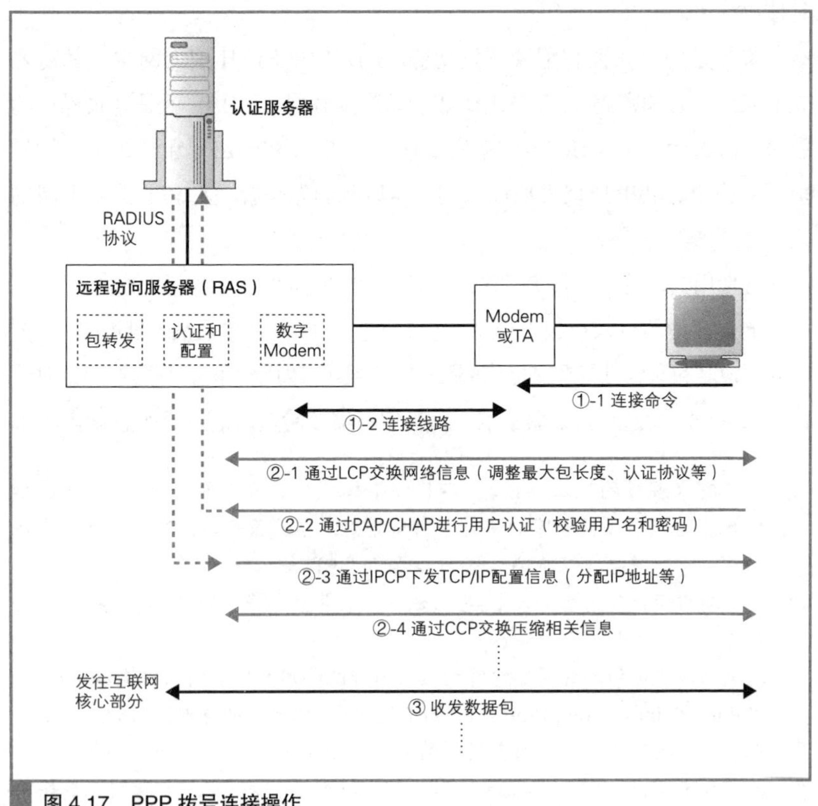

图4.17 PPP拨号连接操作

4.3.2 在以太网上传输 PPP 消息

ADSL 和 FTTH 接入方式也需要为计算机分配公有地址才能上网，这一点和拨号上网是相同的。不过，ADSL 和 FTTH 中，用户和 BAS 之间是通过电缆或光纤固定连接在一起的，因此没有必要验证用户身份，所以实际上并不需要 PPP 的所有这些功能。然而，通过用户名和密码登录的步骤可以根据用户名来切换不同的运营商，这很方便[①]。因此，接入运营商在 ADSL 和 FTTH 中一般也会使用 PPP[②]。

不过，拨号上网的 PPP 是无法直接用于 ADSL 和 FTTH 的，要理解这里的原因，我们先来看看 PPP 协议是如何传输消息的。

传输 PPP 消息的思路和将 IP 包装入以太网包中传输是一样的。PPP 协议中没有定义以太网中的报头和 FCS 等元素，也没有定义信号的格式，因此无法直接将 PPP 消息转换成信号来发送。要传输 PPP 消息，必须有另一个包含报头、FCS、信号格式等元素的“容器”，然后将 PPP 消息装在这个容器里才行。于是，在拨号接入中 PPP 借用了 HDLC[③] 协议作为容器，而 HDLC 协议原本是为在专线中传输网络包而设计的，拨号接入方式对这一规格进行了一些修正。最终，PPP 消息就是像图 4.18（a）这样来进行传输的。

对于 ADSL 和 FTTH，如果可以和前面一样借用 HDLC 来作为容器，PPP 协议就可以直接使用了。但是，ADSL 和 FTTH 并不能使用 HDLC，因此需要寻找另一个机制作为替代。于是，如图 4.18（b）③和图 4.18（c）③所示，我们用以太网包代替 HDLC 来装载 PPP 协议。此外，以太网和 PPP 在设计上有所不同，为了弥补这些问题就重新设计了一个新的规格，这就是 PPPoE。

---

① 通过输入用户名和密码，可以掌握是谁在访问互联网，从网络管理的角度来看，这对于运营商来说也是很方便的。

② 也有一些运营商不使用 PPP，而是使用 DHCP 方式来向客户端下发 IP 地址等配置信息。

③ HDLC：High-level Data Link Control，高级数据联接控制。

（a）拨号上网中的PPP

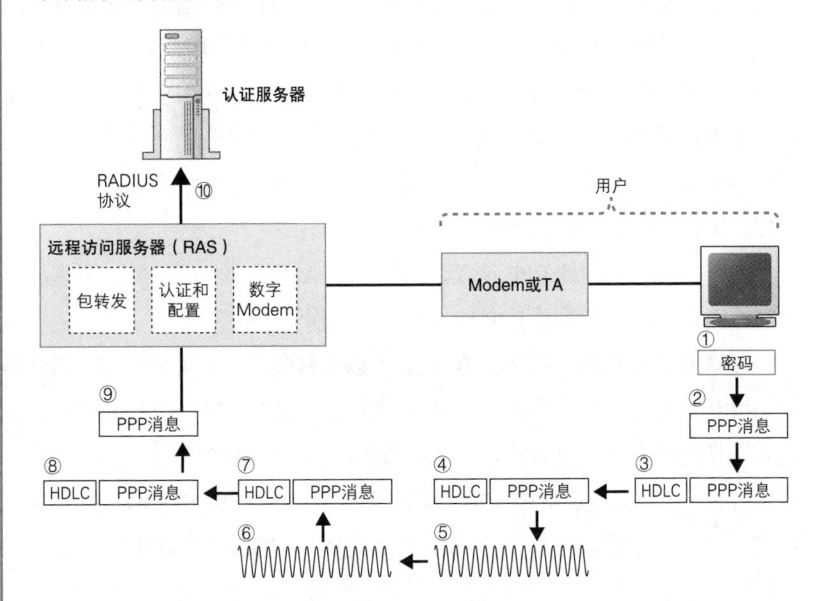

① 用户在计算机上输入用户名和密码
② 根据用户名和密码生成PPP消息
③④ 将PPP消息装入HDLC帧进行发送
⑤ Modem或TA将数据转换成线路信号并通过电话线路或ISDN线路进行发送
⑥⑦ 数字Modem接收信号并还原HDLC帧
⑧⑨ 取出HDLC帧中的PPP消息，交给RAS的认证模块
⑩ 将用户名和密码发送给认证服务器，认证服务器校验用户身份

（a）（b）任意情况下，当密码校验正确时，会通过相反的方向将IP地址等配置信息下发给用户，用户端根据这些信息配置地址等参数，完成收发数据包的准备工作，然后转入数据包收发操作。

图 4.18　PPP 认证流程

（b）ADSL中的PPP（PPPoE）

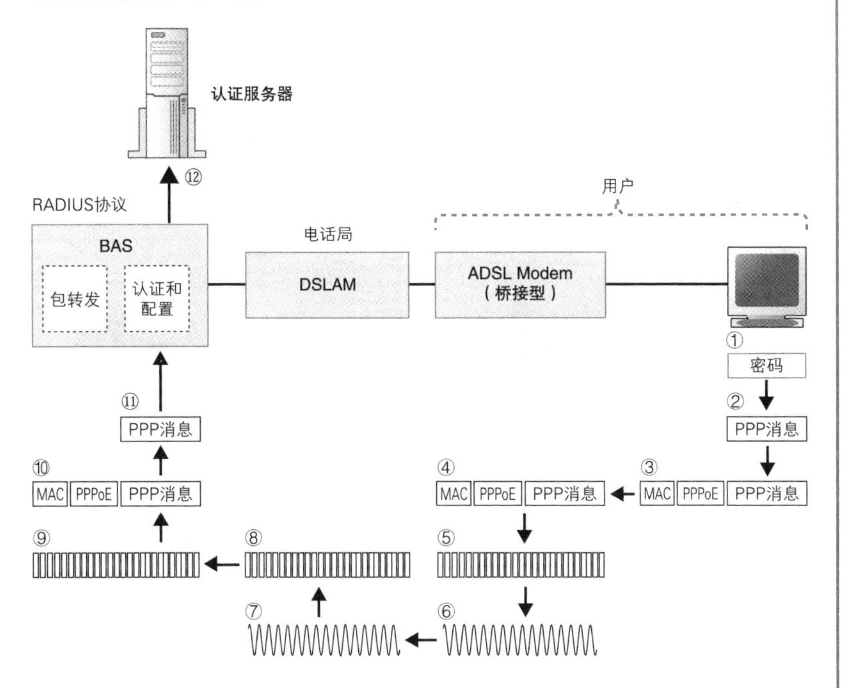

① 用户在计算机上输入用户名和密码
② 根据用户名和密码生成PPP消息
③④ 将PPP消息装入以太网包进行发送
⑤⑥ 将以太网包拆分成ATM信元并通过ADSL Modem调制后通过电话线路发送
⑦⑧ 接收信号后将信号还原成信元，并发送给BAS
⑨⑩⑪ 接收信元并还原成以太网包，取出PPP消息交给认证模块
⑫ 将用户名和密码发送给认证服务器，认证服务器校验用户身份

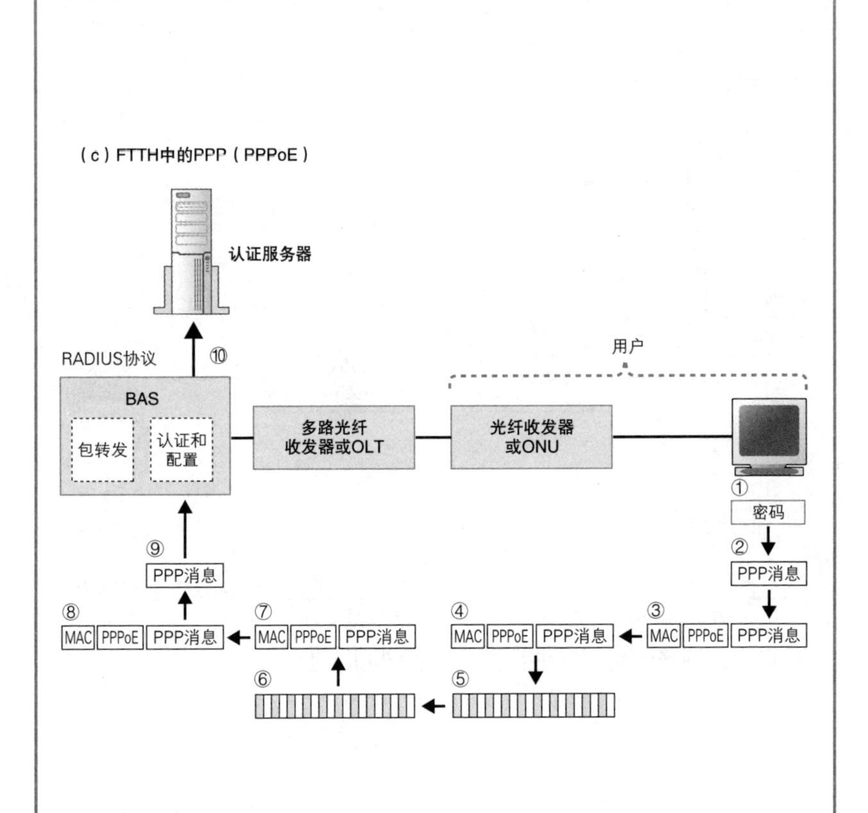

① 用户在计算机上输入用户名和密码
② 根据用户名和密码生成PPP消息
③④ 将PPP消息装入以太网包进行发送
⑤ 将以太网包转换成光信号发送
⑥⑦ 接收光信号还原成以太网包
⑧⑨ 从以太网包中取出PPP消息交给认证模块
⑩ 将用户名和密码发送给认证服务器，认证服务器校验用户身份

图 4.18 （续）

于是，ADSL 和 FTTH 也可以像拨号上网一样传输 PPP 消息了。图 4.18 只展示了图 4.17 ② -2 部分，其他部分也是一样的。总之，只要将 PPP 消息装入以太网包中进行传输，ADSL 和 FTTH 就也可以像拨号上网一样通信了。

PPPoE 是将 PPP 消息装入以太网包进行传输的方式。

4.3.3 通过隧道将网络包发送给运营商

BAS 除了作为用户认证的窗口之外，还可以使用隧道方式来传输网络包。所谓隧道，就类似于套接字之间建立的 TCP 连接。在 TCP 连接中，我们从一侧的出口（套接字）放入数据，数据就会原封不动地从另一个出口出来，隧道也是如此。也就是说，我们将包含头部在内的整个包从隧道的一头扔进去，这个包就会原封不动地从隧道的另一头出来，就好像在网络中挖了一条地道，网络包从这个地道里穿过去一样。

像这样，如果在 BAS 和运营商路由器之间的 ADSL/FTTH 接入服务商的网络中建立一条隧道，将用户到 BAS 的接入网连接起来，就形成了一条从用户一直到运营商路由器的通道，网络包通过这条通道，就可以进入互联网内部了，这样的机制就类似于将接入网一直延伸到运营商路由器。

隧道有几种实现方式，刚才提到的 TCP 连接就是其中一种实现方式（图 4.19（a））。这种方式中，首先需要在网络上的两台隧道路由器[①]之间建立 TCP 连接，然后将连接两端的套接字当作是路由器的端口，并从这个端口来收发数据。换句话说，在路由器收发包时，是基于隧道的规则向隧道中放入或取出网络包，这时，TCP 连接就好像变成了一根网线，包从这里穿过到达另一端。

图 4.19（b）中还介绍了另一种基于封装（encapsulation）的隧道实现方式，这种方式是将包含头部在内的整个包装入另一个包中传输到隧道的另

① 只要具备隧道功能，是不是路由器无所谓，有时也会使用服务器来建立隧道。

一端。在这种方式中，包本身可以原封不动地到达另一端的出口，从结果上看和基于 TCP 连接的方式是一样的，都实现了一个可供包进行穿梭的通道。

通过前面的介绍大家可以发现，无论任何机制，只要能够将包原封不动搬运到另一端，从原理上看就都可以用来建立隧道。

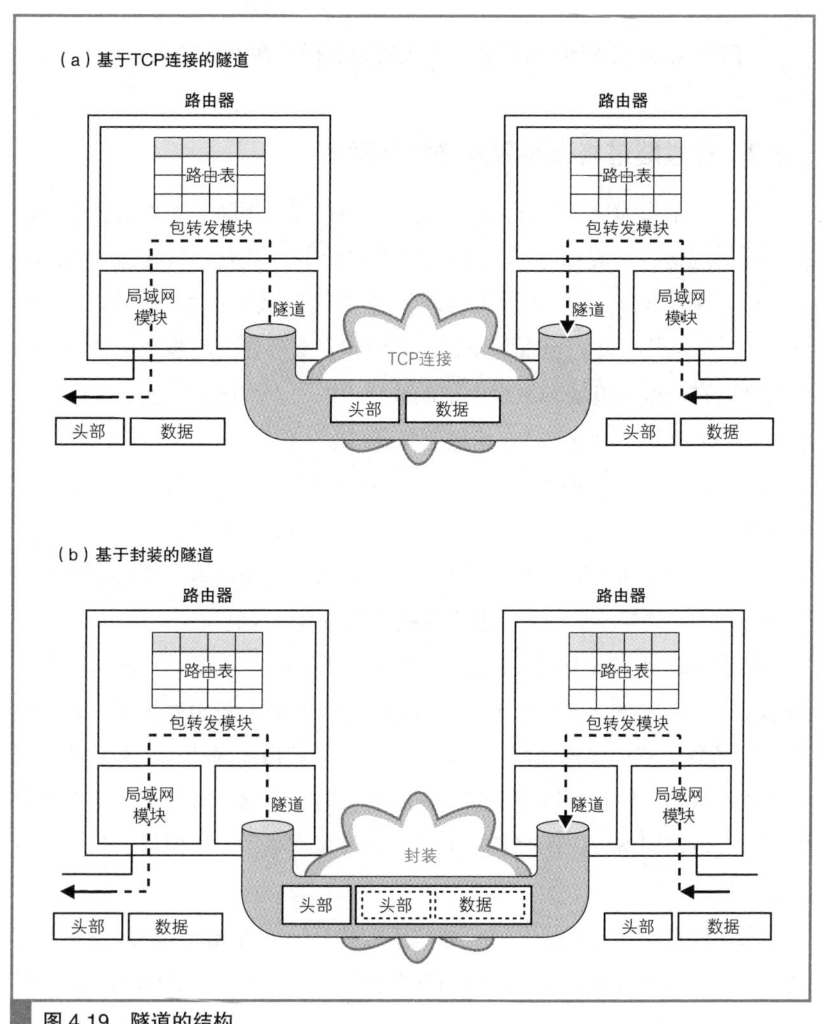

图 4.19　隧道的结构

4.3.4 接入网的整体工作过程

理解了 PPPoE 和隧道的原理之后，下面来看看接入网的整体工作过程。接入网的工作从用户端的互联网接入路由器进行连接操作开始。首先，接入路由器中需要配置运营商分配的用户名和密码[①]。然后，接入路由器会根据 PPPoE 的发现机制来寻找 BAS。这一机制和 ARP 一样是基于广播来实现的，过程如下，很简单。

用户询问："BAS 在不在？在的话请报告 MAC 地址。"

BAS 回答："我在这里，我的 MAC 地址是 xx:xx:xx:xx:xx:xx。"

这样用户端就知道了 BAS 的 MAC 地址，也就可以和 BAS 进行通信了。大家可以认为前面这个过程相当于拨号上网中拨通电话的动作（图 4.17 ① -1 和① -2）。

互联网接入路由器通过 PPPoE 的发现机制查询 BAS 的 MAC 地址。

接下来，如图 4.17 ② -1 到② -4 中所示，进入用户认证和下发配置的阶段。这里的工作过程有点复杂，我们只说重点。第一个重点是用户名和密码如何发送给 BAS。这里有两种方式，一种是将密码进行加密的 CHAP[②] 方式，另一种是不加密的 PAP[③] 方式，在互联网接入路由器的设置画面中可以选择。进行加密的 CHAP 方式显然安全性更高，一般也推荐使用这种方式，但也并不是说使用不加密的 PAP 方式密码就立刻会被窃取。由于明文密码只在 BAS 和用户端路由器之间传输[④]，所以如果要窃取密码，

---

① 如果不使用路由器而是从计算机直接上网的情况下，需要在计算机中配置用户名和密码，这时计算机会代替路由器完成 PPPoE 操作，实际上这才是最初的原始方式。

② CHAP：Challenge Handshake Authentication Protocol，挑战握手认证协议。

③ PAP：Password Authentication Protocol，密码验证协议。

④ 从 BAS 向认证服务器发送密码时使用 RADIUS 协议，无论用户拨入使用 CHAP 还是 PAP，RADIUS 都是加密的。

要么在路由器和 ADSL Modem 中间进行窃听，要么爬到电线杆上安装窃听装置拾取电缆中泄漏的电磁波。不过，光纤是不会泄漏电磁波的，因此无法通过第二种方式进行窃听。

第二个重点是，在校验密码之后 BAS 如何向用户下发 TCP/IP 配置信息。这里下发的配置信息包括分配给上网设备的 IP 地址[①]、DNS 服务器的 IP 地址以及默认网关的 IP 地址。当使用路由器连接互联网时，路由器会根据这些信息配置自身的参数。这样一来，路由器的 BAS 端的端口就有了公有地址[②],路由表中也配置好了默认网关[③],接下来就可以将包转发到互联网中了。

BAS 下发的 TCP/IP 参数会被配置到互联网接入路由器的 BAS 端的端口上，这样路由器就完成接入互联网的准备了。

接下来，客户端就会开始发送用来访问互联网的网络包，比如有人在浏览器里输入了一个网址，这时网络包就开始发送了。这些包的目的地是互联网中的某个地方，这个地方或许在互联网接入路由器的路由表里是找不到的。这时，路由器会选择默认路由，并将这个包转发给默认路由的网关地址，也就是 BAS 下发的默认路由。这里的操作过程和第 3 章介绍的路由器转发包的过程相同[④]，只不过在通过路由表判断转发目标之后，包不是按照以太网规则转发，而是按照 PPPoE 规则转发，具体的过程如下。首先，如图 4.20，要发送的包会被加上头部信息，并设置相应的字段。第一个 MAC 头部中，接收方 MAC 地址填写通过 PPPoE 发现机制查询到的 BAS 的 MAC 地址，发送方 MAC 地址填写互联网接入路由器的 BAS 端的端口的 MAC 地址，然后以太类型填写代表 PPPoE 的 8864（十六进制）。接

---

① 互联网中使用的公有地址。

② 局域网端口一般是由用户分配一个私有地址。

③ 即默认路由所关联的网关地址，3.3.5 节介绍过。

④ 3.3 节介绍过。

下来是 PPPoE 头部和 PPP 头部，它们包含的字段如图 4.20 所示，其中除了载荷长度之外，其他的值都是可以事先确定的，载荷长度就是需要传输的包的长度。再往后的部分就是包含 IP 头部在内的原始网络包。可以说，这里的转发操作中基本上不需要根据头部中的信息进行判断，只要将事先准备好的头部加上去就可以了。然后，网络包会被转换成信号，从相应的端口发送出去。

互联网接入路由器向BAS发送数据时添加的头部

MAC头部	PPPoE头部	PPP头部	IP头部	TCP头部	数据

字段名称		长度（比特）	含义
PPPoE头部	版本号	4	PPPoE协议版本号
	类型	4	未使用
	编码	8	表示PPPoE的工作状态，传输数据包时为00（十六进制）
	会话ID	16	当用户端有多台设备连接到BAS时，通过会话ID来区别每台设备，这个值是在最初通过PPPoE发现寻找BAS时确定的
	载荷长度	16	PPPoE头部后面部分的长度
PPP头部	协议	8	PPPoE头部后面的包的协议，IP协议为0021（十六进制）

图 4.20 PPPoE 包

接下来，网络包会到达 BAS，而 BAS 会将 MAC 头部和 PPPoE 头部去掉，取出 PPP 头部以及后面的部分，然后通过隧道机制将包发送出去。最后，PPP 包会沿隧道到达另一端的出口，也就是网络运营商的路由器。

BAS 在收到用户路由器发送的网络包之后，会去掉 MAC 头部和 PPPoE 头部，然后用隧道机制将包发送给网络运营商的路由器。

4.3.5 不分配 IP 地址的无编号端口

前面介绍了 PPPoE 的工作过程，这里面有一个有趣的问题，就是互联网接入路由器在发送包的时候为什么要加上那些头部呢？头部里面的值基本上都是事先定好的，跟路由表里面的默认网关地址根本没什么关系。当采用一对一连接，也就是两台路由器的端口用一根线直接连起来的情况下，一端发送的包肯定会到达另一端，那么这种情况下就没有必要按照路由表查询默认网关来判断转发目标地址了。如果没有必要判断转发地址，那么网关的地址也就没什么用了；如果网关地址没用，那么目标路由器的端口也用不着分配 IP 地址了。上面的性质对于所有一对一连接都是适用的[①]。

以前，即便是在这样的场景中，还是会为每个端口分配 IP 地址，这是因为有一条规则规定所有的端口都必须具有 IP 地址。然而，当公有地址越来越少时，就提出了一个特例，即一对一连接的端口可以不分配 IP 地址。现在，在这种场景中按惯例都是不为端口分配 IP 地址的[②]，这种方式称为无编号（unnumbered）。这种情况下，BAS 下发配置信息时就不会下发默认网关的 IP 地址。

一对一连接的端口可以不分配 IP 地址，这种方式称为无编号。

4.3.6 互联网接入路由器将私有地址转换成公有地址

前面的介绍里面其实遗漏了一个地方，那就是互联网接入路由器在转发包时需要进行地址转换[③]。刚才我们讲过，BAS 会向用户端下发 TCP/IP

---

① PPPoE 是工作在以太网上的协议，可以通过集线器与路由器和 BAS 连接，因此从物理层面的连接形态来看并不是一对一的。不过，通过发现机制开始和 BAS 通信后，逻辑层面上就是一对一通信，因此这一性质也是适用的。

② 如果不应用特例而是照常分配 IP 地址也是没有问题的。

③ 3.4 节介绍过地址转换。

的配置信息，如果将这些信息配置在计算机上，就相当于计算机拥有了公有地址，这种情况下不需要进行地址转换也可以访问互联网。其实 TCP/IP 原本的设计就是这样的。然而，如果使用路由器来上网，BAS 下发的参数就会被配置在路由器上，而且公有地址也是分配给路由器的。这样一来，计算机就没有公有地址了。

这时，计算机会被分配一个私有地址，计算机发送的包需要通过路由器进行地址转换然后再转发到互联网中。Web 和电子邮件等应用程序不会受到地址转换的影响，但有些应用程序会因为地址转换无法正常工作，这一点需要大家注意。这是因为有些应用程序需要将自己的 IP 地址告知通信对象或者告知控制服务器，但在有地址转换的情况下这些操作无法完成①。

遇到应用程序因地址转换无法正常工作的情况时，我们可以不使用路由器，而是直接让计算机接收来自 BAS 的 PPPoE 消息②，也就是采用最原始的上网方法。这样一来，计算机就具有了公有地址，不需要地址转换也可以上网了③。

不过，不用路由器上网也有一点需要注意，因为上网的计算机拥有公有地址，这意味着来自互联网的包可以直接到达计算机，这可能导致计算机被攻击。因此，对于直接上网的客户端计算机，我们应该采取安装防火墙软件等防御手段。

---

① 网络电话、聊天、对战游戏等需要客户端之间直接收发网络包的应用程序都需要将自己的 IP 地址告知对方。这些应用程序会受到地址转换的影响，但现在已经有很多解决方案，因此不能说这些应用程序全都不能正常工作。对于某个应用程序来说，如果不知道它是否采用了相应的解决方案，就无法判断它是否会受到地址转换的影响。

② 只要将计算机直接连接到 ADSL Modem、光纤收发器、ONU 等设备，或者是通过集线器连接到这些设备，计算机就可以直接接收 PPPoE 消息了。

③ 有一些面向公司提供的服务，如 IP8、IP16 等，可以分配多个公有地址，但这种服务非常昂贵。

4.3.7 除 PPPoE 之外的其他方式

刚才我们讲的内容都是基于 PPPoE 方式的，实际的接入网还有其他一些方式。下面我们先跑个题，简单介绍一下这些其他的方式。

首先，我们先看看使用 PPPoA[1] 方式的 ADSL 接入网[2]。ADSL 使用 PPPoE 方式时，是先将 PPP 消息装入以太网包中，然后再将以太网包拆分并装入信元，而 PPPoA 方式是直接将 PPP 消息装入信元（图 4.21）。由于只是开头加不加 MAC 头部和 PPPoE 头部的区别，PPP 消息本身是没有区别的，因此密码校验、下发 TCP/IP 配置参数、收发数据包等过程都是和 PPPoE 基本相同的。不过，虽然开头加不加 MAC 头部和 PPPoE 头部看上去只是很小的区别，但却会对用户体验产生一定的影响。

PPPoA 方式不添加 MAC 头部和 PPPoE 头部，而是直接将包装入信元中。

由于 PPPoA 没有 MAC 头部，所以 PPP 消息是无法通过以太网来传输的，这就意味着需要和 BAS 收发 PPP 消息的设备，也就是计算机和路由器，必须和 ADSL Modem 是一体的，否则 PPP 机制就无法工作了。这个一体化的方式主要有以下两种。

第一种是将计算机和 ADSL Modem 用 USB 接口连接起来，这样 ADSL Modem 就和计算机成为一体了。不过，这种方式最终并没有普及。另一种方式是像图 4.21 所示的这样，将 ADSL Modem 和路由器整合成一台设备。这种方式和 PPPoE 中使用路由器上网的方式基本没什么区别，因此得到了广泛的普及。不过，正如我们刚才提到的，当由于地址转换产生问题时，这种方式就不容易处理了，因为我们无法抛开路由器用计算机直接上网。

---

① PPPoA：Point-to-Point Protocol over ATM。

② PPPoA 不能用于 FTTH，因为 FTTH 不使用 ATM 信元。

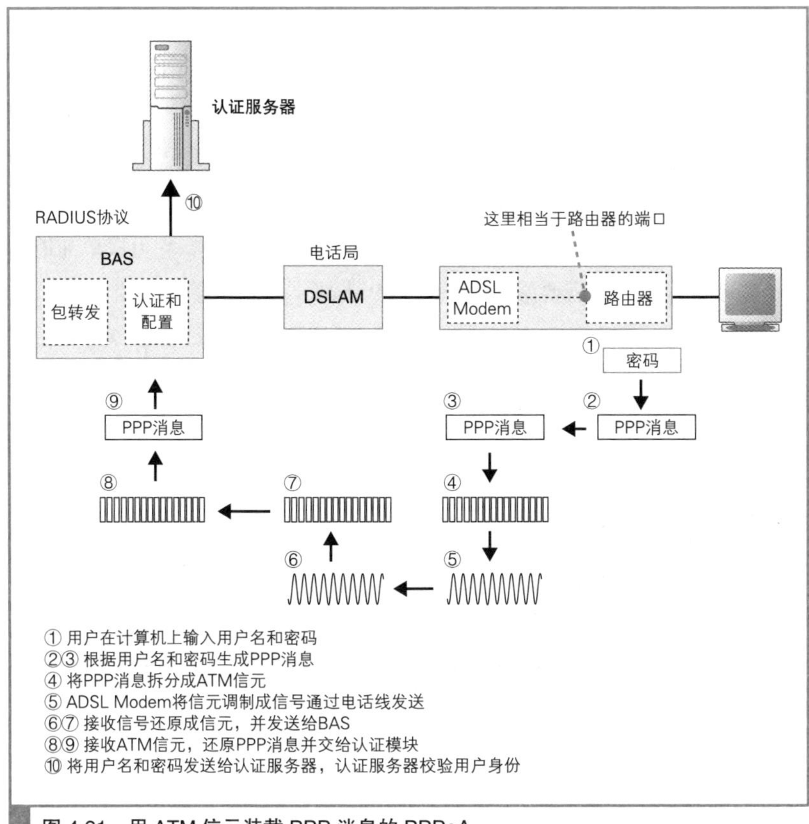

图 4.21 用 ATM 信元装载 PPP 消息的 PPPoA

当然，PPPoA 和 PPPoE 相比也有一些优势。PPPoE 方式中，如图 4.18 所示，需要添加 PPPoE 头部和 PPP 头部，这意味着 MTU 就相应变小了[①]，这可能会降低网络的效率。而 PPPoA 不使用以太网包来传输 PPP 消息，因此不会发生 MTU 变小的问题。

PPPoE 会降低网络效率，PPPoA 也有 ADSL Modem 和路由器无法分离的限制，这两个问题其实都是由 PPP 引起的。因此，有一些运营商不使

① PPPoE 一般还会和隧道技术一起使用，这时还需要加上隧道头部，MTU 就更短了。

用 PPP，他们使用 DHCP[①] 协议从 BAS 向用户端下发 TCP/IP 配置信息。

DHCP 经常用于通过公司网络向客户端计算机下发 TCP/IP 配置信息，其原理如图 4.22 所示，首先客户端请求配置信息（图 4.22 ①），然后 DHCP 服务器下发配置信息（图 4.22 ②），非常简单，不需要像 PPP（图 4.17）那样需要多个步骤，也不需要验证用户名和密码。没有用户名和密码，就意味着无法通过用户名来切换运营商网络，但这种方式也有优势，它可以单纯地直接传输以太网包，不需要添加额外的 PPP 头部，因此不会占用 MTU。

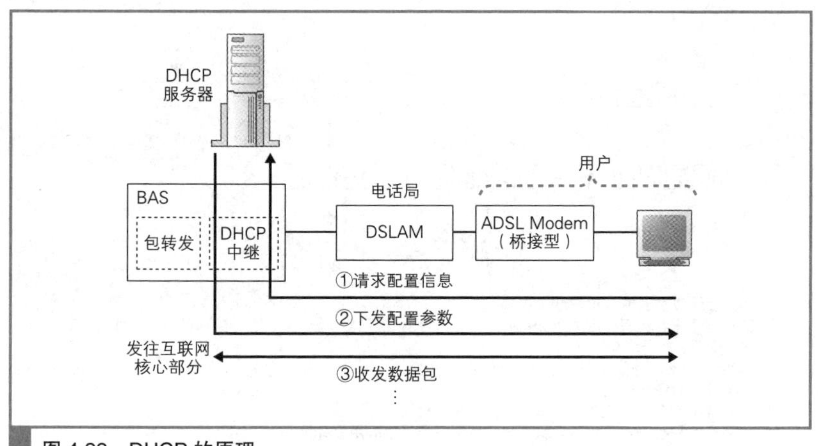

图 4.22　DHCP 的原理

此外，采用 DHCP 的运营商使用的 ADSL Modem 也和 PPPoE、PPPoA 方式不同，这种 ADSL Modem 不使用信元，而是直接将以太网包调制成 ADSL 信号，因此没有 ADSL Modem 和路由器无法分离的问题[②]。

还有一种 DHCP 方式，它不使用 PPP，而是将以太网包直接转换成 ADSL 信号发送给 DSLAM。

① DHCP：Dynamic Host Configuration Protocol，动态主机配置协议。

② 使用信元的 PPPoE 和 PPPoA 方式中，BAS 需要配备比较昂贵的 ATM 接口，因此不使用信元还可以控制成本。

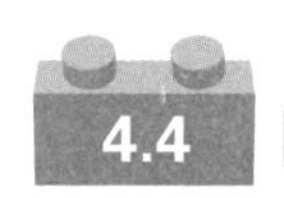

4.4 网络运营商的内部

4.4.1 POP 和 NOC

下面回到正题，现在网络包已经通过接入网，到达了网络运营商的路由器。这里是互联网的入口，网络包会从这里进入互联网内部①。

互联网的实体并不是由一个组织运营管理的单一网络，而是由多个运营商网络相互连接组成的（图 4.23）。ADSL、FTTH 等接入网是与用户签约的运营商设备相连的，这些设备称为 POP②，互联网的入口就位于这里。

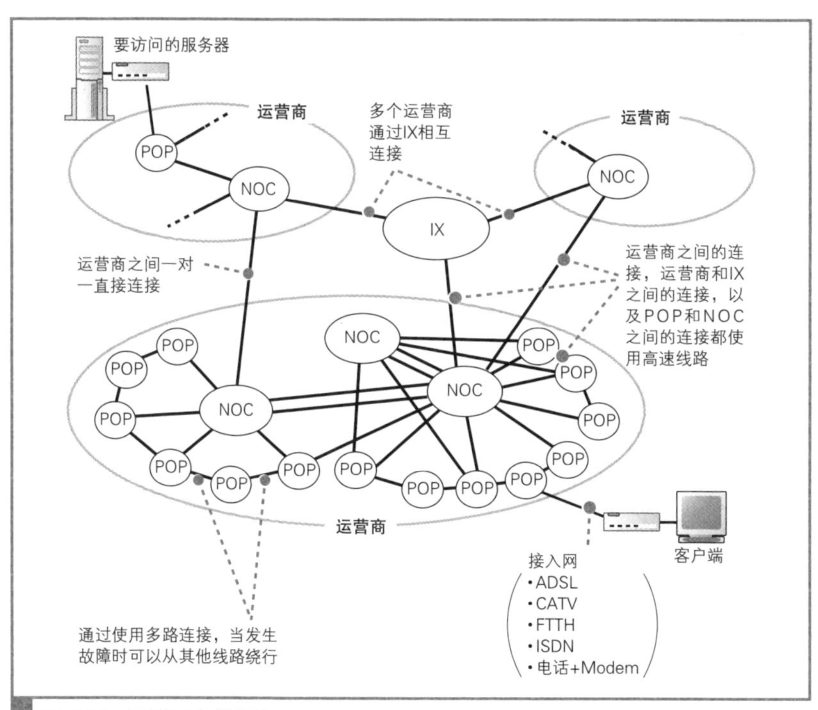

图 4.23 互联网内部概览

① 简单来说，此后网络包的传输轨迹就是通过路由器的不断转发向目的地前进，基本过程和我们之前介绍的内容大同小异。

② POP：Point of Presence，中文一般叫作“接入点”。

网络包通过接入网之后，到达运营商 POP 的路由器。

那么，POP 里面是什么样的呢？ POP 的结构根据接入网类型以及运营商的业务类型不同而不同，大体上是图 4.24 中的这个样子。POP 中包括各种类型的路由器，路由器的基本工作方式是相同的，但根据其角色分成了不同的类型。图 4.24 中，中间部分列出了连接各种接入网的路由器，这里的意思就是根据接入网的类型需要分别使用不同类型的路由器。

我们从上面开始看，首先是专线，这里用的路由器就是具有通信线路端口的一般路由器。专线不需要用户认证、配置下发等功能[①]，因此用一般的路由器就可以了。接下来是电话、ISDN 等拨号方式的接入网，这里使用的路由器称为 RAS。拨号接入需要对用户拨电话的动作进行应答，而 RAS 就具备这样的功能。此外，之前我们讲过通过 PPP 协议进行身份认证和配置下发的过程，RAS 也具备这些功能。再往下是 PPPoE 方式的 ADSL 和 FTTH。PPPoE 方式中，ADSL、FTTH 接入服务商会使用 BAS，运营商的路由器则与 BAS 相连。PPPoE 中的身份认证和配置下发操作由接入服务商的 BAS 来负责，运营商的路由器只负责对包进行转发，因此这里也是使用一般的路由器就可以了。如果 ADSL 采用 PPPoA 方式接入，那么工作过程会有所不同，DSLAM 通过 ATM 交换机[②]与 ADSL 的运营商的 BAS 相连，然后再连接到运营商的路由器。用户端传输的信号先经过 ADSL Modem 拆分成 ATM 信元并进行调制，然后 DSLAM 将信号还原成信元，通过 ATM 交换机转发到 BAS，最后 BAS 将信元还原成网络包，再通过运营商的路由器转发到互联网内部。

---

① 专线是固定连接线路，不需要进行身份认证，参数是根据传真、书面等方式下发后进行手动配置的，因此也不需要 PPP、DHCP 等机制。其实，这就是最古老的互联网接入方式。

② ATM 交换机是转发 ATM 信元的设备，负责将 DSLAM 输出的信元转发给 BAS。

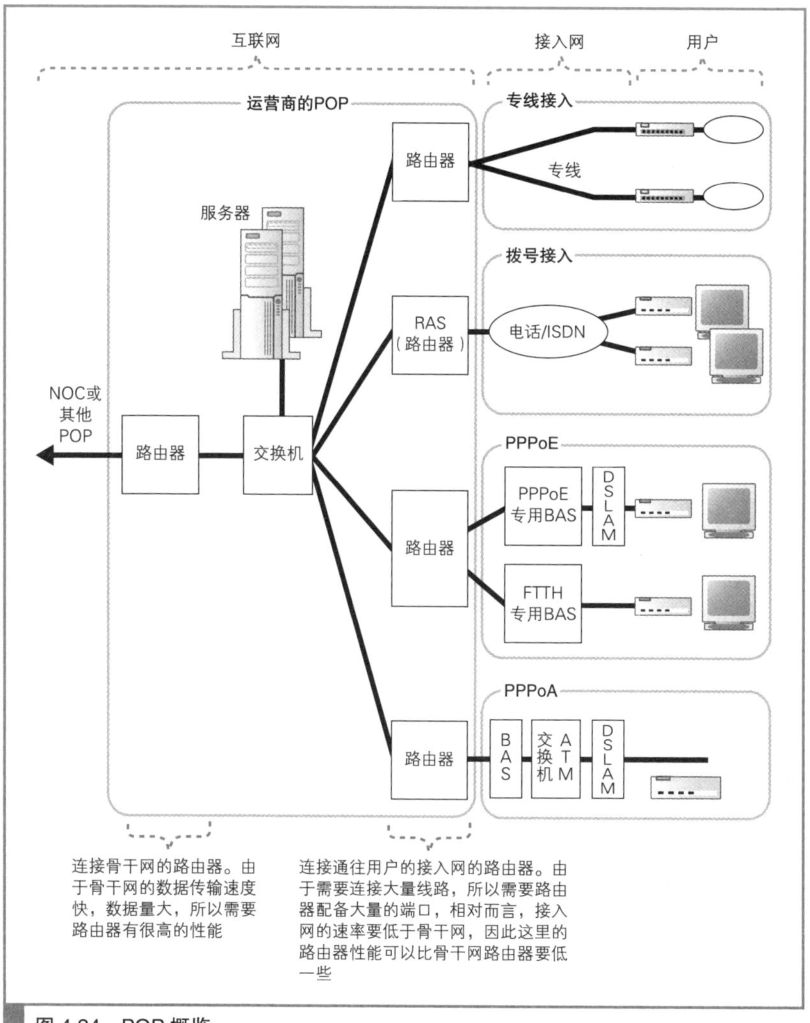

图 4.24　POP 概览

对于连接接入网的部分来说，由于要连接的线路数量很多，所以路由器需要配备大量的端口，但能传输的网络包数量相对比较少，这是因为接入网的速率比互联网核心网络要低。因此，端口多且价格便宜的路由器适用于这些场景。相对地，图中左侧的路由器用于连接运营商和核心 NOC

以及其他 POP，所有连接接入网的路由器发出的包都会集中到这里，使用的线路速率也比较高，因此这里需要配备转发性能和数据吞吐量高的路由器。

NOC[1] 是运营商的核心设备，从 POP 传来的网络包都会集中到这里，并从这里被转发到离目的地更近的 POP，或者是转发到其他的运营商。这里也需要配备高性能的路由器。

话说回来，到底需要多高的性能才行呢？我们来看实际产品的参数。面向运营商的高性能路由器中有些产品的数据吞吐量超过 1 Tbit/s[2]，而一般面向个人的路由器的数据吞吐量也就 100 Mbit/s 左右，两者相差 1 万多倍。当然，路由器的性能不完全是由吞吐量决定的，但从这里可以看出规模和性能的差异。

其实，NOC 和 POP 并没有非常严格的界定。NOC 里面也可以配备连接接入网的路由器，很多情况下是和 POP 共用的。从 IP 协议的传输过程来看，也没有对两者进行区分的必然性，因为无论是哪个路由器，其转发网络包的基本工作原理都是相同的。因此，大家可以简单地认为，NOC 就是规模扩大后的 POP[3]。

4.4.2 室外通信线路的连接

POP 和 NOC 遍布全国各地，它们各自的规模有大有小，但看起来跟公司里的机房没什么太大区别，都是位于一幢建筑物中的，其中的路由器或者通过线路直接连接，或者通过交换机进行连接，这些和公司以及家庭网络都是相同的。只不过，公司的机房一般使用双绞线来连接设备，但运营商的网络中需要传输大量的包，已经超过了双绞线能容纳的极限，因此

① NOC：Network Operation Center，网络运行中心。

② T 表示 10^{12}。

③ 从探索之旅的角度来看，运营商内部似乎只要有路由器就行了，但实际上 POP 和 NOC 中的设备不只有路由器。因为运营商还会提供如网站、邮件等各种服务，所以机房里面还会配备各种服务器。

一般还是更多地使用光纤[1]。

大楼室内可以用线路直接连接，对于距离较远的 NOC 和 POP 来说，它们之间的连接方式可以分为几种。

对于自己拥有光纤[2]的运营商来说，可以选择最简单的方式，也就是用光纤将 NOC 和 POP 直接连接起来。

这种方式虽然想法简单，但实现起来却并不简单。光纤需要在地下铺设，需要很大的工程费用，而且当线路发生中断时还必须进行维修，这些维护工作也需要费用。因此，只有有限的几家大型运营商才拥有光纤。

那么，其他运营商怎么办呢？其实也不难，只要从其他公司租借光纤就可以了，但所谓租借并不是光纤本身。

拥有光纤的公司一般都会提供光纤租用服务。以电话公司为例，电话公司会在其拥有的光纤中传输语音数据，但一条光纤并不是只能传输一条语音数据，光纤是可以复用的，一条语音数据只占其通信能力的一部分。换句话说，电话公司可以将自己的光纤的一部分通信能力租借给客户。对于客户来说，只要支付一定的费用就可以使用其中的通信能力了。对于电话公司来说，其拥有的光纤不会全部自己使用，通过租借的方式也可以带来一定的收益，无论其业务本质是电话还是互联网，这一点都是共通的[3]。这种服务就叫作通信线路服务。

不拥有光纤的运营商则可以使用租借通信线路的方式将相距较远的 NOC 和 POP 连接起来。电话使用的通信线路（电话线）只能传输语音这种单一形式的数据，但运营商使用的通信线路则种类繁多。首先，在速率上就分为很多种，其中比较快的种类，其速率为电话线的 100 万倍左右。除

① 光纤基本上和 FTTH 没有区别，只不过在大楼内部短距离连接时，一般采用多模光纤。

② 比如，电话公司由于自身业务需要，通过电线杆等方式铺设了很多光纤，那么这些公司属于拥有光纤的。电力公司通过继承电线杆上架设的光纤来开展通信业务，也算是自己拥有光纤的。此外，高速公路沿途铺设的光纤也会归一些公司所有，因此拥有光纤的方式是多种多样的。

③ 互联网之外的其他通信线路服务在本质上都是一样的。

了速率之外，数据的传输方式也分为很多种。以前，将多条电话线捆绑在一起的方式比较主流，现在我们有了各种类型的通信线路，其中也有一些公司不对光纤进行细分，而是直接将整条光纤租借出去[1]。不同的通信方式和速率对应着不同的价格，对于不拥有光纤的运营商来说，需要根据需要从中进行选择。

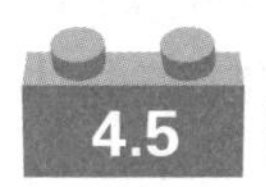

4.5 跨越运营商的网络包

4.5.1 运营商之间的连接

让我们重新回到运营商内部，看一看到达 POP 路由器之后，网络包是如何前往下一站的。首先，如果最终目的地 Web 服务器和客户端是连接在同一个运营商中的，那么 POP 路由器的路由表中应该有相应的转发目标。运营商的路由器可以和其他路由器交换路由信息，从而自动更新自己的路由表，通过这一功能，路由信息就实现了自动化管理[2]。于是，路由器根据路由表中的信息判断转发目标，这个转发目标可能是 NOC，也可能是相邻的 POP，无论如何，路由器都会把包转发出去，然后下一个路由器也同样根据自己路由表中的信息继续转发。经过几次转发之后，网络包就到达了 Web 服务器所在的 POP 的路由器，然后从这里被继续转发到 Web 服务器。

那么，如果服务器的运营商和客户端的运营商不同又会怎样呢？这种情况下，网络包需要先发到服务器所在的运营商，这些信息也可以在路由表中找到，这是因为运营商的路由器和其他运营商的路由器也在交换路由信息。这个信息交换的过程稍后再讲，我们暂且认为路由表中能找到对方运营商的路由信息，这时网络包会被转发到对方运营商的路由器。

总之，对于互联网内部的路由器来说，无论最终目的地是否属于同一家运营商，都可以从路由表中查到，因此只要一次接一次按照路由表中的

① 这种服务称为 Dark Fibre，中文一般叫作“直驳光纤”。

② 关于路由信息请参见 3.3.2 节。

目标地址来转发包，最终一定可以到达 Web 服务器所在的 POP。这样一来，我们就可以把包发到任何地方，包括地球的另一面。

4.5.2 运营商之间的路由信息交换

只要路由表中能够查到，我们当然可以把包发到任何地方，包括地球的另一面，但这些路由信息是如何写入路由表的呢？如果路由表中没有相应的路由信息，路由器就无法判断某个网络的位置，也就无法对包进行转发，也就是说，仅仅用线路将路由器连起来，是无法完成包转发的。下面我们来看看运营商之间是如何交换路由信息，并对路由器进行自动更新的。

其实方法并不难。如图 4.25 所示，只要让相连的路由器告知路由信息就可以了。只要获得了对方的路由信息，就可以知道对方路由器连接的所有网络，将这些信息写入自己的路由表中，也就可以向那些网络发送包了。

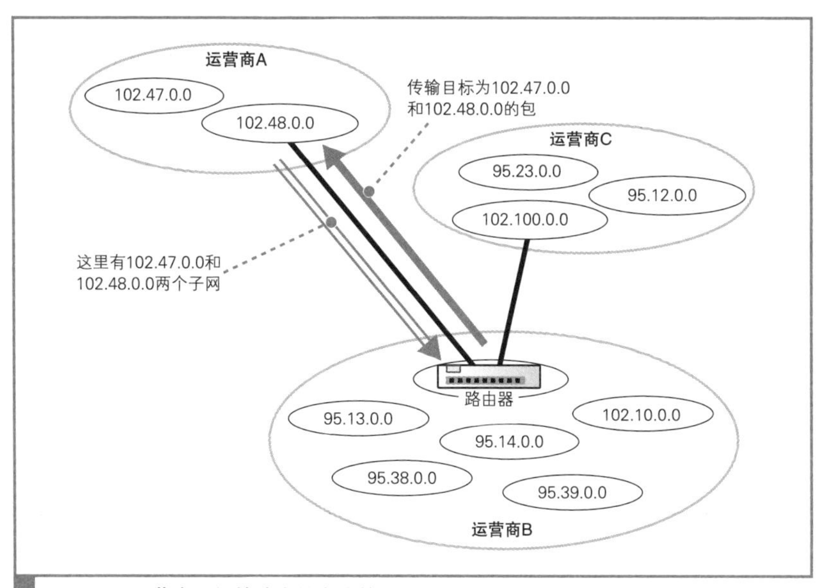

图 4.25 运营商之间的路由信息交换

获得对方的路由信息之后，我们也需要将自身的路由信息告知对方。这样一来，对方也可以将发往我们所在子网的包转发过来。这个路由信息交换的过程是由路由器自动完成的，这里使用的机制称为 BGP[①]。

根据所告知的路由信息的内容，这种路由交换可分为两类。一类是将互联网中的路由全部告知对方。例如图 4.26 中，如果运营商 D 将互联网上所有路由都告知运营商 E，则运营商 E 不但可以访问运营商 D，还可以访问运营商 D 后面的运营商 B、A 和 C。然后，通过运营商 D 就可以向所有的运营商发送包。像这样，通过运营商 D 来发送网络包的方式称为转接。

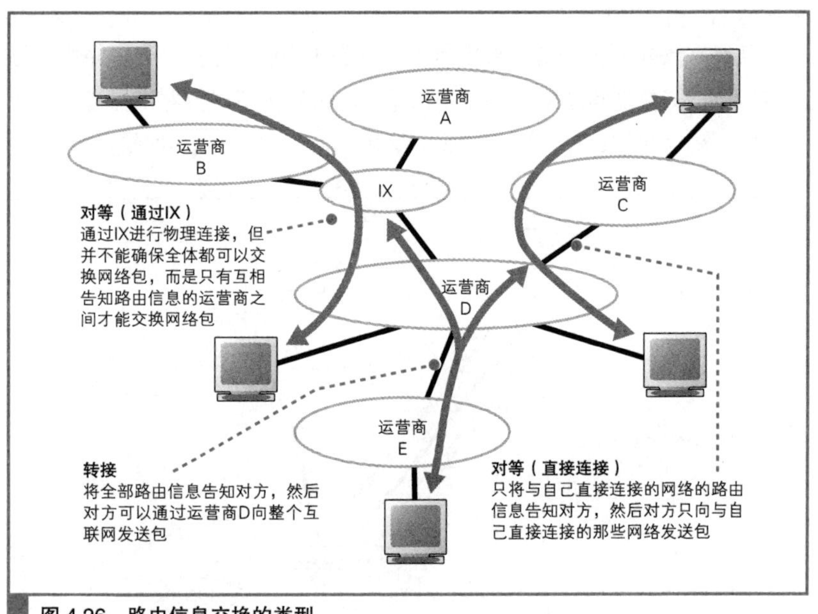

图 4.26　路由信息交换的类型

另一种类型是两个运营商之间仅将与各自网络相关的路由信息告知对方。这样，只有双方之间的网络可以互相收发网络包，这种方式称为非转

① BGP：Border Gateway Protocol，边界网关协议。

接，也叫对等[①]。

互联网内部使用 BGP 机制在运营商之间交换路由信息。

4.5.3 与公司网络中自动更新路由表机制的区别

路由器之间相互交换信息自动更新路由表的方式在公司网络中也会用到，不过公司内部和运营商之间在路由交换方式上是有区别的。

公司中使用的方式是寻找与目的地之间的最短路由，并按照最短路由来转发包，因此，周围的所有路由器都是平等对待的。

公司内部采用这样的方式没问题，但运营商之间就不行了。假设某个运营商拥有一条连接日本和美国的高速线路，那么要访问美国的地址时，可能这条线路是最短路由。如果单纯采用最短路由的方式，那么其他运营商的包就都会走这条线路，这时，该运营商需要向其他运营商收取相应的费用，否则就成义务劳动了。在这种情况下，如果使用最短路由的方式，就无法区分哪个运营商交了费，哪个运营商没交费，也就是说无法阻止那些没交费的运营商使用这条线路，这样就很难和对方进行交涉了。

正是出于这样的原因，互联网中不能单纯采用最短路由，而是需要一种能够阻止某些来源的网络包的机制，互联网的路由交换机制就具有这样的功能。

首先，互联网中可以指定路由交换的对象。公司中，路由信息是在所有路由器间平等交换的，但运营商之间的路由交换是在特定路由器间一对一进行的。这样一来，运营商就可以只将路由信息提供给那些交了费的运营商，那些没交费的运营商也就无法将网络包发送过来了。

其次，在判断路由时，该机制不仅可以判断是否是最短路由，还可以

---

① 对等的英文是 peer，BGP 规格中将互相交换路由信息的节点都称为 peer，但 BGP 的 peer 实际上包含了转接和非转接两种节点，但“对等”的 peer 仅包括非转接的节点，它们的意思不同，请不要混淆。

设置其他一些判断因素。例如当某个目的地有多条路由时，可以对每条路由设置优先级。

运营商之间需要对交换路由信息的对象进行判断和筛选，但这样一来，对于没有交换路由信息的运营商网络，我们就无法将网络包发送过去了，如果要访问的 Web 服务器就在那个运营商网络中，我们不就访问不了了吗？其实不用担心，运营商在进行路由交换时会避免出现这样的情况。互联网中有很多运营商，每个运营商都和其他多个运营商相互连接。因此，如果一个运营商走不过去，可以走另一个运营商，无论网络包要发送到什么地方，都会确保能够获取相应的路由信息。如果某个运营商做不到这一点，那它也就该倒闭了。

4.5.4 IX 的必要性

图 4.26 中有一个叫作 IX① 的东西，我们来说说它是干什么用的。对于两个运营商来说，像图 4.26 中运营商 D 和运营商 C 这样一对一的连接是最基本的一种连接方式，现在也会使用这种方式。但这种方式有个不方便的地方，如果运营商之间只能一对一连接，那么就需要像图 4.27（a）这样将所有的运营商都用通信线路连接起来。现在光日本国内就有数千家运营商，这样连接非常困难。对于这种情况，我们可以采用图 4.27（b）的方式，设置一个中心设备，通过连接到中心设备的方式来减少线路数量，这个中心设备就称为 IX。

现在日本国内有几个这样的设备，其中具有代表性的包括 JPIX②、NSPIXP-2③、JPNAP④。经过这 3 个 IX 的数据总量约为 200 Gbit/s⑤，而且还

① IX：Internet eXchange，中文一般叫作"互联网交换中心"。

② JPIX：JaPan Internet eXchange，日本 Internet Exchange 公司运营的 IX。

③ NSPIXP-2：Network Service Provider Internet eXchange Point-2，是由政府、学校、民间三方共同运营的 WIDE 项目的 IX。

④ JPNAP：Japan Network Access Point，日本 Internet Multifeed 公司运营的 IX。

⑤ 2007 年 2 月时的估算值。

在持续增加。

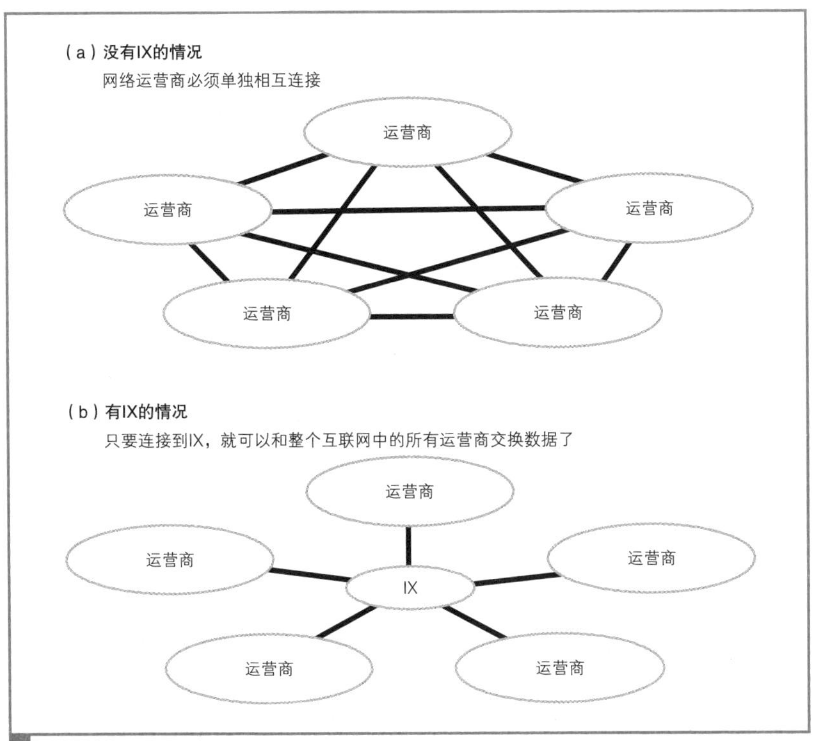

图 4.27　IX 的必要性

4.5.5 运营商如何通过 IX 互相连接

下面我们来探索一下 IX。首先是 IX 的部署场所。为了保证在遇到停电、火灾等事故，以及地震等自然灾害时，路由器等网络设备还能继续工作，IX 所在的大楼都装有自主发电设备，并具有一定的抗震能力。其实这样的要求也不仅限于 IX，运营商的 NOC 也是一样。现在在日本，拥有如此高安全性的大楼其实并不多，因此符合这样要求的大楼里面都可能会有 NOC 和 IX。运营商和 IX 运营机构会租下大楼中的一块地方用于放置 NOC 和 IX 的设备，换句话说，IX 就在这些大楼中某一层的某个角落中。

IX的核心是具有大量高速以太网[①]端口的二层交换机（图4.28）[②]。二层交换机的基本原理和一般交换机相同，大家可以认为IX的核心就是大型的、高速的交换机。

接下来就是将各个运营商的路由器连接到IX核心交换机上，连接方法有几种。首先，当运营商NOC和IX位于同一幢大楼里时，只要从NOC中将光纤延长出来接到IX交换机就可以了（图4.28 ①）。这种情况和公司、家庭网络中的路由器与交换机的连接方法是相同的。这种方法很简单，但如果NOC和IX不在同一幢大楼里又该怎么办呢？我们可以用通信线路将路由器和交换机连起来。这种情况下有两种连法，一种是从路由器延伸出一根通信线路并连接到IX交换机上（图4.28 ②），另一种是将路由器搬到IX机房里，用通信线路将路由器和NOC连起来，再将路由器连到IX交换机上（图4.28 ③）。

以前IX交换机都是放在一个地方的，也就是呈点状分布的。现在这些点状设施已经逐步扩张，在数据中心等网络流量集中的地方一般都会设置IX终端交换机，各运营商的路由器在这里连接到终端交换机上（图4.28 ④）。IX已经从点扩张到线，甚至到面了。

下面我们来看一看网络包具体是如何传输的。其实这里并没有什么特别需要解释的，因为IX的交换机和一般的交换机在工作方式上没有区别。当收到来自某个路由器的网络包时，IX交换机先通过ARP查询下一个路由器的MAC地址，然后将其写入MAC头部发送出去即可。只要填写了正确的MAC地址，就可以向任何运营商的路由器发送包。不过实际上，要成功发送包还需要正确的路由信息，对于没有进行路由交换的运营商，我们是无法向其发送包的。这需要运营商之间通过谈判签订合约，然后按照合约来交换路由信息，实现网络包的收发。

运营商之间可以直接连接，也可以通过IX连接，无论是哪种方式，

① 现在使用的是10 Gbit/s端口，如果将来出现更高速的以太网标准，在数据量大的地方应该就会升级到更高速的设备。

② 这种方式称为“二层方式”，在日本是主流方式，当然，也有采用其他方式的IX。

最终网络包都会到达服务器所在的运营商，然后通过 POP 进入服务器端的网络。后面的内容我们下一章继续讲。

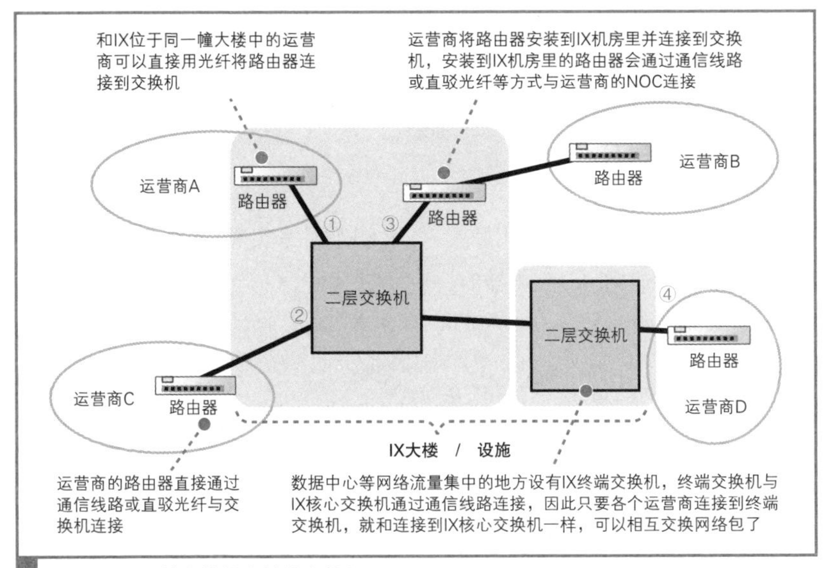

图 4.28 IX 的实体是高性能交换机

小测验

本章的旅程告一段落，我们为大家准备了一些小测验题目，确认一下自己的成果吧。

问题

1. 什么是接入网？
2. 要使用 ADSL 服务，需要安装一个将电话信号和 ADSL 信号分开的设备，这个设备叫什么名字？
3. 和电话局距离越远，ADSL 的通信速率越低，为什么？
4. BAS（宽带接入服务器）与一般的路由器有什么不同？
5. 将多个运营商汇聚在一起相互连接的设备叫什么？

Column

网络术语其实很简单

名字叫服务器，其实是路由器

探索队员：BAS 其实是路由器对吧？

探索队长：是呢，它也是路由器的一种。不过它有一些一般路由器没有的功能，算是加强版的路由器吧。

队员：可是，为什么它要叫服务器呢？

队长：你的关注点怎么总是这么奇怪？

队员：是吗？难道只有我觉得这个名字很怪吗？

队长：好吧好吧，其实 BAS 是从 RAS 发展而来的，一开始叫 B-RAS，意思是用于宽带网络的 RAS，后来缩略成了 BAS。

队员：RAS 也是路由器的一种吗？

队长：是啊。

队员：那 RAS 又为什么叫服务器呢？太奇怪了吧？

队长：其实也没什么可奇怪的。

队员：这话怎么说？

队长：以前和现在不一样，大部分情况下，RAS 是用一台服务器里面装上 RAS 软件来实现的，所以叫服务器是很正常的。

队员：咦？服务器也可以当路由器来用吗？

队长：这有什么大惊小怪的，只要有相应的软件，计算机什么都能干。

队员：这么说好像挺有道理的。

队长：所以说，只要安装了路由器软件，计算机也可以当路由器来用。

队员：原来是这样啊。

队长：其实以前的路由器也不是专门的设备，都是在计算机上安装相应的软件当成路由器来用的。

队员：真的吗？

队长：当然。现在的计算机也可以当路由器用哦。Linux 等 UNIX 系操作系统都内置了路由功能，Windows Server 版本也具有路由功能。

队员：这样啊，学到了。

队长：不过，以前和现在不一样，以前的计算机可是很贵的，最少也要几百万日元，高性能的型号要几亿日元呢。

队员：好像听说过这事。

队长：这么贵的东西，只是拿来转发网络包，未免太浪费了对吧。

队员：我还以为转发网络包是个很复杂的工作呢。

队长：不不，跟数据库、业务系统相比，转发包算是简单的工作了。

队员：这样啊。

队长：是啊，让昂贵的计算机做这么简单的事太浪费了，有人就想，如果设计一种专用设备，是不是能节省成本呢？于是就有了路由器。

队员：原来是这样啊。

队长：不过，这是以前的事了，现在情况又不一样了。现在使用专用硬件不是为了降低成本，而是为了提高性能。

队员：这话怎么说？

队长：计算机需要用软件来处理网络包的转发对吧？

队员：是啊。

队长：专用硬件可以通过芯片实现非常快速的处理，因此性能更好。

队员：原来如此。

小测验答案

1. 用于连接网络运营商的线路（参见【4.1.2】）
2. 分离器（参见【4.1.6】）
3. 因为离电话局越远，信号越弱（参见【4.2.3】）
4. BAS 具有身份认证、向客户端下发 IP 地址等配置信息的功能（参见【4.3.1】）
5. IX（Internet eXchange，互联网交换中心）（参见【4.5.4】）

第 5 章

服务器端的局域网中有什么玄机

热身问答

在开始探索之旅之前，我们准备了一些和本章内容有关的小题目，请大家先试试看。

这些题目是否答得出来并不影响接下来的探索之旅，因此请大家放轻松。

下列说法是正确的（√）还是错误的（×）？

1. 当使用浏览器访问 Web 服务器时，浏览器的通信对象不仅限于 Web 服务器。
2. 没有防火墙就不能连接到互联网。
3. 也有防火墙无法抵御的攻击。

1. √。浏览器有时候是和 Web 服务器通信，有时候是和缓存服务器以及负载均衡器等进行通信。
2. ×。防火墙并不是必需的，但是没有防火墙会增加风险。
3. √。防火墙不会检查通信数据的具体内容，因此无法抵御隐藏在通信数据内容中的攻击。

前情提要

上一章，我们探索了网络包在进入互联网之后，通过通信线路和运营商网络到达服务器 POP 端的过程。接下来，网络包将继续朝服务器前进，并通过服务器前面的防火墙、缓存服务器、负载均衡器等。本章我们将对这一部分进行探索。

探索之旅的看点

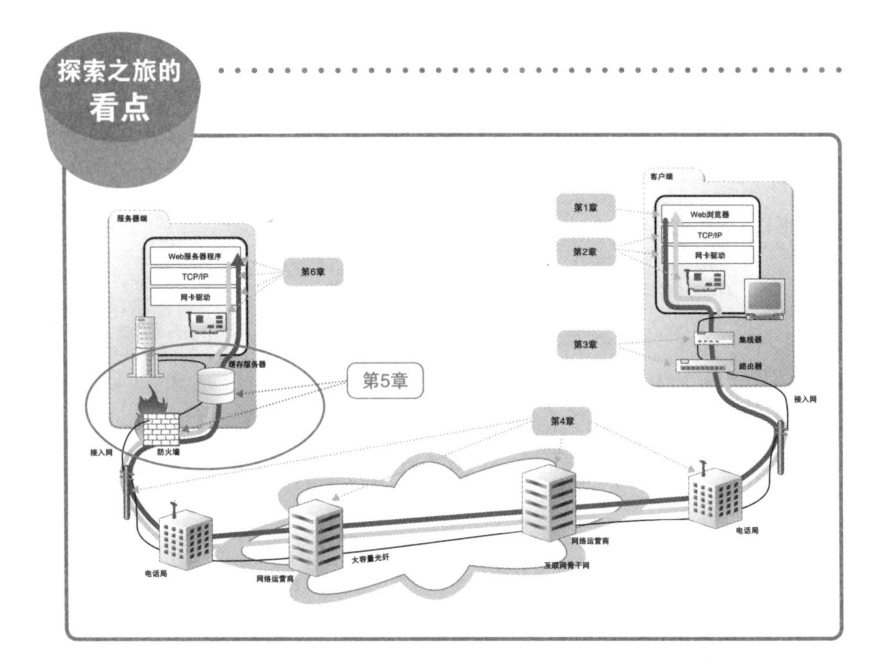

（1）Web 服务器的部署地点

客户端计算机一般都放在家庭、公司网络上，但服务器的部署不仅限于家庭和公司中。那么服务器到底放在哪里呢？这是我们的第一个看点。

（2）防火墙的结构和原理

一般在 Web 服务器前面都会部署防火墙，那么防火墙是通过怎样的机制保护服务器的呢？这是我们的第二个看点。

(3) 通过将请求平均分配给多台服务器来平衡负载

随着访问量的增加，Web 服务器的处理能力会不够用，对于访问量很大的大型网站来说，必须要考虑到这一点。如何应对这个问题，也是我们的看点之一。有很多方案可以应对这个问题，我们先介绍其中一种方法，即通过多台 Web 服务器来分担负载。

(4) 利用缓存服务器分担负载

另一种减轻 Web 服务器负担的方法是将访问过的数据保存在缓存服务器中，当再次访问时直接使用缓存的数据。除了在服务器端部署缓存服务器之外，在客户端也可以部署缓存服务器，缓存服务器有各种用法，这也是我们的看点之一。

(5) 内容分发服务

内容分发服务是从缓存服务器发展而来的，它在互联网中部署很多缓存服务器，并将用户的访问引导到最近的缓存服务器上。那么如何才能找到离用户最近的缓存服务器呢？如何将用户的访问引导到这台服务器上呢？内容分发服务的结构还是非常耐人寻味的。

5.1 Web 服务器的部署地点

5.1.1 在公司里部署 Web 服务器

网络包从互联网到达服务器的过程，根据服务器部署地点的不同而不同。最简单的是图 5.1（a）中的这种情况，服务器直接部署在公司网络上，并且可以从互联网直接访问。这种情况下，网络包通过最近的 POP 中的路由器、接入网以及服务器端路由器之后，就直接到达了服务器。其中，路由器的包转发操作，以及接入网和局域网中包的传输过程都和我们之前讲过的内容没有区别[①]。

以前这样的服务器部署方式很常见，但现在已经不是主流方式了。这里有几个原因。第一个原因是 IP 地址不足。这样的方式需要为公司网络中的所有设备，包括服务器和客户端计算机，都分配各自的公有地址。然而现在公有地址已经不够用了，因此采用这种方式已经不现实了。

另一个原因是安全问题。这种方式中，从互联网传来的网络包会无节制地进入服务器，这意味着服务器在攻击者看来处于“裸奔”状态。当然，我们可以强化服务器本身的防御来抵挡攻击，这样可以一定程度上降低风险。但是，任何设置失误都会产生安全漏洞，而裸奔状态的服务器，其安全漏洞也都会暴露出来。人工方式总会出错，安全漏洞很难完全消除，因此让服务器裸奔并不是一个稳妥的办法。

因此，现在我们一般采用图 5.1（b）中的方式，即部署防火墙[②]。防火墙的作用类似于海关，它只允许发往指定服务器的指定应用程序的网络包通过，从而屏蔽其他不允许通过的包。这样一来，即便应用程序存在安全漏

---

① 路由器的包转发参见第 3 章，接入网参见第 4 章，局域网参见第 3 章。

② 防火墙：一种抵御外部网络攻击的机制，也是最早出现的一种防御机制。现在已经出现了很多可以绕过防火墙的攻击方法，因此防火墙一般需要和反病毒、非法入侵检测、访问隔离等机制并用。我们将在 5.2 节详细介绍。

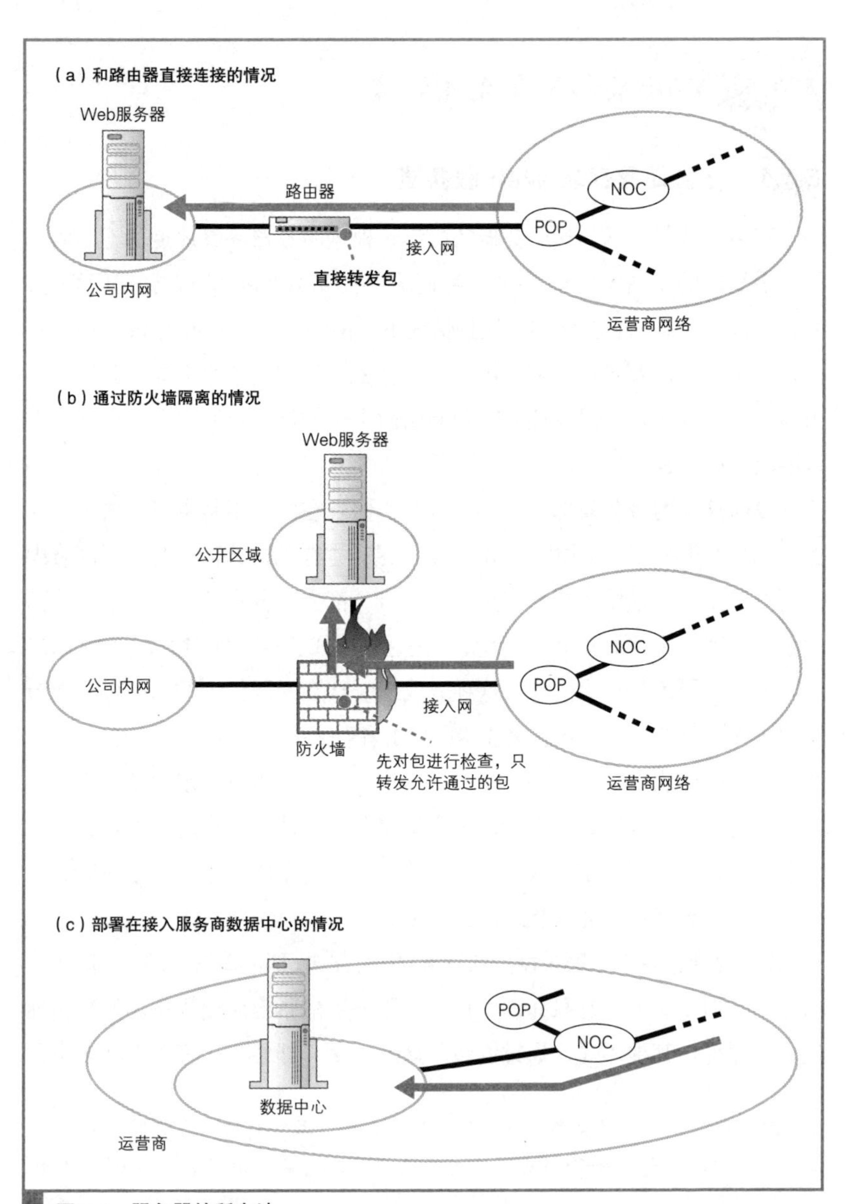
（a）和路由器直接连接的情况
Web服务器
路由器
NOC
POP
接入网
直接转发包
公司内网
运营商网络
（b）通过防火墙隔离的情况
Web服务器
公开区域
NOC
POP
公司内网
接入网
防火墙
先对包进行检查，只
转发允许通过的包
运营商网络
（c）部署在接入服务商数据中心的情况
POP
NOC
数据中心
运营商

图 5.1　服务器的所在地

洞，也可以降低相应的风险。因为防火墙屏蔽了不允许从外部访问的应用程序，所以即便这些程序存在安全漏洞，用于攻击的网络包也进不来[①]。当然，即便如此风险也不会降到零，因为如果允许外部访问的应用程序中有安全漏洞，还是有可能遭到攻击的[②]，但怎么说也远比完全暴露安全漏洞的风险要低得多。这就是防火墙的作用。

5.1.2 将 Web 服务器部署在数据中心

图 5.1（a）和图 5.1（b）都是将 Web 服务器部署在公司里，但 Web 服务器不仅可以部署在公司里，也可以像图 5.1（c）这样把服务器放在网络运营商等管理的数据中心里，或者直接租用运营商提供的服务器。

数据中心是与运营商核心部分 NOC 直接连接的，或者是与运营商之间的枢纽 IX 直接连接的。换句话说，数据中心通过高速线路直接连接到互联网的核心部分，因此将服务器部署在这里可以获得很高的访问速度[③]，当服务器访问量很大时这是非常有效的。此外，数据中心一般位于具有抗震结构的大楼内，还具有自主发电设备，并实行 24 小时门禁管理，可以说比放在公司里具有更高的安全性。此外，数据中心不但提供安放服务器的场地，还提供各种附加服务，如服务器工作状态监控、防火墙的配置和运营、非法入侵监控等，从这一点来看，其安全性也更高。

如果 Web 服务器部署在数据中心里，那么网络包会从互联网核心部分直接进入数据中心，然后到达服务器。如果数据中心有防火墙，则网络包会先接受防火墙的检查，放行之后再到达服务器。无论如何，网络包通过

① 在设计防火墙机制的那个年代，还没有特别恶劣的攻击方式，因此只要服务器管理员正确配置应用程序，就可以防止出现漏洞。当时的设计思路就是对于允许外部访问的应用程序进行正确配置，防止出现漏洞，而对于其他应用程序则用防火墙来进行屏蔽保护。

② 因此管理员必须注意两点：1. 更新应用程序修补安全漏洞；2. 正确配置应用程序避免出现漏洞。

③ 将服务器部署在公司里时，只要提高接入网的带宽，就可以让访问速度变得更快。

路由器的层层转发，最终到达服务器的这个过程都是相同的。

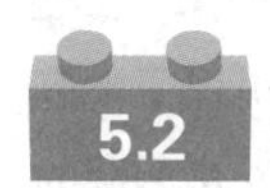

5.2 防火墙的结构和原理

5.2.1 主流的包过滤方式

无论服务器部署在哪里，现在一般都会在前面部署一个防火墙，如果包无法通过防火墙，就无法到达服务器。因此，让我们先来探索一下包是如何通过防火墙的。

防火墙的基本思路刚才已经介绍过了，即只允许发往特定服务器中的特定应用程序的包通过，然后屏蔽其他的包。不过，特定服务器上的特定应用程序这个规则看起来不复杂，但网络中流动着很多各种各样的包，如何才能从这些包中分辨出哪些可以通过，哪些不能通过呢？为此，人们设计了多种方式[①]，其中任何一种方式都可以实现防火墙的目的，但出于性能、价格、易用性等因素，现在最为普及的是包过滤方式。因此，我们的探险之旅就集中介绍一下包过滤方式的防火墙是怎样工作的。

5.2.2 如何设置包过滤的规则

网络包的头部包含了用于控制通信操作的控制信息，只要检查这些信息，就可以获得很多有用的内容。这些头部信息中，经常用于设置包过滤规则的字段如表 5.1 所示。不过，光看这张表还是难以理解过滤规则是如何设置的，所以我们来看一个具体的例子[②]。

① 防火墙可分为包过滤、应用层网关、电路层网关等几种方式。

② 要理解包过滤的设置需要深入理解包是如何在网络中传输的，这些内容在第 2 章有详细的讲解，请大家复习一下。

表 5.1 地址转换和包过滤中用于设置规则的字段

<table>
<tr><th>头部类型</th><th>规则判断条件</th><th colspan="2">含 义</th></tr>
<tr><td>MAC 头部</td><td>发送方 MAC 地址</td><td colspan="2">路由器在对包进行转发时会改写 MAC 地址，将转发目标路由器的 MAC 地址设为接收方 MAC 地址，将自己的 MAC 地址设为发送方 MAC 地址。通过发送方 MAC 地址，可以知道上一个转发路由器的 MAC 地址</td></tr>
<tr><td rowspan="3">IP 头部</td><td>发送方 IP 地址</td><td colspan="2">发送该包的原始设备的 IP 地址。如果要以发送设备来设置规则，需要使用这个字段</td></tr>
<tr><td>接收方 IP 地址</td><td colspan="2">包的目的地 IP 地址，如果要以包的目的地来设置规则，需要使用这个字段</td></tr>
<tr><td>协议号</td><td colspan="2">TCP/IP 协议为每个协议分配了一个编号，如果要以协议类型来设置规则，需要使用这个编号。主要的协议号包括 IP：0；ICMP：1；TCP：6；UDP：17；OSPF：89</td></tr>
<tr><td rowspan="9">TCP 头部或 UDP 头部</td><td>发送方端口号</td><td colspan="2">发送该包的程序对应的端口号。服务器程序对应的端口号是固定的，因此根据服务器返回的包的端口号可以分辨是哪个程序发送的。不过，客户端程序的端口号大多是随机分配的，难以判断其来源，因此很少使用客户端发送的包的端口号来设置过滤规则</td></tr>
<tr><td>接收方端口号</td><td colspan="2">包的目的地程序对应的端口号。和发送方端口号一样，一般使用服务器的端口号来设置规则，很少使用客户端的端口号</td></tr>
<tr><td rowspan="6">TCP 控制位</td><td colspan="2">TCP 协议的控制信息，主要用来控制连接操作</td></tr>
<tr><td>ACK</td><td>表示接收数据序号字段有效，一般用于通知发送方数据已经正确接收</td></tr>
<tr><td>PSH</td><td>表示发送方应用程序希望不等待发送缓冲区填充完毕，立即发送这个包</td></tr>
<tr><td>RST</td><td>强制断开连接，用于异常中断</td></tr>
<tr><td>SYN</td><td>开始通信时连接操作中发送的第一个包中，SYN 为 1，ACK 为 0。如果能够过滤这样的包，则后面的操作都无法继续，可以屏蔽整个访问</td></tr>
<tr><td>FIN</td><td>表示断开连接</td></tr>
<tr><td>分片</td><td colspan="2">通过 IP 协议的分片功能拆分后的包，从第二个分片开始会设置该字段</td></tr>
</table>

（续）

头部类型	规则判断条件	含　义	
ICMP 消息（非头部）的内容	ICMP 消息类型	ICMP 消息用于通知包传输过程中产生的错误，或者用来确认通信对象的工作状态。ICMP 消息主要包括以下类型，这些类型可以用来设置过滤规则	
		0	针对 ping 命令发送的 ICMP echo 消息的响应。将这种类型的消息和下面的类型 8 消息屏蔽后，ping 命令就没有响应了。一般在发动攻击之前会通过 ping 命令查询网络中有哪些设备，如果屏蔽 0 和 8，就不会响应 ping 命令，攻击者也就无法获取网络中的信息了。不过，ping 命令也可以用来查询设备是否在正常工作，如果屏蔽了 0 和 8 的消息，可能别人会误以为设备没有在工作
		8	这个类型的消息叫作 ICMP echo，当执行 ping 命令时，就会发送 ICMP echo 消息
		其他	ICMP 消息除了 0 和 8 以外还有其他一些类型，但其中有些消息被屏蔽后会导致网络故障，因此如果要屏蔽 0 和 8 以外的消息必须十分谨慎

假设我们的网络如图 5.2 所示，将开放给外网的服务器和公司内网分开部署，Web 服务器所在的网络可以从外网直接访问。现在我们希望允许从互联网访问 Web 服务器（图 5.2 ①），但禁止 Web 服务器访问互联网（图 5.2 ②）。以前很少禁止 Web 服务器访问互联网，但现在出现了一些寄生在服务器中感染其他服务器的恶意软件，如果阻止 Web 服务器访问互联网，就可以防止其他服务器被感染。要实现这样的要求，应该如何设置包过滤的规则呢？我们就用这个例子来看一看包过滤的具体思路。

在设置包过滤规则时，首先要观察包是如何流动的。通过接收方 IP 地址和发送方 IP 地址，我们可以判断出包的起点和终点。在图 5.2 ①的例子中，包从互联网流向 Web 服务器，从互联网发送过来的包其起点是不确定的，但终点是确定的，即 Web 服务器。因此，我们可以按此来设定规则，允许符合规则的包通过。也就是说，允许起点（发送方 IP 地址）为任意，终点（接收方 IP 地址）为 Web 服务器 IP 地址的包通过（图 5.2 中表的第 1 行）。如果可以确定发送方 IP 地址，也可以将其加入规则，但这个例子中起点是不确定的，因此可以不将发送方 IP 地址设为判断条件。

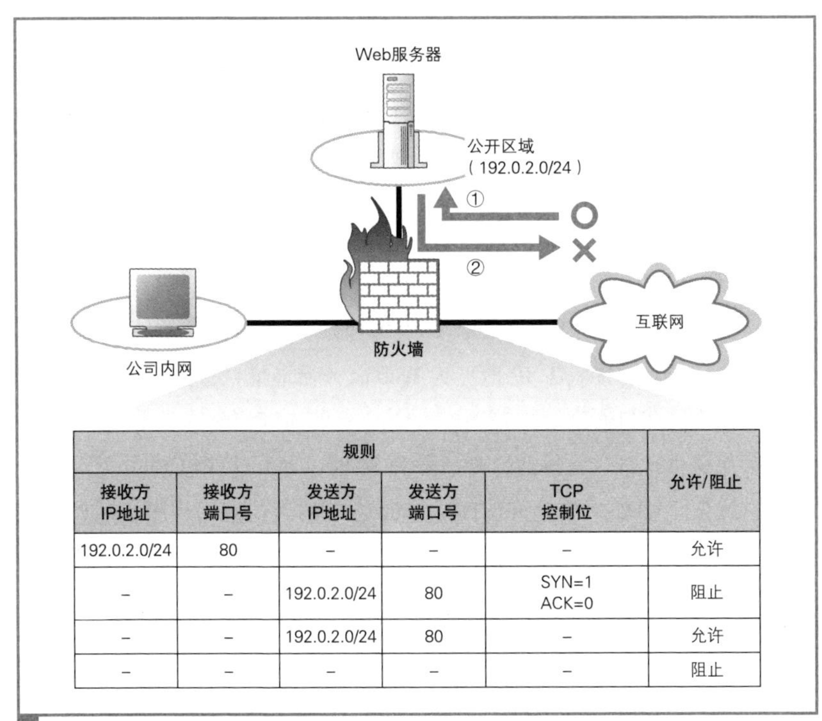

规则					允许/阻止
接收方IP地址	接收方端口号	发送方IP地址	发送方端口号	TCP控制位	
192.0.2.0/24	80	–	–	–	允许
–	–	192.0.2.0/24	80	SYN=1 ACK=0	阻止
–	–	192.0.2.0/24	80	–	允许
–	–	–	–	–	阻止

图 5.2　包过滤的典型示例

这样一来，从互联网发往 Web 服务器的包就可以通过防火墙了，但光这样还无法完成访问。因为收到包之后，Web 服务器需要通过确认应答机制[①]通知发送方数据已经正常收到，这需要 Web 服务器向互联网发送包。在 Web 服务器发往互联网的包中，我们可以将起点（发送方 IP 地址）为 Web 服务器地址的包设置为允许通过（图 5.2 中表的第 3 行）。像这样，我们可以先根据接收方和发送方地址判断包的流向，并设置是允许还是阻止。

① 详见第 2 章的内容。

5.2.3 通过端口号限定应用程序

不过，按照前面的设置，相当于允许了互联网和 Web 服务器之间所有的包通过，这个状态很危险。假如服务器上还有一个文件服务器程序在工作，那么这些文件就可能会被非法访问从而造成信息泄露。有风险的还不仅是文件服务器，现在每天都会发布若干安全漏洞，可以说随处都隐藏着风险。因此，我们最好是阻止除了必需服务（也就是本例中的 Web 服务）以外的所有应用程序的包。

当我们要限定某个应用程序时，可以在判断条件中加上 TCP 头部或者 UDP 头部中的端口号。Web 服务器的端口号为 80[①]，因此我们在刚才的接收方 IP 地址和发送方 IP 地址的基础上再加上 80 端口作为条件就可以了。也就是说，当包的接收方 IP 地址为 Web 服务器地址，且接收方端口号为 80 时，允许这些包通过（图 5.2 中表的第 1 行）；或者当包的发送方 IP 地址为 Web 服务器地址，且发送方端口号为 80 时，允许这些包通过（图 5.2 中的表的第 3 行）。如果要允许访问除 Web 之外的其他应用程序，则只要将该应用程序的端口号设置到防火墙中并允许通过就可以了。

5.2.4 通过控制位判断连接方向

现在我们已经可以指定某个具体的应用程序了，但是条件还没达到，因为还没有办法阻止 Web 服务器访问互联网。Web 使用的 TCP 协议是双向收发网络包的，因此如果单纯地阻止从 Web 服务器发往互联网的包，则从互联网访问 Web 服务器的操作也会受到影响而无法进行。光判断包的流向还不够，我们必须要根据访问的方向来进行判断。这里就需要用到 TCP 头部中的控制位。TCP 在执行连接操作时需要收发 3 个包[②]，其中第一个包

① 也可以不使用 80 端口而使用其他端口，但这种情况一定是在 Web 服务器程序中特别设置过的，因此只要按照服务器的设置来调整防火墙设置就可以了。

② 第 2 章有具体介绍。

的 TCP 控制位中 SYN 为 1，而 ACK 为 0。其他的包中这些值都不同，因此只要按照这个规则就能够过滤到 TCP 连接的第一个包。

如果这第一个包是从 Web 服务器发往互联网的，那么我们就阻止它（图 5.2 表中的第 2 行）。这样设置之后，当然也不会收到对方返回的第二个响应包，TCP 连接操作就失败了。也就是说，只要以 Web 服务器为起点访问互联网，其连接操作必然会失败，这样一来，我们就阻止了 Web 服务器对互联网的访问。

那么，从互联网访问 Web 服务器会不会受影响呢？从互联网访问 Web 服务器时，第一个包是接收方为 Web 服务器，符合图 5.2 表中的第 1 行，因此允许通过。第二个包的发送方是 Web 服务器，但 TCP 控制位的规则与第二行不匹配①，因此符合第三行的规则，允许通过。随后的所有包要么符合第一行，要么符合第三行，因此从互联网访问 Web 服务器的所有包都会被允许通过。

通过接收方 IP 地址、发送方 IP 地址、接收方端口号、发送方端口号、TCP 控制位这些条件，我们可以判断出通信的起点和终点、应用程序种类，以及访问的方向。当然，如表 5.1 列出的那样，还有很多其他的字段可以用作判断条件。通过对这些条件进行组合，我们就可以对包进行筛选。这里也可以添加多个规则，直到能够将允许的访问和不允许的访问完全区分开为止。这样，我们就可以通过设置规则，让允许访问的包通过防火墙，其他的包则不能通过防火墙②。

不过，实际上也存在无法将希望允许和阻止的访问完全区分开的情况，其中一个代表性的例子就是对 DNS 服务器的访问。DNS 查询使用的是 UDP 协议，而 UDP 与 TCP 不同，它没有连接操作，因此无法像 TCP 一样根据控制位来判断访问方向。所以，我们无法设置一个规则，只允许公司

① 第二个包中，SYN 为 1，ACK 也为 1，因此不符合刚刚设定的规则。

② 还有一种思路是只阻止有风险的访问，允许其他所有的访问，这种方法有可能漏掉未知的有风险的网络包。因此，为了避免未知的风险，一般来说都是只允许必要的包通过，其他的包全部阻止。

内部访问互联网上的 DNS 服务器，而阻止从互联网访问公司内部的 DNS 服务器。这一性质不仅适用于 DNS，对于所有使用 UDP 协议的应用程序都是共通的。在这种情况下，只能二者择其一——要么冒一定的风险允许该应用程序的所有包通过，要么牺牲一定的便利性阻止该应用程序的所有包通过[①]。

5.2.5 从公司内网访问公开区域的规则

图 5.2 这样的网络结构中，我们不仅要设置互联网和公开区域之间的包过滤规则，还需要设置公司内网和互联网之间，或者公司内网与公开区域之间的包过滤规则。这时，需要注意的是不要让这些规则互相干扰。例如，为了让公司内网与公开区域之间的网络包自由流动，我们可以将接收方 IP 地址为公开区域的包设置成全部允许通过。但是，如果在这条规则里没有限定发送方 IP 地址，那么连来自互联网的包也都会被无条件允许进入公开区域了，这会导致公开区域中的服务器全部暴露在危险状态中。因此，我们必须谨慎地设置规则，防止出现这样的情况。

5.2.6 从外部无法访问公司内网

包过滤方式的防火墙不仅可以允许或者阻止网络包的通过，还具备地址转换功能[②]，因此还需要进行相关的设置。也就是说，互联网和公司内网之间的包需要进行地址转换才能传输，因此必须要进行相关的设置[③]。具体

---

① 如果是使用包过滤之外的其他方式的防火墙，有时候是可以判断 UDP 应用程序的访问方向的。

② 关于地址转换请参见第 3 章。

③ 互联网路由器的路由表中没有私有地址的路由信息，因此凡是接收方为私有地址的包，在经过互联网中的路由器时都会被丢弃，这就是为什么必须使用地址转换的原因。相对地，防火墙内置的路由功能可以由用户自行设置，因此可以在路由表中配置私有地址相关的路由，使得公司内网到公开区域的访问可以以私有地址的形式来进行，这意味着公司内网和公开区域之间传输的包不需要地址转换。

来说，就是和包过滤一样，以起点和终点作为条件，根据需要设置是否需要进行地址转换。私有地址和公有地址之间的对应关系，以及端口号的对应关系都是自动管理的，因此只需要设置是否允许地址转换就可以了。

请大家回忆一下地址转换的工作原理，当使用地址转换时，默认状态下是无法从互联网访问公司内网的，因此我们不需要再设置一条包过滤规则来阻止从互联网访问公司内网。

5.2.7 通过防火墙

像这样，我们可以在防火墙中设置各种规则，当包到达防火墙时，会根据这些规则判断是允许通过还是阻止通过。

如果判断结果为阻止，那么这个包会被丢弃并被记录下来[①]。这是因为这些被丢弃的包中通常含有非法入侵的痕迹，通过分析这些包能够搞清楚入侵者使用的手法，从而帮助我们更好地防范非法入侵。

如果包被判断为允许通过，则该包会被转发出去，这个转发的过程和路由器是相同的。如果我们只关注判断是否允许包通过这一点，可能会觉得防火墙是一种特殊机制，而且市面上销售的防火墙大多是专用的硬件设备或者软件，这也加深了大家的这种印象。

实际上，在防火墙允许包通过之后，就没有什么特别的机制了，因此包过滤并不是防火墙专用的一种特殊机制，而是应该看作在路由器的包转发功能基础上附加的一种功能。只不过当判断规则比较复杂时，通过路由器的命令难以维护这些规则，而且对阻止的包进行记录对于路由器来说负担也比较大，因此才出现了专用的硬件和软件。如果规则不复杂，也不需要记录日志，那么用内置包过滤功能的普通路由器来充当防火墙也是可以的。

① 如果将内置包过滤功能的路由器用作防火墙，则在丢弃包时基本上不会留下记录，这是因为路由器的内存容量小，没有足够的空间用来记录日志。

包过滤方式的防火墙可根据接收方 IP 地址、发送方 IP 地址、接收方端口号、发送方端口号、控制位等信息来判断是否允许某个包通过。

5.2.8 防火墙无法抵御的攻击

防火墙可以根据包的起点和终点来判断是否允许其通过，但仅凭起点和终点并不能筛选出所有有风险的包。比如，假设 Web 服务器在收到含有特定数据的包时会引起宕机。但是防火墙只关心包的起点和终点，因此即便包中含有特定数据，防火墙也无法发现，于是包就被放行了。然后，当包到达 Web 服务器时，就会引发服务器宕机。通过这个例子大家可以看出，只有检查包的内容才能识别这种风险，因此防火墙对这种情况无能为力。

要应对这种情况有两种方法。这个问题的根源在于 Web 服务器程序的 Bug，因此修复 Bug 防止宕机就是其中一种方法。这类 Bug 中，危险性较高的会作为安全漏洞公布出来，开发者会很快发布修复了 Bug 的新版本，因此持续关注安全漏洞信息并更新软件的版本是非常重要的。

另一种方法就是在防火墙之外部署用来检查包的内容并阻止有害包的设备或软件[①]。当然，即便是采用这种方法也并不是完美无缺的，因为包的内容是否有风险，是由 Web 服务器有没有 Bug 决定的，因此当服务器程序中有潜在的 Bug 并且尚未被发现时，我们也无法判断包中的风险，也无法阻止这样的包。也就是说，我们无法抵御未知的风险。从这一点来看，这种方法和直接修复 Bug 的方法是基本等效的，但如果服务器数量较多，更新软件版本需要花费一定的时间，或者容易忘记更新软件，这时对包的内容进行检查就会比较有效。

① 有时会作为防火墙的附件提供。

5.3 通过将请求平均分配给多台服务器来平衡负载

5.3.1 性能不足时需要负载均衡

当服务器的访问量上升时，增加服务器线路的带宽是有效的，但并不是网络变快了就可以解决所有的问题。高速线路会传输大量的网络包，这会导致服务器的性能跟不上[①]。尤其是通过 CGI 等应用程序动态生成数据的情况下，对服务器 CPU 的负担更重，服务器性能的问题也会表现得越明显。

要解决这个问题，大家可能首先想到的是换一台性能更好的服务器，但当很多用户同时访问时，无论服务器的性能再好，仅靠一台服务器还是难以胜任的。在这种情况下，使用多台服务器来分担负载的方法更有效。这种架构统称为分布式架构，其中对于负载的分担有几种方法，最简单的一种方法就是采用多台 Web 服务器，减少每台服务器的访问量。假设现在我们有 3 台服务器，那么每台服务器的访问量会减少到三分之一，负载也就减轻了。要采用这样的方法，必须有一个机制将客户端发送的请求分配到每台服务器上。具体的做法有很多种，最简单的一种是通过 DNS 服务器来分配。当访问服务器时，客户端需要先向 DNS 服务器查询服务器的 IP 地址，如果在 DNS 服务器中填写多个名称相同的记录，则每次查询时 DNS 服务器都会按顺序返回不同的 IP 地址。例如，对于域名 www.lab.glasscom.com，如果我们给它分配如下 3 个 IP 地址。

```
192.0.2.60
192.0.2.70
192.0.2.80
```

当第 1 次查询这个域名时，服务器会返回如下内容。

```
192.0.2.60  192.0.2.70  192.0.2.80
```

---

① 无论服务器部署在公司里还是数据中心里，这个问题都是共通的。

当第 2 次查询时，服务器会返回如下内容。

```
192.0.2.70  192.0.2.80  192.0.2.60
```

当第 3 次查询时，服务器会返回如下内容。

```
192.0.2.80  192.0.2.60  192.0.2.70
```

当第 4 次查询时就又回到第 1 次查询的结果（图 5.3）。这种方式称为轮询（round-robin），通过这种方式可以将访问平均分配给所有的服务器。

但这种方式是有缺点的。假如多台 Web 服务器中有一台出现了故障，这时我们希望在返回 IP 地址时能够跳过故障的 Web 服务器，然而普通的 DNS 服务器并不能确认 Web 服务器是否正常工作，因此即便 Web 服务器宕机了，它依然可能会返回这台服务器的 IP 地址[①]。

此外，轮询分配还可能会引发一些问题。在通过 CGI 等方式动态生成网页的情况下，有些操作是要跨多个页面的，如果这期间访问的服务器发生了变化，这个操作就可能无法继续。例如在购物网站中，可能会在第一个页面中输入地址和姓名，在第二个页面中输入信用卡号，这就属于刚才说的那种情况。

5.3.2 使用负载均衡器分配访问

为了避免出现前面的问题，可以使用一种叫作负载均衡器的设备。使用负载均衡器时，首先要用负载均衡器的 IP 地址代替 Web 服务器的实际地址注册到 DNS 服务器上。假设有一个域名 www.lab.glasscom.com，我们将这个域名对应的 IP 地址设置为负载均衡器的 IP 地址并注册到 DNS 服务器上。于是，客户端会认为负载均衡器就是一台 Web 服务器，并向其发送

① 如果浏览器在访问 DNS 服务器返回的第一个 IP 地址失败时，能够继续尝试第二个 IP 地址，就可以回避这个问题了，最近的浏览器有很多都已经具备了这样的功能。

域名	Class	记录类型	对客户端的响应内容
www.lab.glasscom.com	IN	A	192.0.2.60
www.lab.glasscom.com	IN	A	192.0.2.70
www.lab.glasscom.com	IN	A	192.0.2.80
…	…	…	…

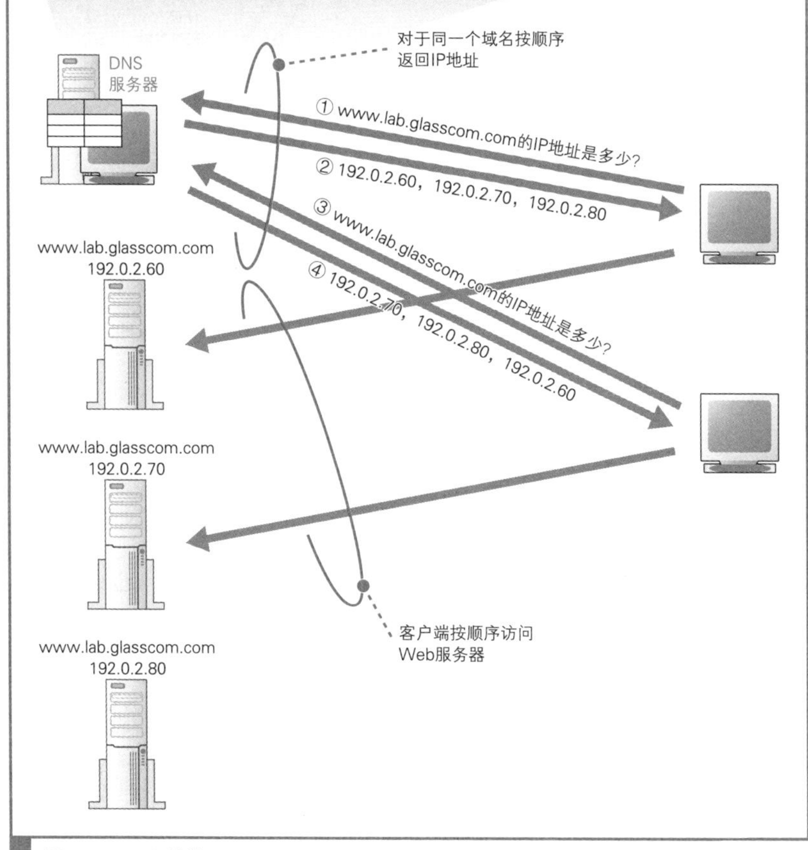

图 5.3 DNS 轮询

请求，然后由负载均衡器来判断将请求转发给哪台 Web 服务器（图 5.4）[①]。这里的关键点不言而喻，那就是如何判断将请求转发给哪台 Web 服务器。

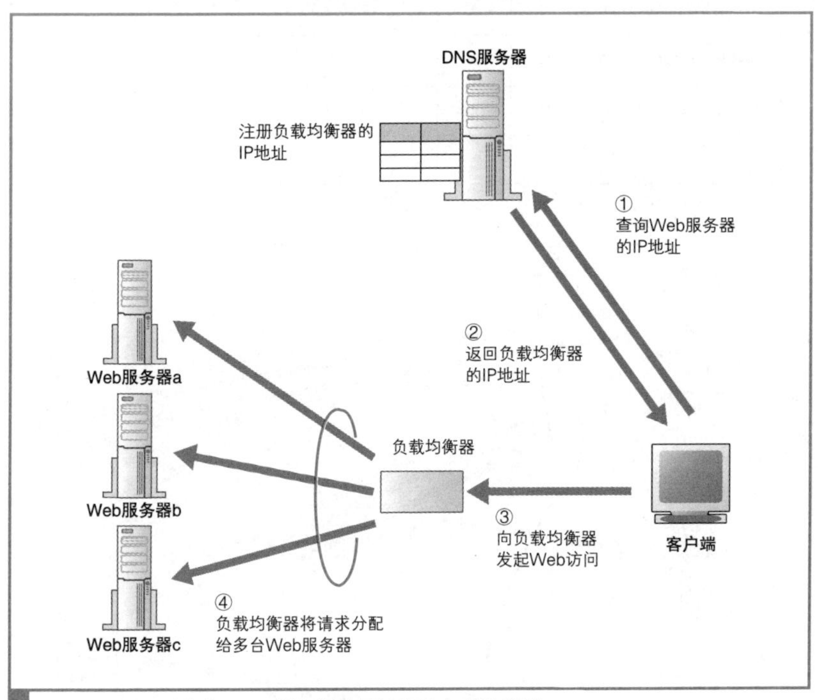

图 5.4 用于对多台 Web 服务器分配访问的负载均衡器

判断条件有很多种，根据操作是否跨多个页面，判断条件也会有所不同。如果操作没有跨多个页面，则可以根据 Web 服务器的负载状况来进行判断。负载均衡器可以定期采集 Web 服务器的 CPU、内存使用率，并根据这些数据判断服务器的负载状况，也可以向 Web 服务器发送测试包，根据响应所需的时间来判断负载状况。当然，Web 服务器的负载可能会在短时间内上下波动，因此无法非常准确地把握负载状况，反过来说，如果过于

① 转发请求消息使用的是后面要讲到的“代理”机制，缓存服务器也使用这种机制。此外，有些负载均衡器中也内置缓存功能。负载均衡器和缓存服务器很相似，或者可以说它是由缓存服务器进一步发展而来的。

密集地去查询服务器的负载，这个查询操作本身就会增加 Web 服务器的负载。因此也有一种方案是不去查询服务器的负载，而是根据事先设置的服务器性能指数，按比例来分配请求。无论如何，这些方法都能够避免负载集中在某一台服务器上。

当操作跨多个页面时，则不考虑 Web 服务器的负载，而是必须将请求发送到同一台 Web 服务器上。要实现这一点，关键在于我们必须要判断一个操作是否跨了多个页面。HTTP 的基本工作方式是在发送请求消息之前先建立 TCP 连接，当服务器发送响应消息后断开连接，下次访问 Web 服务器的时候，再重新建立 TCP 连接[①]。因此，在 Web 服务器看来，每一次 HTTP 访问都是相互独立的，无法判断是否和之前的请求相关。

之所以会这样，是因为 Web 中使用的 HTTP 协议原本就是这样设计的。如果要判断请求之间的相关性，就必须在 Web 服务器一端保存相应的信息，这会增加服务器的负担。此外，Web 服务器最早并不是用来运行 CGI 程序的，而是主要用来提供静态文件的，而静态文件不需要判断请求之间的相关性，因此最早设计 HTTP 规格的时候，就有意省略了请求之间相关性的判断。

那么在不知道请求之间的相关性时，能不能根据一系列请求的发送方 IP 地址相同这一点来判断呢？也不行。如果使用了我们后面要讲的代理机制[②]，所有请求的发送方 IP 地址都会变成代理服务器的 IP 地址，无法判断实际发送请求的客户端是哪个。此外，如果使用了地址转换，发送方 IP 地址则会变成地址转换设备的 IP 地址，也无法判断具体是哪个客户端。

于是，人们想出了一些方案来判断请求之间的相关性。例如，可以在发送表单数据时在里面加上用来表示关联的信息，或者是对 HTTP 规格进

① 现在越来越多的服务器在发送响应消息之后会等待一段时间再断开连接，这个等待时间大约只有几秒钟，像购物网站这种跨多页面填写信息的场景已经超过了这个等待时间，因此还是会断开连接。

② 代理：一种介于客户端与 Web 服务器之间，对访问操作进行中转的机制。这部分内容稍后会在 5.4 节进行介绍。

行扩展，在 HTTP 头部字段中加上用来判断相关性的信息[①]。这样，负载均衡器就可以通过这些信息来作出判断，将一系列相关的请求发送到同一台 Web 服务器，对于不相关的请求则发送到负载较低的服务器了。

5.4 使用缓存服务器分担负载

5.4.1 如何使用缓存服务器

除了使用多台功能相同的 Web 服务器分担负载之外，还有另外一种方法，就是将整个系统按功能分成不同的服务器[②]，如 Web 服务器、数据库服务器。缓存服务器就是一种按功能来分担负载的方法。

缓存服务器是一台通过代理机制对数据进行缓存的服务器。代理介于 Web 服务器和客户端之间，具有对 Web 服务器访问进行中转的功能。当进行中转时，它可以将 Web 服务器返回的数据保存在磁盘中，并可以代替 Web 服务器将磁盘中的数据返回给客户端。这种保存的数据称为缓存，缓存服务器指的也就是这样的功能。

Web 服务器需要执行检查网址和访问权限，以及在页面上填充数据等内部操作过程，因此将页面数据返回客户端所需的时间较长。相对地，缓存服务器只要将保存在磁盘上的数据读取出来发送给客户端就可以了，因此可以比 Web 服务器更快地返回数据。

不过，如果在缓存了数据之后，Web 服务器更新了数据，那么缓存的数据就不能用了，因此缓存并不是永久可用的。此外，CGI 程序等产生的页面数据每次都不同，这些数据也无法缓存。无论如何，在来自客户端的访问中，总有一部分访问可以无需经过 Web 服务器，而由缓存服务器直接处理。即便只有这一部分操作通过缓存服务器提高了速度，整体性能也可

① 这种信息俗称 Cookie。

② 也可以将“使用多台功能相同的服务器”和“使用多台功能不同的服务器”这两种方法结合起来使用。

以得到改善。此外，通过让缓存服务器处理一部分请求，也可以减轻 Web 服务器的负担，从而缩短 Web 服务器的处理时间。

5.4.2 缓存服务器通过更新时间管理内容

下面来看一看缓存服务器的工作过程[①]。缓存服务器和负载均衡器一样，需要代替 Web 服务器被注册到 DNS 服务器中。然后客户端会向缓存服务器发送 HTTP 请求消息（图 5.5（a）①、图 5.6（a））。这时，缓存服务器会接收请求消息，这个接收操作和 Web 服务器相同。Web 服务器的接收操作我们会在第 6 章的 6.2 节进行介绍[②]，简单来说就是创建用来等待连接的套接字，当客户端进行连接时执行连接操作，然后接收客户端发送的请求消息。从客户端来看，缓存服务器就相当于 Web 服务器。接下来，缓存服务器会检查请求消息的内容，看看请求的数据是否已经保存在缓存中。根据是否存在缓存数据，后面的操作会有所不同，现在我们假设不存在缓存数据。这时，缓存服务器会像图 5.6（b）②这样，在 HTTP 头部字段中添加一个 Via 字段，表示这个消息经过缓存服务器转发，然后将消息转发给 Web 服务器（图 5.5（a）②）。

在这个过程中，我们需要判断应该将请求消息转发给哪台 Web 服务器。如果只有一台 Web 服务器，那么情况比较简单，只要将 Web 服务器的域名和 IP 地址配置在缓存服务器上，让它无条件转发给这台服务器就可以了。不过，如果一台缓存服务器对应多台 Web 服务器就没那么简单了，需要根据请求消息的内容来判断应该转发给哪台 Web 服务器。要实现这个目的有几种方法，其中比较有代表性的是根据请求消息的 URI（图 5.6（b）①）中的目录名来进行判断。使用这种方法时，我们首先需要在缓存服务器上进行如下设置。

---

① 要理解缓存服务器的工作过程，需要先理解 Web 服务器和 HTTP 协议，这些内容在第 1 章进行了介绍。

② 数据收发操作的基本知识在第 2 章也有相关介绍。

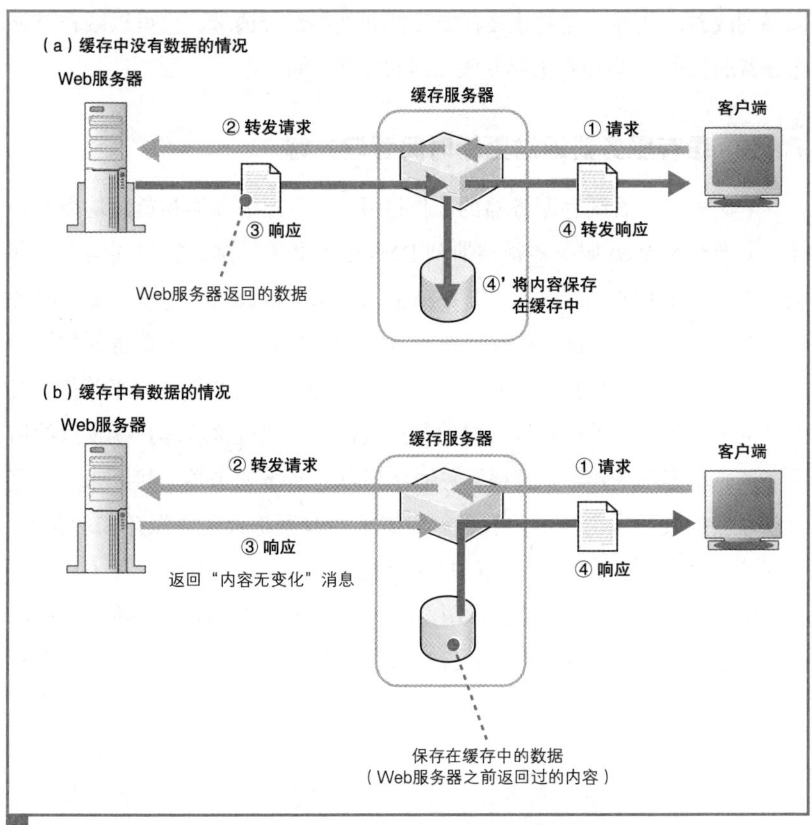

图 5.5　临时保存内容并代替 Web 服务器返回内容的缓存服务器

- 当 URI 为 /dir1/ 这个目录时，转发给 www1.lab.glasscom.com
- 当 URI 为 /dir2/ 这个目录时，转发给 www2.lab.glasscom.com

缓存服务器会根据上述规则来转发请求消息，在这个过程中，缓存服务器会以客户端的身份向目标 Web 服务器发送请求消息。也就是说，它会先创建套接字，然后连接到 Web 服务器的套接字，并发送请求消息。从 Web 服务器来看，缓存服务器就相当于客户端。于是，缓存服务器会收到来自 Web 服务器的响应消息（图 5.5（a）③、图 5.6（c）），接收消息的过程也是以客户端的身份来完成的。

（a）客户端发送给缓存服务器的请求内容（图5.5（a）①）

客户端发送给缓存服务器的请求和一般的请求相同。

```
GET /dir1/sample1.html HTTP/1.1
Accept: */*
Accept-Language: zh
Accept-Encoding: gzip, deflate
User-Agent: Mozilla/4.0 (compatible;【右侧省略】
Host: www.lab.glasscom.com
Connection: Keep-Alive
```

（b）缓存服务器转发给Web服务器的请求内容（图5.5（a）②）

添加了表示经过缓存服务器中转的头部字段，通过URI判断转发目标。

```
GET /dir1/sample1.html HTTP/1.1
Accept: */*
Accept-Language: zh
Accept-Encoding: gzip, deflate
User-Agent: Mozilla/4.0 (compatible;【右侧省略】
Host: www.lab.glasscom.com
Connection: Keep-Alive
Via: 1.1 proxy.lab.glasscom.com
```

② Via用于告知Web服务器这个消息是经过缓存服务器中转的。这个信息并不是非常重要，因此根据缓存服务器的配置，有时不会添加这个字段

① 根据URI中的目录判断转发目标Web服务器

（c）Web服务器返回给缓存服务器的响应内容（图5.5（a）③）

当没有If-Modified-Since字段时（即缓存中没有数据时），或者Web服务器端数据发生变化时，直接返回页面数据，内容和通常情况下相同

```
HTTP/1.1 200 OK
Date: Wed, 21 Feb 2007 12:20:40 GMT
Server: Apache
Last-Modified: Mon, 19 Feb 2007 12:24:51 GMT
ETag: "5a9da-279-3c726b61"
Accept-Ranges: bytes
Content-Length: 632
Connection: close
Content-Type: text/html

<html>
<head>
<meta http-equiv="Content-Type" content="text/html;【右侧省略】

【以下省略】
```

图 5.6 缓存中没有数据的情况

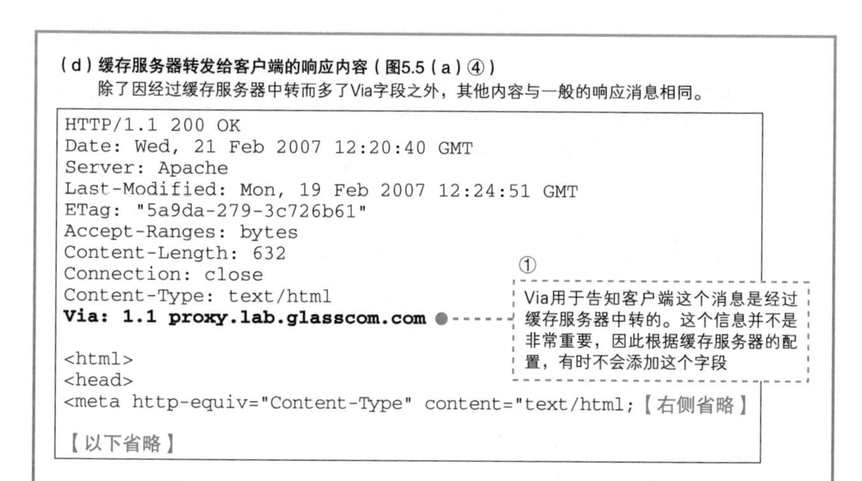
（d）缓存服务器转发给客户端的响应内容（图5.5（a）④）

除了因经过缓存服务器中转而多了Via字段之外，其他内容与一般的响应消息相同。

```
HTTP/1.1 200 OK
Date: Wed, 21 Feb 2007 12:20:40 GMT
Server: Apache
Last-Modified: Mon, 19 Feb 2007 12:24:51 GMT
ETag: "5a9da-279-3c726b61"
Accept-Ranges: bytes
Content-Length: 632
Connection: close
Content-Type: text/html
Via: 1.1 proxy.lab.glasscom.com

<html>
<head>
<meta http-equiv="Content-Type" content="text/html;【右侧省略】

【以下省略】
```


图 5.6 （续）

接下来，缓存服务器会在响应消息中加上图 5.6（d）①这样的 Via 头部字段，它表示这个消息是经过缓存服务器中转的，然后缓存服务器会以 Web 服务器的身份向客户端发送响应消息（图 5.5（a）④）。同时，缓存服务器会将响应消息保存到缓存中，并记录保存的时间（图 5.5（a）④'）。

这种在客户端和 Web 服务器之间充当中间人的方式就是代理的基本原理。在中转消息的过程中，缓存服务器还会顺便将页面数据保存下来，随着缓存数据的积累，用户访问的数据命中缓存的几率也会提高。接下来我们来看一看命中缓存的情况（图 5.5（b））。

首先，接收客户端的请求消息并检查缓存的过程和刚才是一样的（图 5.5（b）①、图 5.6（a））。然后，如图 5.7（a），缓存服务器会添加一个 If-Modified-Since 头部字段并将请求转发给 Web 服务器，询问 Web 服务器用户请求的数据是否已经发生变化（图 5.5（b）②、图 5.7（a））。

然后，Web 服务器会根据 If-Modified-Since 的值与服务器上的页面数据的最后更新时间进行比较，如果在指定时间内数据没有变化，就会返回一个像图 5.7（b）一样的表示没有变化的响应消息（图 5.5（b）③）。这时，Web 服务器只要查询一下数据的最后更新时间就好了，比返回页面数据的负担要小一些。而且返回的响应消息也比较短，能相应地减少负担。接下来，返回消息到达缓存服务器，然后缓存服务器就会知道 Web 服务器上的数据和本地缓存中的数据是一样的，于是就会将缓存的数据返回给客户端（图 5.5（b）④）。缓存服务器返回的响应消息的内容和没有命中缓存的情况是一样的（图 5.6（d））。

此外，当 Web 服务器上的数据有变化时，后面的过程和没有命中缓存的情况是一样的。Web 服务器会返回最新版本的数据（图 5.5（a）③、图 5.6（c）），然后缓存服务器加上 Via 字段发送给客户端，同时将数据保存在缓存中。

（a）缓存服务器转发给Web服务器的请求内容（图5.5（b）②）
添加了用于查询在指定时间后数据有没有发生变化的头部字段，并转发给Web服务器。

如果缓存中有以前的数据，则在If-Modified-Since中加上上次保存的时间，询问Web服务器在这个时间之后数据有没有发生变化。如果缓存中没有数据，则不会添加这个头部字段

```
GET /dir1/sample2.htm HTTP/1.1
Accept: */*
Accept-Language: zh
Accept-Encoding: gzip, deflate
User-Agent: Mozilla/4.0 (compatible;【右侧省略】
Host: www.lab.glasscom.com
Connection: Keep-Alive
If-Modified-Since: Wed, 21 Sep 2007 10:25:52 GMT
Via: 1.1 proxy.lab.glasscom.com
```

（b）Web服务器返回给缓存服务器的响应内容（图5.5（b）③）
如果在If-Modified-Since指定的时间之后数据没有发生变化，则不返回真正的页面数据，只返回一个表示数据没有变化的响应消息

```
HTTP/1.1 304 Not Modified
Date: Wed, 21 Feb 2007 13:03:21 GMT
Server: Apache
Connection: close
ETag: "22f236-3e9-3b7f46d8"
```

表示页面数据没有变化

图 5.7 缓存中有数据的情况

5.4.3 最原始的代理——正向代理

刚才讲的是在 Web 服务器一端部署一个代理，然后利用其缓存功能来改善服务器的性能，还有一种方法是在客户端一侧部署缓存服务器。下面先稍微脱离一下主线，介绍一下客户端一侧的缓存服务器。

实际上，缓存服务器使用的代理机制最早就是放在客户端一侧的，这才是代理的原型，称为正向代理[①]（forward proxy）。

正向代理刚刚出现的时候，其目的之一就是缓存，这个目的和服务器端的缓存服务器相同。不过，当时的正向代理还有另外一个目的，那就是用来实现防火墙。

防火墙的目的是防止来自互联网的非法入侵，而要达到这个目的，最可靠的方法就是阻止互联网和公司内网之间的所有包。不过，这样一来，公司员工就无法上外网了，因此还必须想一个办法让必要的包能够通过，这个办法就是利用代理。简单来说，代理的原理如图 5.8 所示，它会先接收来自客户端的请求消息，然后再转发到互联网中[②]，这样就可以实现只允许通过必要的网络包了。这时，如果能够利用代理的缓存，那么效果就会更好，因为对于以前访问过的数据，可以直接从位于公司内网的代理服务器获得，这比通过低速线路访问互联网要快很多[③]。

---

① 其实正向代理并不是一开始就叫这个名字，最早说的“代理”指的就是我们现在说的正向代理，或者也叫“代理服务器”。这是因为最早只有这么一种代理，后来出现了各种其他方式的代理，为了相互区别才起了“× × 代理”这样的名字。此外，由于代理种类变多了，叫“× × 代理服务器”实在太长，一般都会省略“服务器”3 个字。

② 代理（Proxy）本来的意思并不是“转发”消息，而是先把消息收下来，然后“伪装”成原始客户端向 Web 服务器发出访问请求。

③ 代理出现于 ADSL、FTTH 等技术实用化之前，那个时候还没有廉价高速的接入网，因此必须想办法榨干低速接入网中的所有能力。代理的缓存功能正是有效利用低速接入网的一种方法。

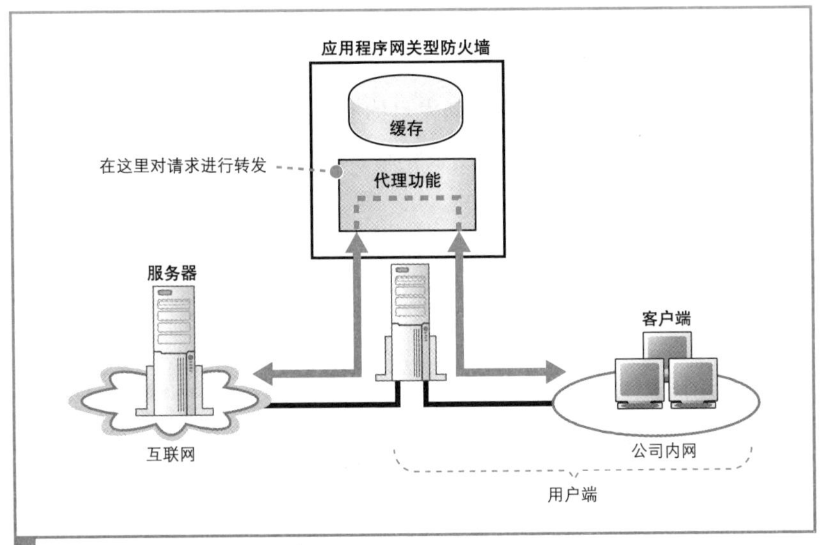

图 5.8 利用代理实现防火墙

此外，由于代理在转发过程中可以查看请求的内容，所以可以根据内容判断是否允许访问。也就是说，通过代理可以禁止员工访问危险的网站，或者是与工作内容无关的网站。包过滤方式的防火墙只能根据 IP 地址和端口号进行判断，因此无法实现这一目的。

在使用正向代理时，一般需要在浏览器的设置窗口中的“代理服务器”一栏中填写正向代理的 IP 地址，浏览器发送请求消息的过程也会发生相应的变化。在没有设置正向代理的情况下，浏览器会根据网址栏中输入的 http://... 字符串判断 Web 服务器的域名，并向其发送请求消息；当设置了正向代理时，浏览器会忽略网址栏的内容，直接将所有请求发送给正向代理。请求消息的内容也会有一些不同。没有正向代理时，浏览器会从网址中提取出 Web 服务器域名后面的文件名或目录名，然后将其作为请求的 URI 进行发送；而有正向代理时，浏览器会像图 5.9 这样，在请求的 URI 字段中填写完整的 http://... 网址。

正向代理转发消息的过程也和服务器端的缓存服务器有一些不同，不同点在于对转发目标 Web 服务器的判断上。使用正向代理时，URI 部分为 http://... 这样的完整网址，因此可以根据这个网址来转发，不需要像服务器端的缓存服务器一样事先设置好转发目标 Web 服务器，而且可以发给任意 Web 服务器。而服务器端的缓存服务器只能向事先设置好的目标进行转发，这就是两者不同的地方。

图 5.9 正向代理的 HTTP 消息

5.4.4 正向代理的改良版——反向代理

正如前面讲过的，使用正向代理需要在浏览器中进行设置，这可以说是识别正向代理的一个特征。但是，设置浏览器非常麻烦，如果设置错误还可能导致浏览器无法正常工作。

需要设置浏览器这一点除了麻烦、容易发生故障之外，还有其他一些限制。如果我们想把代理放在服务器端，那么服务器不知道谁会来访问，也没办法去设置客户端的浏览器，因此无法采用这种方法来实现。

于是，我们可以对这种方法进行改良，使得不需要在浏览器中设置代理也可以使用。也就是说，我们可以通过将请求消息中的 URI 中的目录名与 Web 服务器进行关联，使得代理能够转发一般的不包含完整网址的请求消息。我们前面介绍的服务器端的缓存服务器采用的正是这种方式，这种方式称为反向代理（reverse proxy）。

5.4.5 透明代理

缓存服务器判断转发目标的方法还有一种，那就是查看请求消息的包头部。因为包的 IP 头部中包含接收方 IP 地址，只要知道了这个地址，就知道用户要访问哪台服务器了[①]。这种方法称为透明代理（transparent proxy）。

这种方法也可以转发一般的请求消息，因此不需要像正向代理一样设置浏览器参数，也不需要在缓存服务器上设置转发目标，可以将请求转发给任意 Web 服务器。

透明代理集合了正向代理和反向代理的优点，是一个非常方便的方式，但也需要注意一点，那就是如何才能让请求消息到达透明代理。由于透明代理不需要设置在浏览器中，那么浏览器还是照常向 Web 服务器发送请求消息。反向代理采用的是通过 DNS 服务器解析引导的方法，但透明代理是不能采用这种方法的，否则透明代理本身就变成了访问目标，也就无法通过接收方 IP 地址判断转发目标了，这就失去了透明代理的意义。总之，正常情况下，请求消息是从浏览器直接发送到 Web 服务器，并不会到达透明代理。

于是，我们必须将透明代理放在请求消息从浏览器传输到 Web 服务器的路径中，当消息经过时进行拦截。可能大家觉得这种方法太粗暴，但只有这样才能让消息到达透明代理，然后再转发给 Web 服务器。如果请求消息有多条路径可以到达 Web 服务器，那么就必须在这些路径上都放置透明代理，因此一般是将网络设计成只有一条路可以走的结构，然后在这一条路径上放置透明代理。连接互联网的接入网就是这样一个关口，因此可以在接入网的入口处放置透明代理[②]。使用透明代理时，用户不会察觉到代理

---

① HTTP 1.1 版本增加了一个用于表示访问目标 Web 服务器的 Host 字段，因此也可以通过 Host 字段来判断转发目标。

② 也可以采用在网络中的某些地方将 Web 访问包筛选出来并转发给透明代理的方法。

的存在，也不会注意到 HTTP 消息是如何被转发的，因此大家更倾向于将透明代理说成是缓存[①]。

5.5 内容分发服务

5.5.1 利用内容分发服务分担负载

缓存服务器部署在服务器端还是客户端，其效果是有差别的。如图 5.10（a）所示，当缓存服务器放在服务器端时，可以减轻 Web 服务器的负载，但无法减少互联网中的流量。这一点上，将缓存服务器放在客户端更有效（图 5.10（b））。互联网中会存在一些拥塞点，通过这些地方会比较花时间。如果在客户端部署缓存服务器，就可以不受或者少受这些拥塞点的影响，让网络流量更稳定，特别是当访问内容中含有大图片或视频时效果更明显。

不过，客户端的缓存服务器是归客户端网络运营管理者所有的，Web 服务器的运营者无法控制它。比如，某网站的运营者觉得最近网站上增加了很多大容量的内容，因此想要增加缓存服务器的容量。如果缓存放在服务器端，那么网站运营者可以自己通过增加磁盘空间等方式来进行扩容，但对于放在客户端的缓存就无能为力了。进一步说，客户端有没有缓存服务器还不一定呢。

因此，这两种部署缓存服务器的方式各有利弊，但也有一种方式能够集合两者的优点。那就是像图 5.10（c）这样，Web 服务器运营者和网络运营商签约，将可以自己控制的缓存服务器放在客户端的运营商处。

这样一来，我们可以把缓存服务器部署在距离用户很近的地方，同时 Web 服务器运营者还可以控制这些服务器，但这种方式也有问题。对于在互联网上公开的服务器来说，任何地方的人都可以来访问它，因此如果真的要实现这个方式，必须在所有的运营商 POP 中都部署缓存服务器才行，

① 最近有很多场合中已经将透明代理直接叫作“缓存”而不是“代理”了，不过无论叫什么名字，其内部结构是相同的。

（a）将缓存服务器部署在Web服务器之前

可以降低Web服务器的负载，但无法减少网络流量

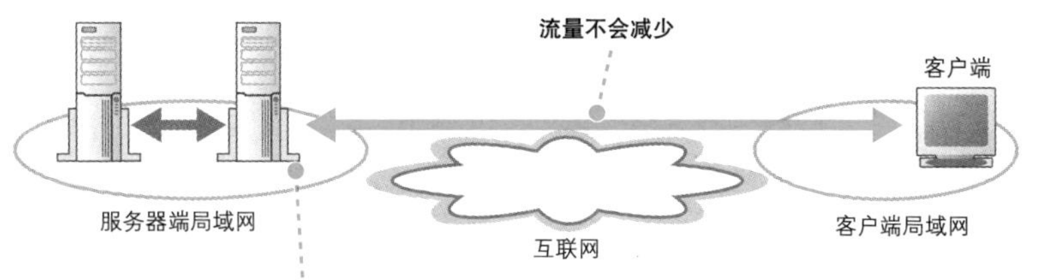

（b）将缓存服务器部署在客户端

减少网络流量的效果较好，但Web服务器运营者无法控制位于客户端的缓存服务器

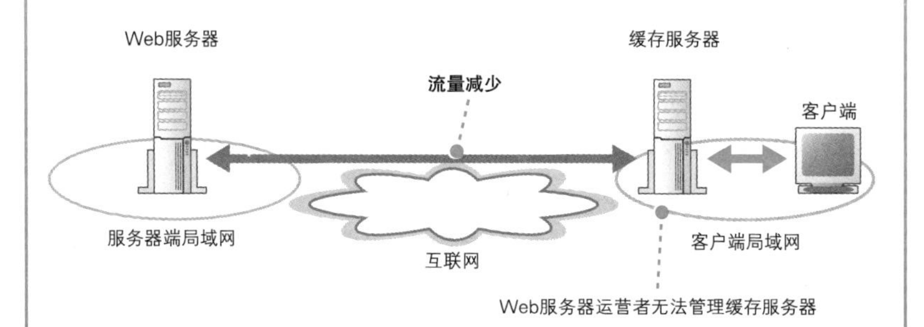

（c）将缓存服务器部署在互联网的边缘

可以降低网络流量，而且服务器运营者可以控制缓存服务器

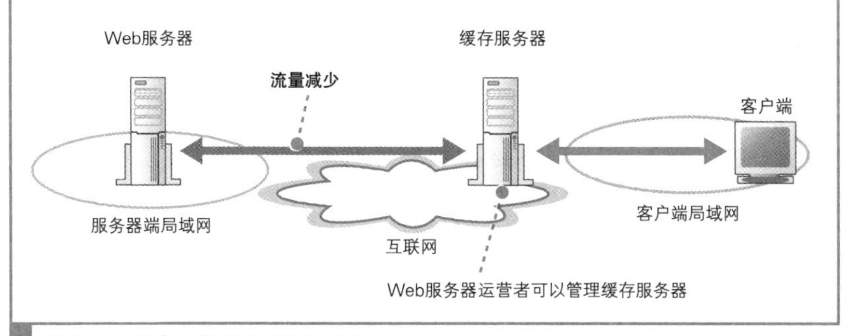

图 5.10　缓存服务器的 3 种部署方式

这个数量太大了，非常不现实。

要解决这个问题也有一些办法。首先，我们可以筛选出一些主要的运营商，这样可以减少缓存服务器的数量。尽管这样做可能会导致有些用户访问到缓存服务器还是要经过很长的距离，但总比直接访问 Web 服务器的路径要短多了，因此还是可以产生一定的效果。

接下来这个问题更现实，那就是即便减少了数量，作为一个 Web 服务器运营者，如果自己和这些运营商签约并部署缓存服务器，无论是费用还是精力都是吃不消的。为了解决这个问题，一些专门从事相关服务的厂商出现了，他们来部署缓存服务器，并租借给 Web 服务器运营者。这种服务称为内容分发服务[①]。下面我们来具体了解一下这种服务。

提供这种服务的厂商称为 CDSP[②]，他们会与主要的供应商签约，并部署很多台缓存服务器[③]。另一方面，CDSP 会与 Web 服务器运营者签约，使得 CDSP 的缓存服务器配合 Web 服务器工作。具体的方法我们后面会介绍，只要 Web 服务器与缓存服务器建立关联，那么当客户端访问 Web 服务器时，实际上就是在访问 CDSP 的缓存服务器了。

缓存服务器可以缓存多个网站的数据，因此 CDSP 的缓存服务器就可以提供给多个 Web 服务器的运营者共享。这样一来，每个网站运营者的平均成本就降低了，从而减少了网站运营者的负担。而且，和运营商之间的签约工作也由 CDSP 统一负责，网站运营者也节省了精力。

5.5.2　如何找到最近的缓存服务器

在使用内容分发服务时，如图 5.11 所示，互联网中有很多缓存服务器，如何才能从这些服务器中找到离客户端最近的一个，并让客户端去访问那台服务器呢？

---

① 内容分发服务也叫 CDS（Content Delivery Service）。（现在更常用的名称叫 CDN（Content Delivery Network 或 Content Distribution Network）。——译者注）

② CDSP：Content Delivery Service Provider，内容分发服务运营商。

③ 有些 CDSP 会在互联网中部署几百台缓存服务器。

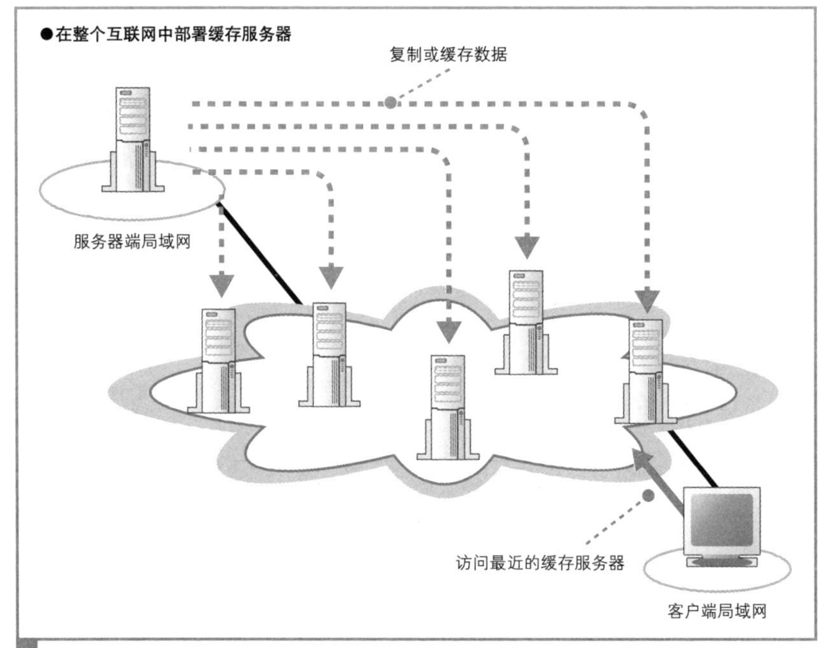

图 5.11 访问目标服务器的所在地

我们可以像正向代理一样在浏览器中进行设置，但用户那么多，也没办法帮所有人去设置浏览器。因此，我们需要一种机制，即便用户不进行任何设置，也能够将请求消息发送到最近的缓存服务器。

这样的方法有几种，下面我们按顺序来介绍。第一个方法是像负载均衡一样用 DNS 服务器来分配访问。也就是说，我们可以在 DNS 服务器返回 Web 服务器 IP 地址时，对返回的内容进行一些加工，使其能够返回距离客户端最近的缓存服务器的 IP 地址。在解释这种方法的具体原理之前，我们先来复习一下 DNS 的基本工作方式。

互联网中有很多台 DNS 服务器，它们通过相互接力来处理 DNS 查询，这个过程从客户端发送查询消息开始，也就是说客户端会用要访问的 Web 服务器域名生成查询消息，并发送给自己局域网中的 DNS 服务器[①]（图

① 如果自己的本地局域网中没有 DNS 服务器，则将请求发送给运营商的 DNS 服务器。

5.12 ①)。然后，客户端 DNS 服务器会通过域名的层次结构找到负责管理该域名的 DNS 服务器，也就是 Web 服务器端的那个 DNS 服务器，并将查询消息发送给它（图 5.12 ②）。Web 服务器端的 DNS 服务器收到查询消息后，会查询并返回域名相对应的 IP 地址。在这台 DNS 中，有一张管理员维护的域名和 IP 地址的对应表，只要按照域名查表，就可以找到相应的 IP 地址（图 5.12 ③）。接下来，响应消息回到客户端的 DNS 服务器，然后再返回给客户端（图 5.12 ④）。

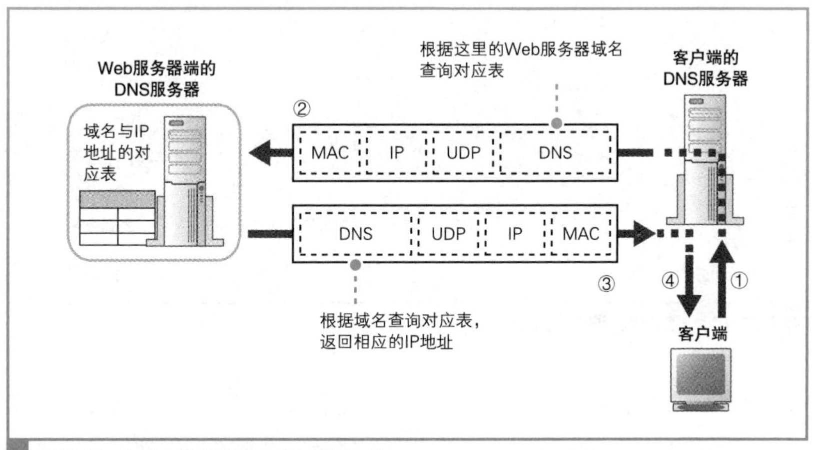

图 5.12　DNS 服务器的一般工作方式

上面讲的是 Web 服务器的域名只对应一个 IP 地址的情况，如果一个域名对应多个 IP 地址，则按照前面图 5.3 的轮询方式按顺序返回所有的 IP 地址。

如果按照 DNS 服务器的一般工作方式来看，它只能以轮询方式按顺序返回 IP 地址，完全不考虑客户端与缓存服务器的远近，因此可能会返回离客户端较远的缓存服务器 IP 地址。

如果要让用户访问最近的缓存服务器，则不应采用轮询方式，而是应该判断客户端与缓存服务器的距离，并返回距离客户端最近的缓存服务器 IP 地址。这里的关键点不言自明，那就是到底该怎样判断客户端与缓存服务器之间的距离呢？

方法是这样的。首先，作为准备，需要事先从缓存服务器部署地点的路由器收集路由信息（图 5.13）。例如，在图 5.13 的例子中，一共有 4 台缓存服务器，在这 4 台服务器的部署地点又分别有 4 台路由器，则我们需要分别获取这 4 台路由器的路由表，并将 4 张路由表集中到 DNS 服务器上。

接下来，DNS 服务器根据路由表查询从本机到 DNS 查询消息的发送方，也就是客户端 DNS 服务器的路由信息。例如，根据图 5.13 路由器 A 的路由表，可以查出路由器 A 到客户端 DNS 服务器的路由。通过互联网内部的路由表中的路由信息可以知道先通过运营商 X，然后通过运营商 Y，最后到达运营商 Z 这样的信息，通过这样的信息可以大致估算出距离。依次查询所有路由器的路由表之后，我们就可以通过比较找出哪一台路由器距离客户端 DNS 服务器最近。提供路由表的路由器位于缓存服务器的位置，而客户端 DNS 服务器也应该和客户端在同一位置，这样就等于估算出了缓存服务器与客户端之间的距离，从而能够判断出哪台缓存服务器距离客户端最近了。实际上，客户端 DNS 服务器不一定和客户端在同一位置，因此可能无法得出准确的距离，但依然可以达到相当的精度。

5.5.3 通过重定向服务器分配访问目标

还有另一个让客户端访问最近的缓存服务器的方法。HTTP 规格中定义了很多头部字段，其中有一个叫作 Location 的字段。当 Web 服务器数据转移到其他服务器时可以使用这个字段，它的意思是“您要访问的数据在另一台服务器上，请访问那台服务器吧。”这种将客户端访问引导到另一台 Web 服务器的操作称为重定向，通过这种方法也可以将访问目标分配到最近的缓存服务器。

当使用重定向告知客户端最近的缓存服务器时，首先需要将重定向服务器注册到 Web 服务器端的 DNS 服务器上。这样一来，客户端会将 HTTP 请求消息发送到重定向服务器上。重定向服务器和刚才一种方法中的 DNS 服务器一样，收集了来自各个路由器的路由信息，并根据这些信息找到最近的缓存服务器，然后将缓存服务器的地址放到 Location 字段中返回响应。

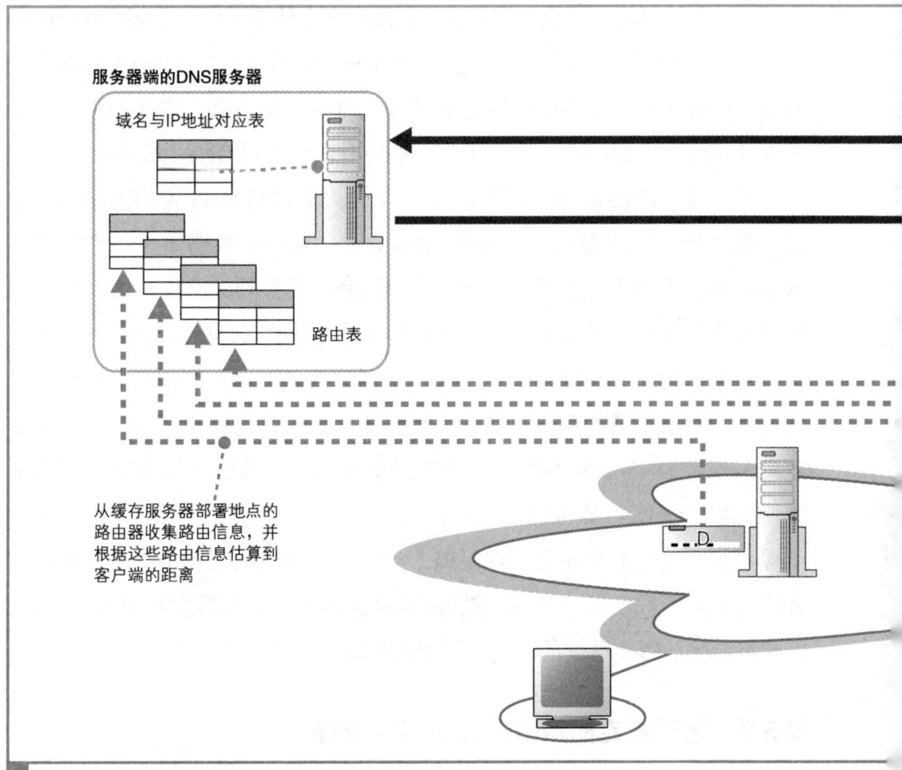

图 5.13 DNS 服务器参照路由信息时的工作方式

这样，客户端就会重新去访问指定的缓存服务器了（图 5.14、图 5.15）。

这种方法的缺点在于增加了 HTTP 消息的交互次数，相应的开销也比较大，但它也有优点。对 DNS 服务器进行扩展的方法是估算客户端 DNS 服务器到缓存服务器之间的距离，因此精度较差；相对而言，重定向的方法是根据客户端发送来的 HTTP 消息的发送方 IP 地址来估算距离的，因此精度较高。

此外，也可以使用除路由信息之外的其他一些信息来估算距离，进一步提高精度。重定向服务器不仅可以返回带有 Location 字段的 HTTP 消息，也可以返回一个通过网络包往返时间估算到缓存服务器的距离的脚本，通过在客户端运行脚本来找到最优的缓存服务器。这个脚本可以向不同的

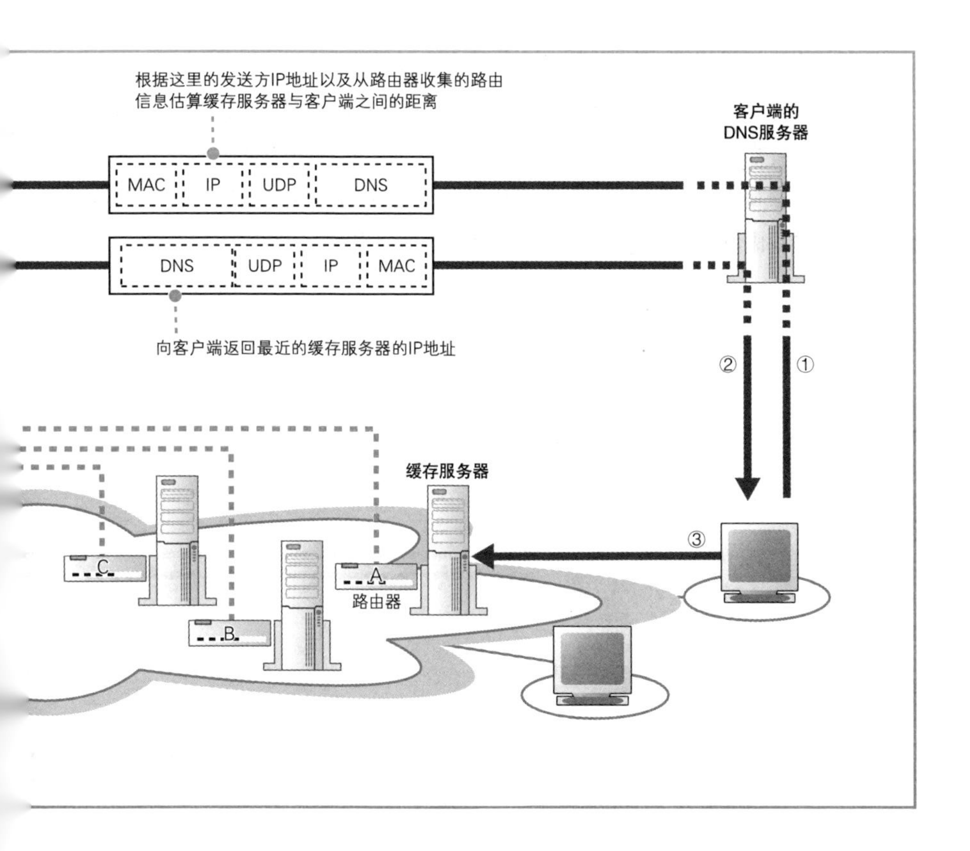

缓存服务器发送测试包并计算往返时间，然后将请求发送到往返时间最短的一台缓存服务器，这样就可以判断出对于客户端最优的缓存服务器，并让客户端去访问该服务器。

5.5.4 缓存的更新方法会影响性能

还有一个因素会影响缓存服务器的效率，那就是缓存内容的更新方法。缓存本来的思路是像图 5.5 那样，将曾经访问过的数据保存下来，然后当再次访问时拿出来用，以提高访问操作的效率。不过，这种方法对于第一次访问是无效的，而且后面的每次访问都需要向原始服务器查询数据有没有发生变化，如果遇到网络拥塞，就会使响应时间恶化。

要改善这一点，有一种方法是让 Web 服务器在原始数据发生更新时，立即通知缓存服务器，使得缓存服务器上的数据一直保持最新状态，这样就不需要每次确认原始数据是否有变化了，而且从第一次访问就可以发挥缓存的效果。内容分发服务采用的缓存服务器就具备这样的功能。

此外，除了事先编写好内容的静态页面之外，还有一些在收到请求后由 CGI 程序生成的动态页面，这种动态页面是不能保存在缓存服务器上

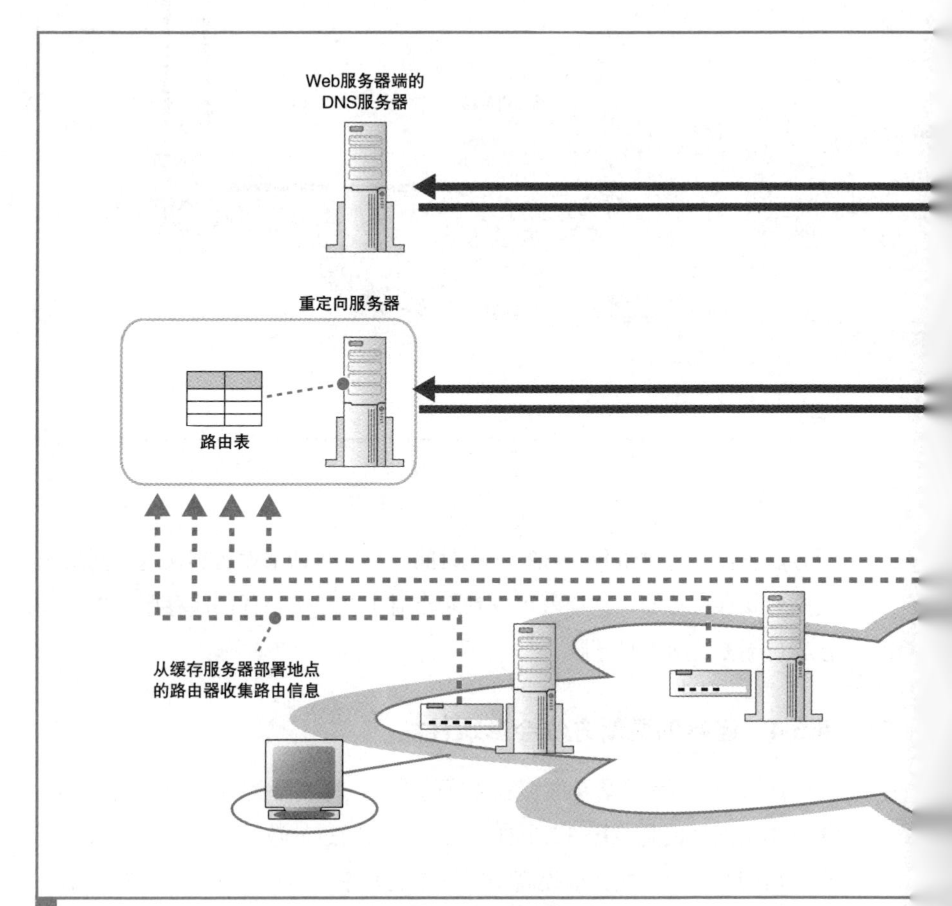

图 5.14 通过重定向让客户端访问最近的缓存服务器的机制

的。这种情况下，我们可以不保存整个页面，而是将应用程序生成的部分，也就是每次内容都会发生变化的动态部分，与内容不会发生变化的静态部分分开，只将静态部分保存在缓存中。

Web 服务器前面存在着各种各样的服务器，如防火墙、代理服务器、缓存服务器等。请求消息最终会通过这些服务器，到达 Web 服务器。Web 服务器接收请求之后，会查询其中的内容，并根据请求生成并返回响应消息。关于这一部分，我们将在下一章进行介绍。

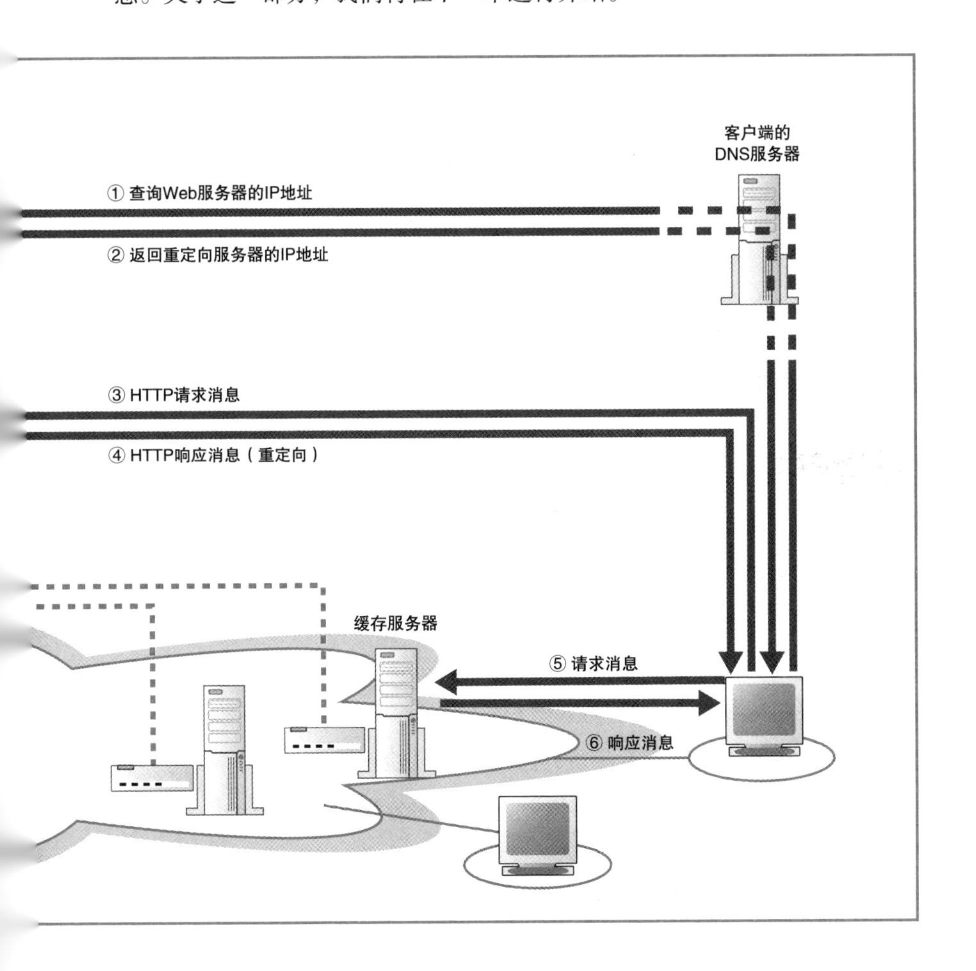

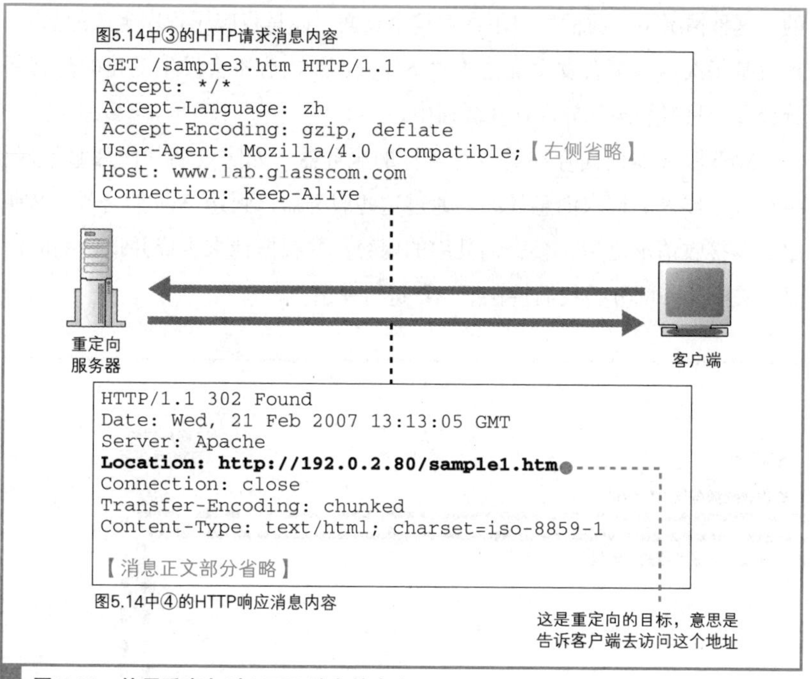

图 5.15 使用重定向时 HTTP 消息的内容

小测验

本章的旅程告一段落，我们为大家准备了一些小测验题目，确认一下自己的成果吧。

问题

1. 现在主流的防火墙方式叫什么？
2. 当防火墙需要确定应用程序种类时要检查什么信息？
3. 用于分担 Web 服务器负载，将访问分配到多台服务器上的设备叫什么？
4. 部署在服务器端的代理是正向代理还是反向代理？
5. 在互联网中部署多台缓存服务器，并将其租借给 Web 服务器运营者的服务叫什么？

Column

网络术语其实很简单

当通信线路变成局域网

探索队员：局域网和通信线路有什么不同啊？

探索队长：其实局域网这个词本来的意思呢……

队员：我知道我知道，我已经查过字典了。不过我的字典里面没有这个词啊，是不是我上学时买的字典太老了？

队长：语言日新月异，你该去买本新的啦。

队员：说得轻巧，还有一个礼拜才发工资呢……

队长：没办法，好吧，我借你一本。

队员：哦，查到了，局域网英文全称叫 Local Area Network，这个 local 是中央和地方的那个地方的意思吗？

队长：这里的 local 指的是一个小的区域，是“本地”的意思，比如本地线、本地局。局域网是在一幢楼里面使用的，一幢楼就是一小块地方，所以才叫 local。

队员：这个我知道的，我问的是它和通信线路有什么不同？

队长：通信线路是通信运营商，也就是电话公司部署的遍布全球的线路，所以在世界各地都可以使用，这跟局域网完全是两码事吧？

队员：这个我也知道啊，我想问的不是这个，我想问的是，局域网是不是比通信线路更快更便宜？

队长：算是吧。

队员：那么通信线路为什么不能像局域网一样又快又便宜呢？

队长：原来如此，我很理解你的想法，也很赞同，不过事情可没那么简单。

队员：为什么呢？

队长：回想一下，我们探索 ADSL 的时候曾经说过，离电话局越远，速度就越慢，对不对？

队员：对。

队长：在一幢楼里，距离近的时候，局域网可以做到又快又便宜，但局域网可不能直接扩展到全世界。

队员：噢……

队长：看来还是没懂啊？

队员：ADSL确实是越远越慢，但FTTH什么的不是跟局域网一样快吗？

队长：唔，你还真是不撞南墙不回头。

队员：不，我只是想知道真相而已，队长阁下！

队长：FTTH之所以又快又便宜，是因为它能够使用局域网的技术。

队员：可是为什么局域网不能用在距离远的地方呢？

队长：我就知道你会这么问，所以我才不想回答这种问题啊。刚才我说局域网只能用在近的地方，那是光纤普及之前的事了。

队员：什么嘛，原来是老黄历了。（马上又开始倚老卖老了……）

队长：你说什么？

队员：没……没什么。

队长：使用现在的光纤技术，的确可以将线路延伸到几十公里，因此用局域网技术也可以将距离很远的地方连接起来。

队员：原来如此。

队长：而且，随着网络的普及，现在光纤可以大批量生产了，还很廉价。

队员：那我们把通信线路全都换成局域网不就好了吗？

队长：也许将来会有这一天吧……

队长：哎，真的吗？

队长：谁知道呢……

小测验答案

1. 包过滤方式（参见【5.2.1】）
2. 端口号（参见【5.2.3】）
3. 负载均衡器（参见【5.3.2】）
4. 反向代理（参见【5.4.4】）
5. 内容分发服务（CDS或CDN）（参见【5.5.1】）

第6章 请求到达 Web 服务器，响应返回浏览器

——短短几秒的“漫长旅程”迎来终点

热身问答

在开始探索之旅之前，我们准备了一些和本章内容有关的小题目，请大家先试试看。

这些题目是否答得出来并不影响接下来的探索之旅，因此请大家放轻松。

下列说法是正确的（√）还是错误的（×）？

1. 服务器向客户端返回的响应消息不一定和客户端向服务器发送的请求消息通过相同的路由传输。
2. 客户端计算机也可以当作服务器来使用。
3. 一台服务器可以同时用作 Web 服务器和邮件服务器。

答案

1. √。路由器和交换机是不考虑请求包和响应包之间的关联的，而是将它们作为独立的包来对待，因此请求和响应是有可能通过不同的路由来传输的，具体走哪条路由，是由路由器的路由表和交换机的地址表中的配置来决定的。
2. √。无论任何计算机，协议栈的功能和工作方式都是相同的，因此客户端计算机也可以当作服务器来用。不过，客户端计算机和服务器相比其性能和可靠性都比较差，这一点必须要注意。
3. √。由于可以通过端口号来区分服务器上的应用程序，所以一台服务器上可以同时运行多个服务器程序，不仅限于 Web 和邮件。当然，这样做会增加服务器的负载，因此必须注意服务器的性能。

前情提要

上一章，我们探索了 Web 服务器前面的防火墙、缓存服务器、负载均衡器等设备，现在网络包已经通过这些设备，到达了 Web 服务器中。本章的探索之旅就从这里开始。

探索之旅的看点

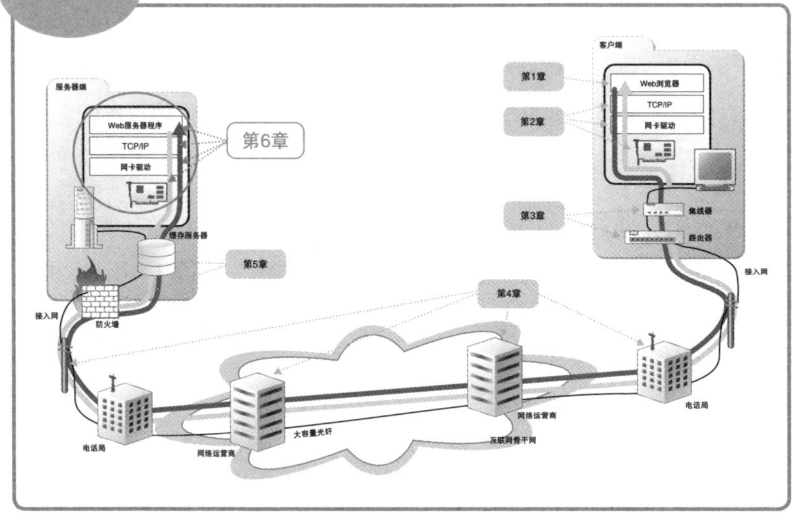

(1) 服务器概览

服务器的职责是响应客户端的请求，但仅从如何响应请求这一点是无法看清服务器的全貌的，这样是无法理解服务器的。因此，我们会先介绍一下服务器程序的整体结构，以及启动后要做的一些准备工作，这样大家就能够了解服务器到底是怎么一回事了。

(2) 服务器的接收操作

搞清楚服务器的全貌之后，我们来探索一下服务器的协议栈是如何接收数据的。首先我们看一看服务器如何接收信号并将信号还原成数字形式的网络包，然后从中提取出 HTTP 消息。在第 1 章、第 2 章介绍发送操作的时候我们也提了一些关于接收操作的内容，但那些介绍都比较零散，本章我们将对接收操作做一个整体性的探索。然后，我们将探索协议栈是如何将接收的消息通过 Socket 库传递给 Web 服务器程序的。

（3）Web 服务器程序解释请求消息并作出响应

Web 服务器程序收到消息后，会查询其中的内容，并按照请求进行处理，将结果返回给客户端。例如，如果请求内容是获取某个网页的数据，那么就读取该文件并取出数据；如果请求某个 CGI 程序，就将相关参数传递给该程序并执行，然后获取程序输出的数据。接下来，这些数据会以响应消息的形式返回给客户端。我们将对上面这一系列操作进行探索。

（4）浏览器接收响应消息并显示内容

Web 服务器返回的响应消息会通过互联网到达客户端计算机的浏览器。接下来，浏览器会将消息的内容显示在屏幕上。当客户端计算机上显示出网页的内容时，访问 Web 服务器的操作就全部完成了，这也是我们本次探索之旅的终点。

6.1 服务器概览

6.1.1 客户端与服务器的区别

当网络包到达 Web 服务器之后，服务器就会接收这个包并进行处理，但服务器的操作并不是一下子从这里开始的。在服务器启动之后，需要进行各种准备工作，才能接受客户端的访问。因此，处理客户端发来的请求之前，必须先完成相应的准备工作。要理解服务器的工作方式，搞清楚包括这些准备工作在内的服务器整体结构是很重要的，下面我们就来从整体上介绍一下服务器。

首先，服务器和客户端有什么区别呢？根据用途，服务器可以分为很多种类，其硬件和操作系统与客户端是有所不同的[①]。但是，网络相关的部分，如网卡、协议栈、Socket 库等功能和客户端却并无二致。无论硬件和 OS 如何变化，TCP 和 IP 的功能都是一样的，或者说这些功能规格都是统一的[②]。

不过，它们的功能相同，不代表用法也相同。在连接过程中，客户端发起连接操作，而服务器则是等待连接操作，因此在 Socket 库的用法上还是有一些区别的，即应用程序调用的 Socket 库的程序组件不同[③]。

此外，服务器的程序可以同时和多台客户端计算机进行通信，这也是一点区别。因此，服务器程序和客户端程序在结构上是不同的。

6.1.2 服务器程序的结构

服务器需要同时和多个客户端通信，但一个程序来处理多个客户端的请求是很难的，因为服务器必须把握每一个客户端的操作状态[④]。因此一般

---

① 客户端计算机也可以用作服务器。

② 如果每台设备的工作方式不同，那么网络就会因为混乱而无法工作了。

③ Socket 库和协议栈原本所具有的功能是没有区别的，因此客户端计算机也可以调用用来等待连接的程序零件，服务器程序在客户端计算机上也可以运行。

④ 尽管如此，仅用一个程序来处理多个客户端请求的服务器程序也是存在的，只不过这种程序编写起来难度较高。

的做法是，每有一个客户端连接进来，就启动一个新的服务器程序，确保服务器程序和客户端是一对一的状态。

具体来说，服务器程序的结构如图 6.1 所示。首先，我们将程序分成两个模块，即等待连接模块（图 6.1（a））和负责与客户端通信的模块（图 6.1（b））[①]。当服务器程序启动并读取配置文件完成初始化操作后，就会运行等待连接模块（a）。这个模块会创建套接字，然后进入等待连接的暂停状态。接下来，当客户端连发起连接时，这个模块会恢复运行并接受连接，然后启动客户端通信模块（b），并移交完成连接的套接字。接下来，客户端通信模块（b）就会使用已连接的套接字与客户端进行通信，通信结束后，这个模块就退出了。

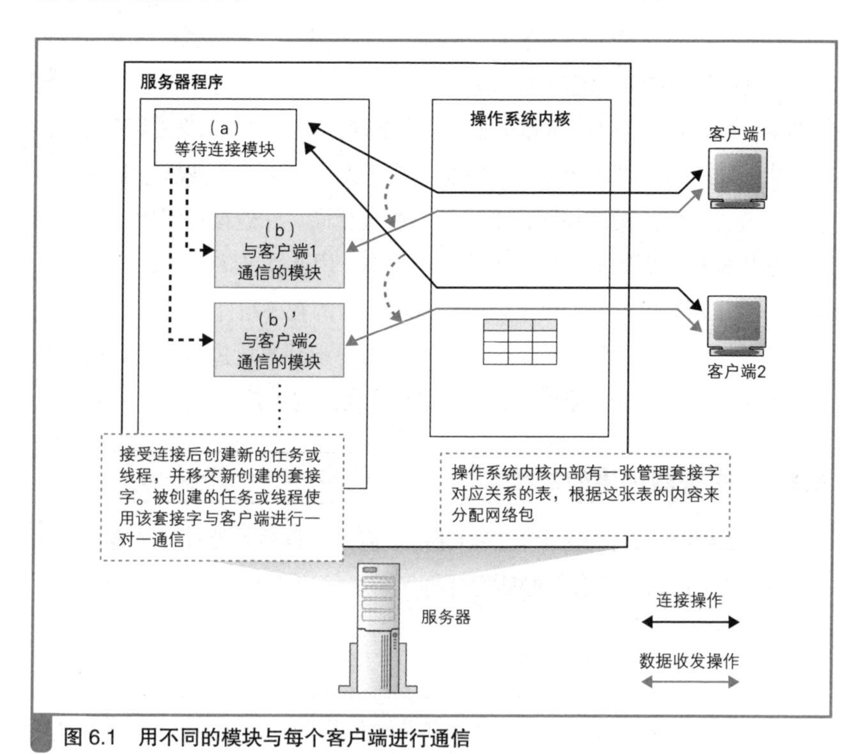

图 6.1　用不同的模块与每个客户端进行通信

① 可以分成两个可执行文件，但一般是在一个程序内部分成两个模块。

每次有新的客户端发起连接，都会启动一个新的客户端通信模块（b），因此（b）与客户端是一对一的关系。这样，（b）在工作时就不必考虑其他客户端的连接情况，只要关心自己对应的客户端就可以了。通过这样的方式，可以降低程序编写的难度。服务器操作系统具有多任务[①]、多线程[②]功能，可以同时运行多个程序[③]，服务器程序的设计正是利用了这一功能。

当然，这种方法在每次客户端发起连接时都需要启动新的程序，这个过程比较耗时，响应时间也会相应增加。因此，还有一种方法是事先启动几个客户端通信模块，当客户端发起连接时，从空闲的模块中挑选一个出来将套接字移交给它来处理。

6.1.3 服务器端的套接字和端口号

刚才我们介绍了服务器程序的大体结构，但如果不深入挖掘调用 Socket 库的具体过程，我们还是无法理解服务器是如何使用套接字来完成通信的。因此，下面就来看一看服务器程序是如何调用 Socket 库的。

首先，我们再来回忆一下客户端与服务器的区别。从数据收发的角度来看，区分“客户端”和“服务器”这两个固定的角色似乎不是一个好办法。现在大多数应用都是由客户端去访问服务器，但其实应用的形态不止这一种。为了能够支持各种形态的应用，最好是在数据收发层面不需要区分客户端和服务器，而是能够以左右对称的方式自由发送数据。TCP 也正是在这样的背景下设计出来的。

不过，这其中还是存在一个无法做到左右对称的部分，那就是连接操作。连接这个操作是在有一方等待连接的情况下，另一方才能发起连接，

---

① 多任务：操作系统提供的一种功能，可以让多个任务（程序）同时运行。实际上，一个处理器在某一个瞬间只能运行一个任务，但通过短时间内在不同的任务间切换，看起来就好像是同时运行多个任务一样。有些操作系统称之为“多进程”。

② 多任务和多线程的区别在于任务和线程的区别。在操作系统内部，任务是作为单独的程序来对待的，而线程则是一个程序中的一部分。

③ 客户端操作系统也具有多任务和多线程功能。

如果双方同时发起连接是不行的，因为在对方没有等待连接的状态下，无法单方面进行连接。因此，只有这个部分必须区分发起连接和等待连接这两个不同的角色。从数据收发的角度来看，这就是客户端与服务器的区别，也就是说，发起连接的一方是客户端，等待连接的一方是服务器。

这个区别体现在如何调用 Socket 库上。首先，客户端的数据收发需要经过下面 4 个阶段。

（1）创建套接字（创建套接字阶段）

（2）用管道连接服务器端的套接字（连接阶段）

（3）收发数据（收发阶段）

（4）断开管道并删除套接字（断开阶段）

相对地，服务器是将阶段（2）改成了等待连接，具体如下。

（1）创建套接字（创建套接字阶段）

（2-1）将套接字设置为等待连接状态（等待连接阶段）

（2-2）接受连接（接受连接阶段）

（3）收发数据（收发阶段）

（4）断开管道并删除套接字（断开阶段）

下面我们像前面介绍客户端时一样①，用伪代码来表示这个过程，如图 6.2 所示。我们一边看图，一边介绍一下服务器端的具体工作过程。

首先，协议栈调用 socket 创建套接字（图 6.2（1）），这一步和客户端是相同的②。

接下来调用 bind 将端口号写入套接字中（图 6.2（2-1））。在客户端发起连接的操作中，需要指定服务器端的端口号，这个端口号也就是在这一步设置的。具体的编号是根据服务器程序的种类，按照规则来确定的，例如

① 参见 2.1.3 节。

② 创建套接字操作的本质是分配用于套接字的内存空间，这一点上客户端和服务器是一样的。1.4.2 节有相关介绍。

Web 服务器使用 80 号端口[①]。

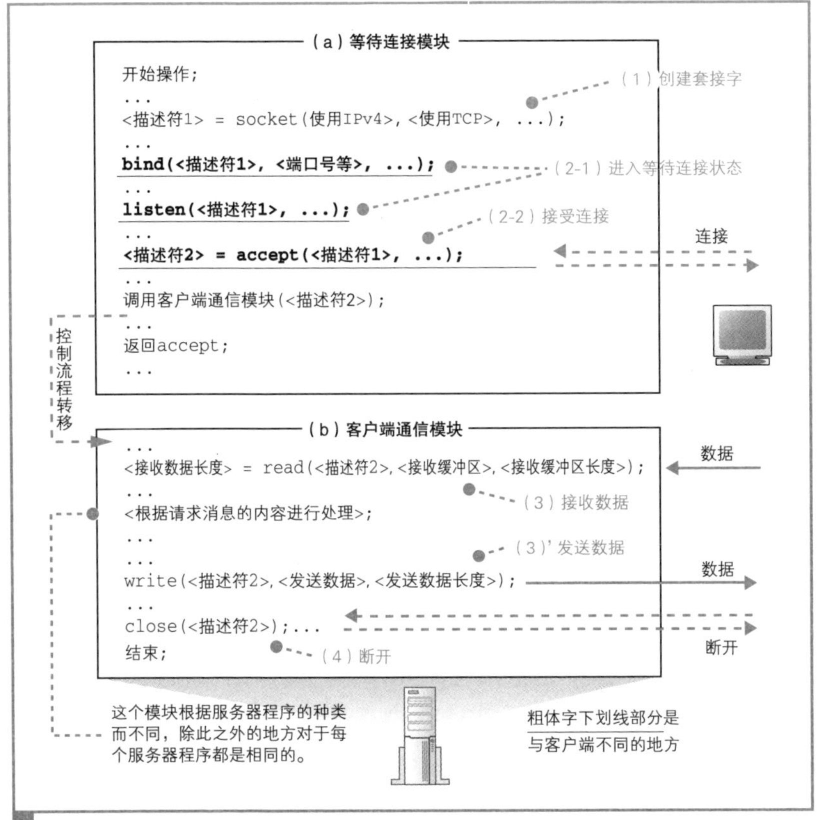

图 6.2 服务器程序的通信操作

设置好端口号之后，协议栈会调用 listen 向套接字写入等待连接状态这一控制信息（图 6.2（2-1））。这样一来，套接字就会开始等待来自客户端的连接网络包。

① Socket 库和协议栈其实并不受到这个规则的制约，它们只负责向套接字写入 bind 所指定的端口号，并等待来自该端口的连接。因此，我们也可以让 Web 服务器工作在 80 号之外的其他端口上。只不过，在这种情况下，客户端必须在 TCP 头部中指定这个端口号才能够完成连接。

然后，协议栈会调用 accept 来接受连接（图 6.2（2-2））。由于等待连接的模块在服务器程序启动时就已经在运行了，所以在刚启动时，应该还没有客户端的连接包到达。可是，包都没来就调用 accept 接受连接，可能大家会感到有点奇怪，不过没关系，因为如果包没有到达，就会转为等待包到达的状态，并在包到达的时候继续执行接受连接操作。因此，在执行 accept 的时候，一般来说服务器端都是处于等待包到达的状态，这时应用程序会暂停运行。在这个状态下，一旦客户端的包到达，就会返回响应包并开始接受连接操作。接下来，协议栈会给等待连接的套接字复制一个副本，然后将连接对象等控制信息写入新的套接字中（图 6.3）。刚才我们介绍了调用 accept 时的工作过程，到这里，我们就创建了一个新的套接字，并和客户端套接字连接在一起了。

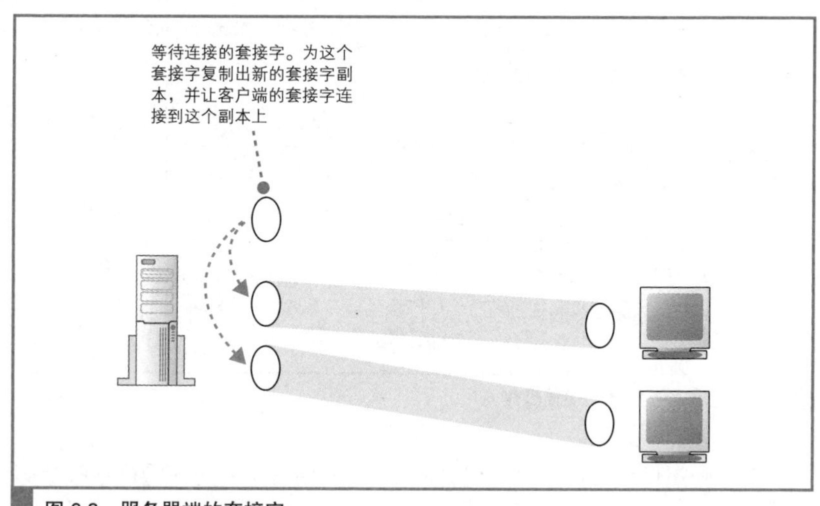

图 6.3 服务器端的套接字

当 accept 结束之后，等待连接的过程也就结束了，这时等待连接模块会启动客户端通信模块，然后将连接好的新套接字转交给客户端通信模块，由这个模块来负责执行与客户端之间的通信操作。之后的数据收发操作和刚才说的一样，与客户端的工作过程是相同的。

其实在这一系列操作中，还有一部分没有讲到，那就是在复制出一个新的套接字之后，原来那个处于等待连接状态的套接字会怎么样呢？其实它还会以等待连接的状态继续存在，当再次调用 accept，客户端连接包到达时，它又可以再次执行接受连接操作。接受新的连接之后，和刚才一样，协议栈会为这个等待连接的套接字复制一个新的副本，然后让客户端连接到这个新的副本套接字上。像这样每次为新的连接创建新的套接字就是这一步操作的一个关键点。如果不创建新副本，而是直接让客户端连接到等待连接的套接字上，那么就没有套接字在等待连接了，这时如果有其他客户端发起连接就会遇到问题。为了避免出现这样的情况，协议栈采用了这种创建套接字的新副本，并让客户端连接到这个新副本上的方法。

此外，创建新套接字时端口号也是一个关键点。端口号是用来识别套接字的，因此我们以前说不同的套接字应该对应不同的端口号，但如果这样做，这里就会出现问题。因为在接受连接的时候，新创建的套接字副本就必须和原来的等待连接的套接字具有不同的端口号才行。这样一来，比如客户端本来想要连接 80 端口上的套接字，结果从另一个端口号返回了包，这样一来客户端就无法判断这个包到底是要连接的那个对象返回的，还是其他程序返回的。因此，新创建的套接字副本必须和原来的等待连接的套接字具有相同的端口号。

但是这样一来又会引发另一个问题。端口号是用来识别套接字的，如果一个端口号对应多个套接字，就无法通过端口号来定位到某一个套接字了。当客户端的包到达时，如果协议栈只看 TCP 头部中的接收方端口号，是无法判断这个包到底应该交给哪个套接字的。

这个问题可以用下面的方法来解决，即要确定某个套接字时，不仅使用服务器端套接字对应的端口号，还同时使用客户端的端口号再加上 IP 地址，总共使用下面 4 种信息来进行判断（图 6.4）。

- 客户端 IP 地址
- 客户端端口号

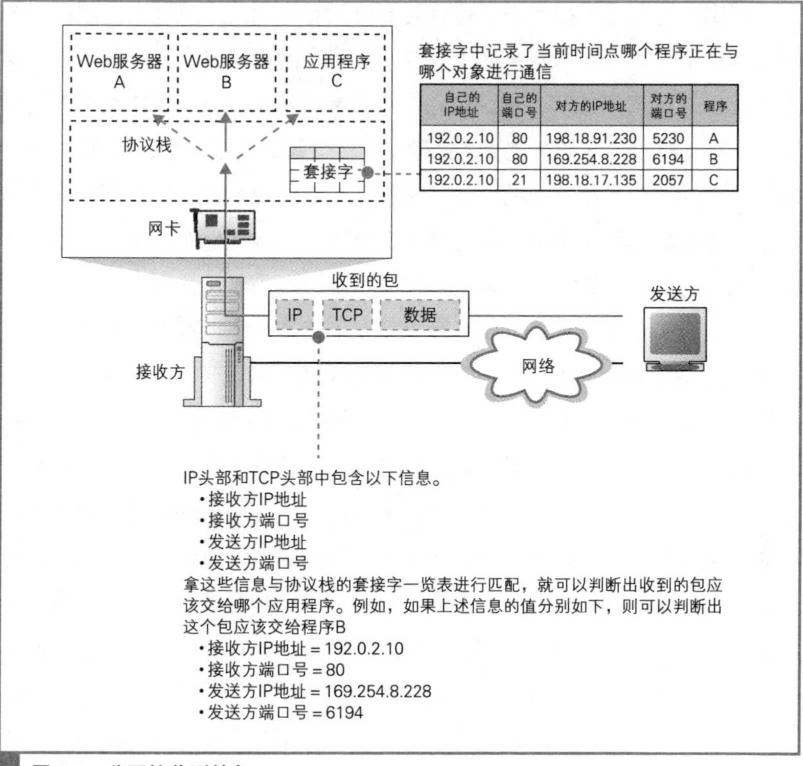

图 6.4 分配接收到的包

- 服务器 IP 地址
- 服务器端口号

服务器上可能存在多个端口号相同的套接字，但客户端的套接字都是对应不同端口号的，因此我们可以通过客户端的端口号来确定服务器上的某个套接字。不过，使用不同端口号的规则仅限一台客户端的内部，当有多个客户端进行连接时，它们之间的端口号是可以重复的。因此，我们还必须加上客户端的 IP 地址才能进行判断。例如，IP 地址为 198.18.203.154 的客户端的 1025 端口，就和 IP 地址为 198.18.142.86 的客户端的 1025 端口对应不同的套接字。如果能够理解上面这些内容，那么关于套接字和端口号的知识就已经掌握得差不多了。

说句题外话，既然通过客户端 IP 地址、客户端端口号、服务器 IP 地址、服务器端口号这 4 种信息可以确定某个套接字，那么要指代某个套接字时用这 4 种信息就好了，为什么还要使用描述符呢？这个问题很好，不过我们无法用上面 4 种信息来代替描述符。原因是，在套接字刚刚创建好，还没有建立连接的状态下，这 4 种信息是不全的。此外，为了指代一个套接字，使用一种信息（描述符）比使用 4 种信息要简单。出于上面两个原因，应用程序和协议栈之间是使用描述符来指代套接字的。

使用描述符来指代套接字的原因如下。

（1）等待连接的套接字中没有客户端 IP 地址和端口号

（2）使用描述符这一种信息比较简单

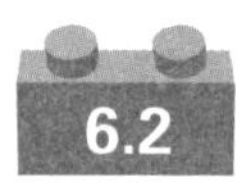

6.2 服务器的接收操作

6.2.1 网卡将接收到的信号转换成数字信息

了解了服务器的整体结构之后，下面我们重新回到探索之旅。现在，客户端发送的网络包已经到达了服务器。

到达服务器的网络包其本质是电信号或者光信号，接收信号的过程和客户端是一样的。关于这个过程我们在第 2 章介绍客户端包收发操作时已经讲过了[①]，不过这里还是简单复习一下，顺便从整体上看一看接收操作的全过程。

接收操作的第一步是网卡接收到信号，然后将其还原成数字信息[②]。局域网中传输的网络包信号是由 1 和 0 组成的数字信息与用来同步的时钟信

① 2.5.8 节有相关介绍。

② 关于网卡的结构，请参见 2.5.7 节。

号叠加而成的，因此只要从中分离出时钟信号，然后根据时钟信号进行同步，就可以读取并还原出 1 和 0 的数字信息了。

信号的格式随传输速率的不同而不同，因此某些操作过程可能存在细微差异，例如 10BASE-T 的工作方式如图 6.5 所示。首先从报头部分提取出时钟信号（图 6.5 ①），报头的信号是按一定频率变化的，只要测定这个变化的频率就可以和时钟信号同步了。接下来，按照相同的周期延长时钟信号（图 6.5 ②），并在每个时钟周期位置检测信号的变化方向（图 6.5 ③）。图中用向上和向下的箭头表示变化方向，实际的信号则是正或负的电压，这里需要检测电压是从正变为负，还是从负变为正，这两种变化方向分别对应 0 和 1（图 6.5 ④）。在图中，向上的箭头为 1，向下的箭头为 0，实际上是从负到正变化为 1，从正到负变化为 0。这样，信号就被还原成数字信息了（图 6.6）。

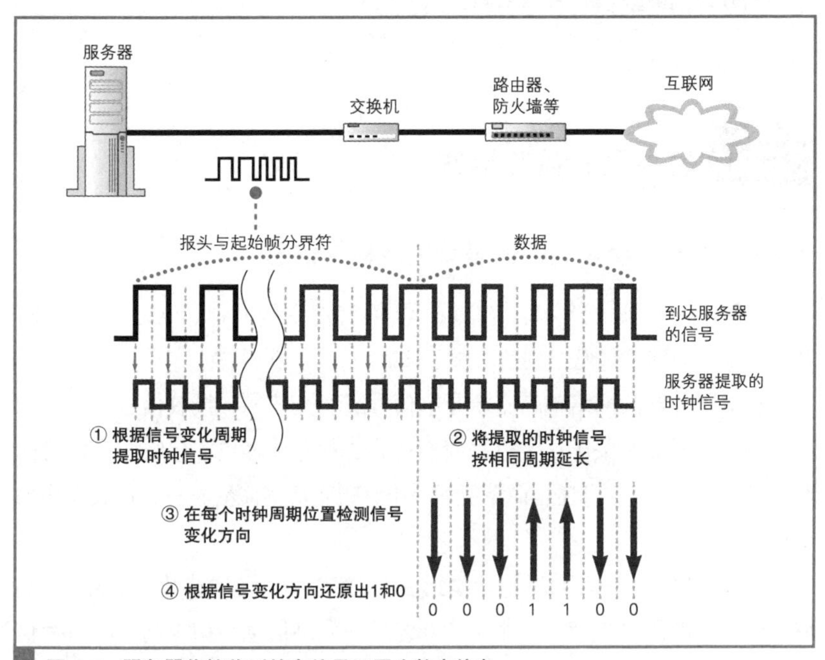

图 6.5　服务器将接收到的电信号还原为数字信息

服务器接收电信号的过程和客户端发送的过程相反，是从模拟信息转换为数字信息。

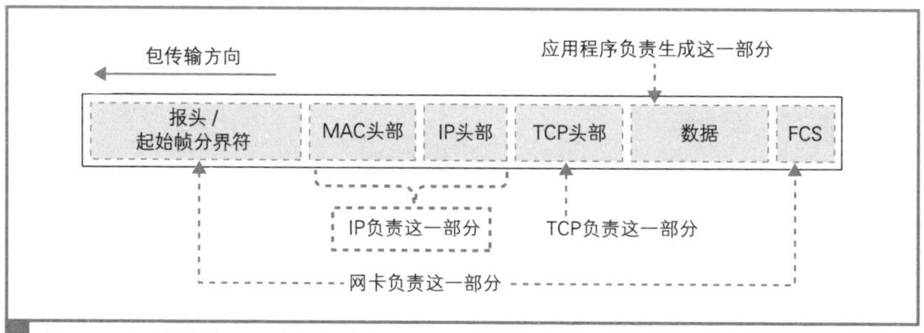

图 6.6 根据信号还原的数字信息

接下来需要根据包末尾的帧校验序列（FCS）来校验错误，即根据校验公式[①]计算刚刚接收到的数字信息，然后与包末尾的 FCS 值进行比较。FCS 值是在发送时根据转换成电信号之前的数字信息进行计算得到的，因此如果根据信号还原出的数字信息与发送前的信息一致，则计算出的 FCS 也应该与包末尾的 FCS 一致。如果两者不一致，则可能是因为噪声等影响导致信号失真，数据产生了错误，这时接收的包是无效的，因此需要丢弃[②]。

当 FCS 一致，即确认数据没有错误时，接下来需要检查 MAC 头部中的接收方 MAC 地址，看看这个包是不是发给自己的。以太网的基本工作方式是将数据广播到整个网络上，只有指定的接收者才接收数据，因此网络中还有很多发给其他设备的数据在传输，如果包的接收者不是自己，那么就需要丢弃这个包。

到这里，接收信号并还原成数字信息的操作就完成了，还原后的数字信息被保存在网卡内部的缓冲区中。上面这些操作都是由网卡的 MAC 模块[③]来完成的。

① 以太网中使用 CRC-32 方式来计算。

② 包的丢失会由 TCP 检测出来并重传，因此错误的包可以直接丢弃。

③ 关于 MAC 模块请参见 2.5.7 节。

网卡的 MAC 模块将网络包从信号还原为数字信息，校验 FCS 并存入缓冲区。

在这个过程中，服务器的 CPU 并不是一直在监控网络包的到达，而是在执行其他的任务，因此 CPU 并不知道此时网络包已经到达了。但接下来的接收操作需要 CPU 来参与，因此网卡需要通过中断将网络包到达的事件通知给 CPU。

接下来，CPU 就会暂停当前的工作，并切换到网卡的任务。然后，网卡驱动会开始运行，从网卡缓冲区中将接收到的包读取出来，根据 MAC 头部的以太类型字段判断协议的种类，并调用负责处理该协议的软件。这里，以太类型的值应该是表示 IP 协议，因此会调用 TCP/IP 协议栈，并将包转交给它①。

网卡驱动会根据 MAC 头部判断协议类型，并将包交给相应的协议栈。

6.2.2 IP 模块的接收操作

当网络包转交到协议栈时，IP 模块会首先开始工作，检查 IP 头部。IP 模块首先会检查 IP 头部的格式是否符合规范，然后检查接收方 IP 地址，看包是不是发给自己的。当服务器启用类似路由器的包转发功能时②，对于不是发给自己的包，会像路由器一样根据路由表对包进行转发③。

---

① 实际的工作过程因操作系统的不同而不同，大多数情况下，网卡驱动并不会直接调用协议栈，而是先切换回操作系统，然后再由操作系统去调用协议栈，由协议栈继续执行接收操作。

② 服务器操作系统中内置了可实现路由器功能的软件，只要启用这一功能，服务器就可以像路由器一样工作。

③ 服务器也可以启用类似防火墙的包过滤功能，这时，在包转发的过程中还会对包进行检查，并丢弃不符合规则的包。

确认包是发给自己的之后，接下来需要检查包有没有被分片[①]。检查 IP 头部的内容就可以知道是否分片[②]，如果是分片的包，则将包暂时存放在内存中，等所有分片全部到达之后将分片组装起来还原成原始包；如果没有分片，则直接保留接收时的样子，不需要进行重组。到这里，我们就完成了包的接收。

接下来需要检查 IP 头部的协议号字段，并将包转交给相应的模块。例如，如果协议号为 06（十六进制），则将包转交给 TCP 模块；如果是 11（十六进制），则转交给 UDP 模块。这里我们假设这个包被交给 TCP 模块处理，然后继续往下看。

协议栈的 IP 模块会检查 IP 头部，（1）判断是不是发给自己的；（2）判断网络包是否经过分片；（3）将包转交给 TCP 模块或 UDP 模块。

6.2.3 TCP 模块如何处理连接包

前面的步骤对于任何包都是一样的，但后面的 TCP 模块的操作则根据包的内容有所区别。首先，我们来看一下发起连接的包是如何处理的。

当 TCP 头部中的控制位 SYN 为 1 时，表示这是一个发起连接的包（图 6.7 ①）。这时，TCP 模块会执行接受连接的操作，不过在此之前，需要先检查包的接收方端口号，并确认在该端口上有没有与接收方端口号相同且正在处于等待连接状态的套接字。如果指定端口号没有等待连接的套接字，则向客户端返回错误通知的包[③]。

如果存在等待连接的套接字，则为这个套接字复制一个新的副本，并将发送方 IP 地址、端口号、序号初始值、窗口大小等必要的参数写入这个

① 关于分片请参见 3.3.7 节。

② 参见 2.5.3 节的表 2.2 的 IP 头部标志。

③ 向客户端返回一个表示接收方端口不存在等待连接的套接字的 ICMP 消息。

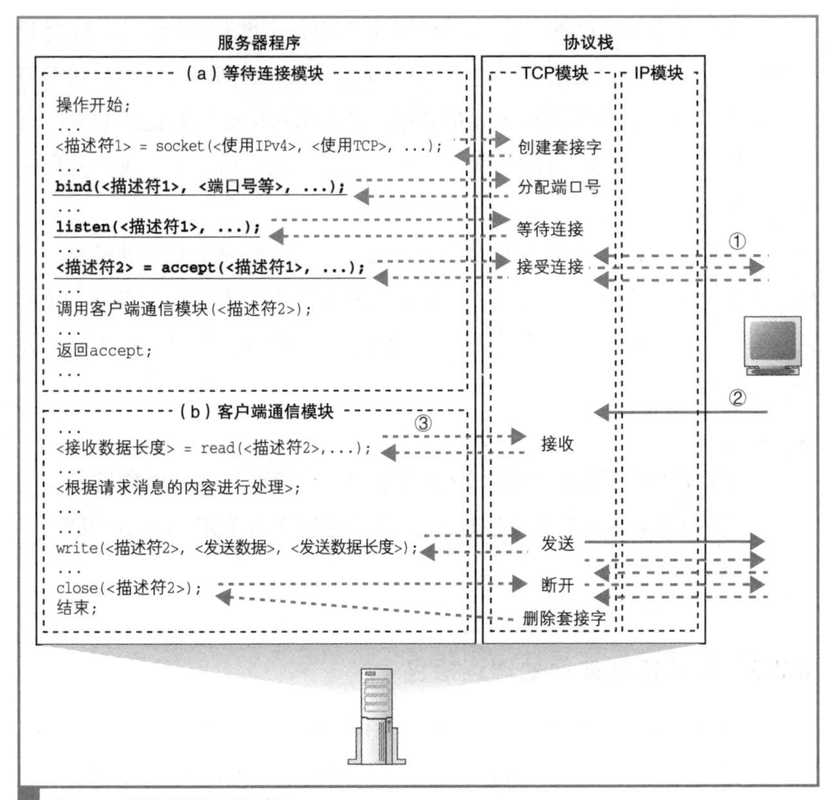

图 6.7 服务器的工作过程

套接字中，同时分配用于发送缓冲区和接收缓冲区的内存空间。然后生成代表接收确认的 ACK 号，用于从服务器向客户端发送数据的序号初始值，表示接收缓冲区剩余容量的窗口大小，并用这些信息生成 TCP 头部，委托 IP 模块发送给客户端[①]。

这个包到达客户端之后，客户端会返回表示接收确认的 ACK 号，当这个 ACK 号返回服务器后，连接操作就完成了。

这时，服务器端的程序应该进入调用 accept 的暂停状态，当将新套接字的描述符转交给服务器程序之后，服务器程序就会恢复运行。

① 这个包只有 TCP 头部，没有数据。

如果收到的是发起连接的包，则 TCP 模块会（1）确认 TCP 头部的控制位 SYN；（2）检查接收方端口号；（3）为相应的等待连接套接字复制一个新的副本；（4）记录发送方 IP 地址和端口号等信息。

6.2.4 TCP 模块如何处理数据包

接下来我们来看看进入数据收发阶段之后，当数据包[①]到达时 TCP 模块是如何处理的（图 6.7 ②）。

首先，TCP 模块会检查收到的包对应哪一个套接字。在服务器端，可能有多个已连接的套接字对应同一个端口号，因此仅根据接收方端口号无法找到特定的套接字。这时我们需要根据 IP 头部中的发送方 IP 地址和接收方 IP 地址，以及 TCP 头部中的接收方端口号和发送方端口号共 4 种信息，找到上述 4 种信息全部匹配的套接字[②]。

找到 4 种信息全部匹配的套接字之后，TCP 模块会对比该套接字中保存的数据收发状态和收到的包的 TCP 头部中的信息是否匹配，以确定数据收发操作是否正常。具体来说，就是根据套接字中保存的上一个序号和数据长度计算下一个序号，并检查与收到的包的 TCP 头部中的序号是否一致[③]。如果两者一致，就说明包正常到达了服务器，没有丢失。这时，TCP 模块会从包中提出数据，并存放到接收缓冲区中，与上次收到的数据块连接起来。这样一来，数据就被还原成分包之前的状态了[④]。

当收到的数据进入接收缓冲区后，TCP 模块就会生成确认应答的 TCP

---

① 假设包中的数据为 HTTP 请求消息。

② 6.1.3 节有关于服务器端端口号的介绍，请大家回忆一下。

③ 关于序号请参见 2.3.3 节。

④ 拼合数据块的操作在每次收到数据包时都会进行，而不是等所有数据全部接受完毕之后再统一拼合的。

头部，并根据接收包的序号和数据长度计算出 ACK 号，然后委托 IP 模块发送给客户端[①]。

收到的数据块进入接收缓冲区，意味着数据包接收的操作告一段落了。接下来，应用程序会调用 Socket 库的 read（图 6.7 ③）来获取收到的数据，这时数据会被转交给应用程序。如果应用程序不来获取数据，则数据会被一直保存在缓冲区中，但一般来说，应用程序会在数据到达之前调用 read 等待数据到达，在这种情况下，TCP 模块在完成接收操作的同时，就会执行将数据转交给应用程序的操作。

然后，控制流程会转移到服务器程序，对收到的数据进行处理，也就是检查 HTTP 请求消息的内容，并根据请求的内容向浏览器返回相应的数据。这一部分已经超出了 TCP 模块的范围，我们将在稍后探索服务器程序内部时进行介绍。

收到数据包时，TCP 模块会（1）根据收到的包的发送方 IP 地址、发送方端口号、接收方 IP 地址、接收方端口号找到相对应的套接字；（2）将数据块拼合起来并保存在接收缓冲区中；（3）向客户端返回 ACK。

6.2.5 TCP 模块的断开操作

当数据收发完成后，便开始执行断开操作。这个过程和客户端是一样的，让我们简单复习一下。

在 TCP 协议的规则中，断开操作可以由客户端或服务器任何一方发起，具体的顺序是由应用层协议决定的。Web 中，这一顺序随 HTTP 协议版本不同而不同，在 HTTP1.0 中，是服务器先发起断开操作。

这时，服务器程序会调用 Socket 库的 close，TCP 模块会生成一个控制位 FIN 为 1 的 TCP 头部，并委托 IP 模块发送给客户端。当客户端收到

① 在返回 ACK 号之前，会先等待一段时间，看看能不能和后续的应答包合并。

这个包之后，会返回一个 ACK 号。接下来客户端调用 close，生成一个 FIN 为 1 的 TCP 头部发给服务器，服务器再返回 ACK 号，这时断开操作就完成了。HTTP1.1 中，是客户端先发起断开操作，这种情况下只要将客户端和服务器的操作颠倒一下就可以了。

无论哪种情况，当断开操作完成后，套接字会在经过一段时间后被删除。

6.3 Web 服务器程序解释请求消息并作出响应

6.3.1 将请求的 URI 转换为实际的文件名

图 6.7 展示了服务器程序的工作过程，这个过程不仅限于 Web 服务器，对于各种服务器程序都是共通的，收发数据的过程也是大同小异的。各种服务器程序的不同点在于图中（b）客户端通信部分的第一行调用 read 后的如下部分：

< 根据请求消息的内容进行处理 >

图 6.7 中只写了一行，但实际上这里应该是一组处理各种工作的程序①，或者说这里才是服务器程序的核心部分。接下来让我们来对这一部分进行探索。

Web 服务器中，图 6.7 的 read 获取的数据内容就是 HTTP 请求消息。服务器程序会根据收到的请求消息中的内容进行相应的处理，并生成响应消息，再通过 write 返回给客户端。请求消息包括一个称为“方法”的命令，以及表示数据源的 URI（文件路径名），服务器程序会根据这些内容向客户端返回数据，但对于不同的方法和 URI，服务器内部的工作过程会有所不同。下面我们从简单的开始依次进行介绍。

最简单的一种情况如图 6.8 中的例子所示，请求方法为 GET，URI 为一个 HTML 文件名。这种情况只要从文件中读出 HTML 文档，然后将其

① 这部分可能会有几万行代码。

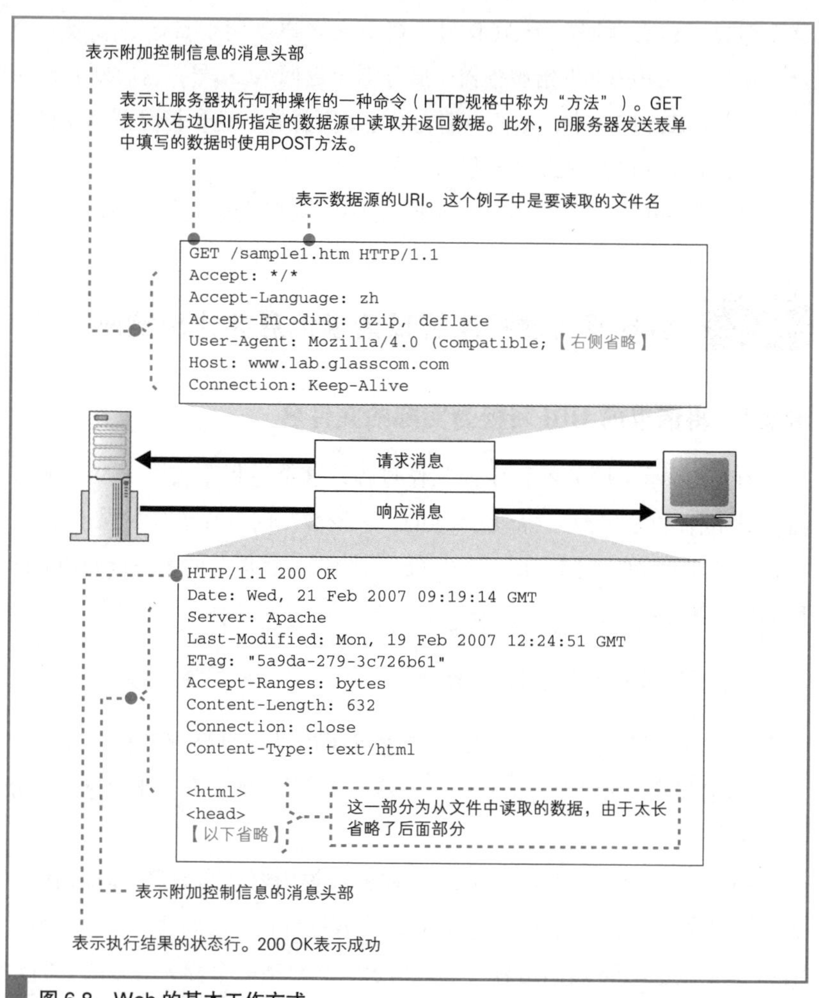

图 6.8 Web 的基本工作方式

作为响应消息返回就可以了。不过，按照 URI 从磁盘上读取文件并没有这么简单。如果完全按照 URI 中的路径和文件名读取[①]，那就意味着磁盘上所

① 对于 UNIX 系操作系统的服务器来说，URI 的路径名和磁盘文件的路径名格式是相同的，对于 Windows 也只要将“/”替换成“\”就可以了，因此我们可以将 URI 当作是磁盘文件的路径名。

有的文件都可以访问，Web 服务器的磁盘内容就全部暴露了，这很危险。因此，这里需要一些特殊的机制。

Web 服务器公开的目录其实并不是磁盘上的实际目录，而是如图 6.9 这样的虚拟目录，而 URI 中写的就是在这个虚拟目录结构下的路径名。因此，当读取文件时，需要先查询虚拟目录与实际目录的对应关系，并将 URI 转换成实际的文件名后，才能读取文件并返回数据。举个例子，假设我们的虚拟目录结构如图 6.9 所示，如果请求消息中的 URI 如下页（1）所示，那么因为 /~user2/…对应的实际目录为 /home/user2/…，所以将 URI 转换成实际文件名后应该是如下页（2）。

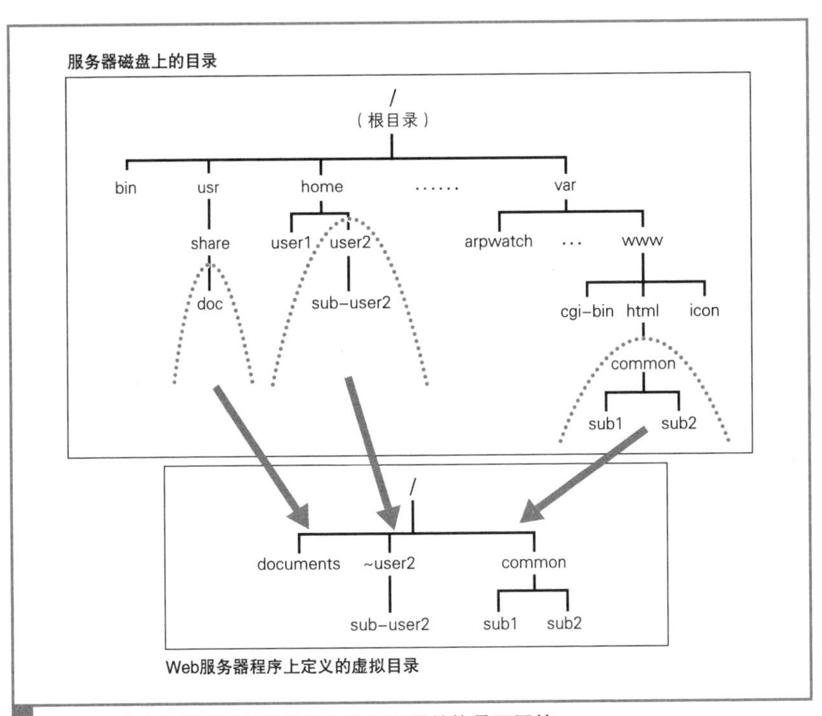

图 6.9　客户端看到的目录结构和实际目录结构是不同的
客户端看到的 Web 服务器目录是虚拟的，和实际的目录结构不同。Web 服务器内部会将实际的目录名和供外部访问的虚拟目录名进行关联。

```
/~user2/sub-user2/sample.html                    (1)
/home/user2/sub-user2/sample.html                (2)
```

于是，服务器就会根据上述路径从磁盘中读取相应的文件，然后将数据返回给客户端。

文件名转换是有特例的，比如URI中的路径省略了文件名的情况，这时服务器会读取事先设置好的默认文件名。例如在浏览器中输入如下网址。

```
http://www.glasscom.com/tone/
```

上面这个网址省略了文件名，服务器会在末尾添加默认文件名，如下。

```
http://www.glasscom.com/tone/index.html
```

在这个例子中，index.html这个文件名是在服务器中设置好的[①]，服务器会将它添加在目录名的后面。

有些Web服务器程序还具有文件名改写功能，只要设置好改写的规则，当URI中的路径符合改写规则时，就可以将URI中的文件名改写成其他的文件名进行访问[②]。当出于某些原因Web服务器的目录和文件名发生变化，但又希望用户通过原来的网址进行访问的时候，这个功能非常有用。

6.3.2 运行CGI程序

如果URI指定的文件内容为HTML文档或图片，那么只要直接将文件内容作为响应消息返回客户端就可以了。但URI指定的文件内容不仅限于HTML文档，也有可能是一个程序。在这个情况下，服务器不会直接返回文件内容，而是会运行这个程序，然后将程序输出的数据返回给客户端。

① 这个文件名是在Web服务器配置文件中设置的。尽管这个文件名可以任意设置，但一般来说会设置成类似index.html、index.cgi、default.htm等这样的文件名。

② 例如Web服务器程序Apache就具有这样的功能。

Web 服务器可以启动的程序有几种类型，每种类型的具体工作方式有所区别，下面我们来看看 CGI 程序是如何工作的。

当需要 Web 服务器运行程序时，浏览器发送的 HTTP 请求消息内容会和访问 HTML 文档时不太一样，我们先从这里开始讲。Web 服务器运行程序时，一般来说浏览器会将需要程序处理的数据放在 HTTP 请求消息中发送给服务器。这些数据有很多种类，例如购物网站订单表中的品名、数量、发货地址等，搜索引擎中输入的关键字也是一个常见的例子。

总之，浏览器需要在发送给 Web 服务器的请求消息中加入一些数据。我们在第 1 章曾经介绍过有两种加入数据的方法。一种是在 HTML 文档的表单中加上 method="GET"，通过 HTTP 的 GET 方法，将输入的数据作为参数添加在 URI 后面发送给服务器。另一种方法是在 HTML 文档的表单中加上 method="POST"，将数据放在 HTTP 请求消息的消息体[①]中发送给服务器（图 6.10）。

收到请求消息之后，Web 服务器会进行下面的工作。首先，Web 服务器会检查 URI 指定的文件名，看一看这个文件是不是一个程序。这里的判断方法是在 Web 服务器中事先设置好的，一般是通过文件的扩展名来进行判断，例如将 .cgi、.php 等扩展名的文件设置为程序，当遇到这些文件时，Web 服务器就会将它们作为程序来对待。也可以设置一个存放程序的目录，将这个目录下的所有文件都作为程序来对待。此外，还可以根据文件的属性来进行判断。

如果判断要访问的文件为程序文件，Web 服务器会委托操作系统运行这个程序，然后从请求消息中取出数据并交给运行的程序[②]。如果方法为 GET，则将 URI 后面的参数传递给程序；如果方法为 POST，则将消息体中的数据传递给程序（图 6.11）。

接下来，运行的程序收到数据后会进行一系列处理，并将输出的数据返回给 Web 服务器。程序可以返回各种内容，如表示订单已接受的说明，

---

① 即头部字段之后的部分，参见 1.1.5 节。

② 除了数据，还可以将请求消息的头部字段传递给程序。

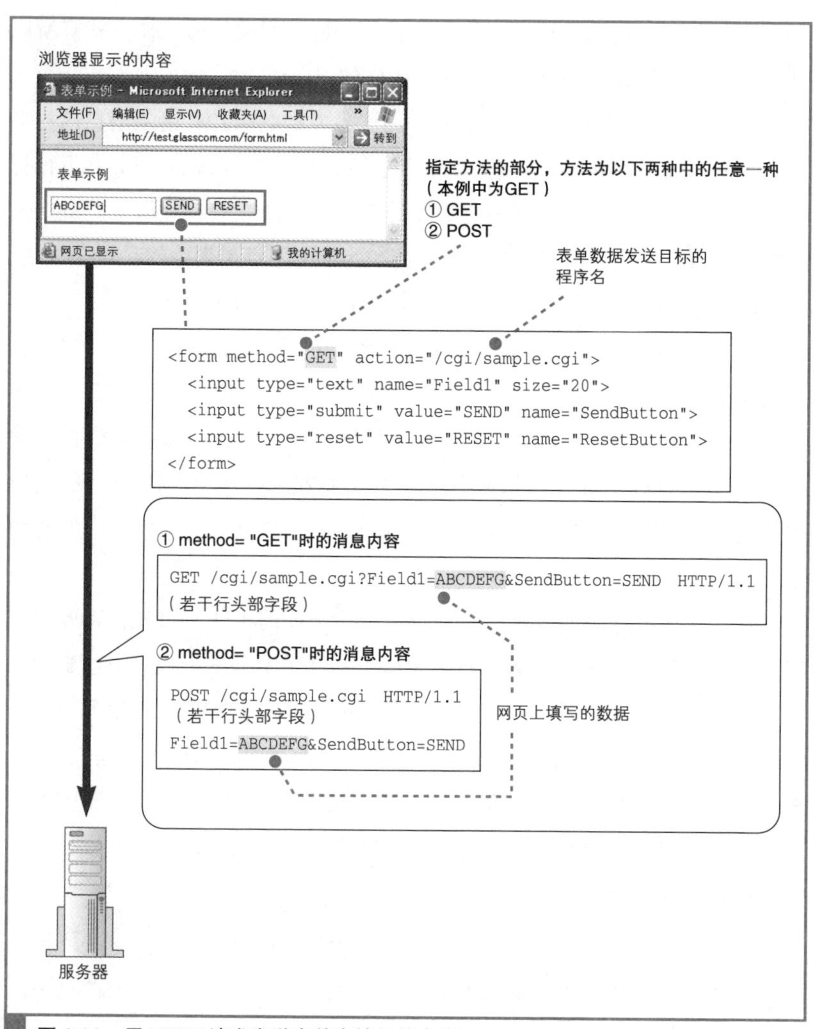

图 6.10 用 HTTP 请求发送表单中输入的内容

或者按照关键字从数据库中搜索出的结果等。无论如何，为了将数据处理的结果返回给客户端，首先需要将它返回给 Web 服务器。这些输出的数据一般来说会嵌入到 HTML 文档中，因此 Web 服务器可以直接将其作为响应消息返回给客户端。输出数据的内容是由运行的程序生成的，Web 服务

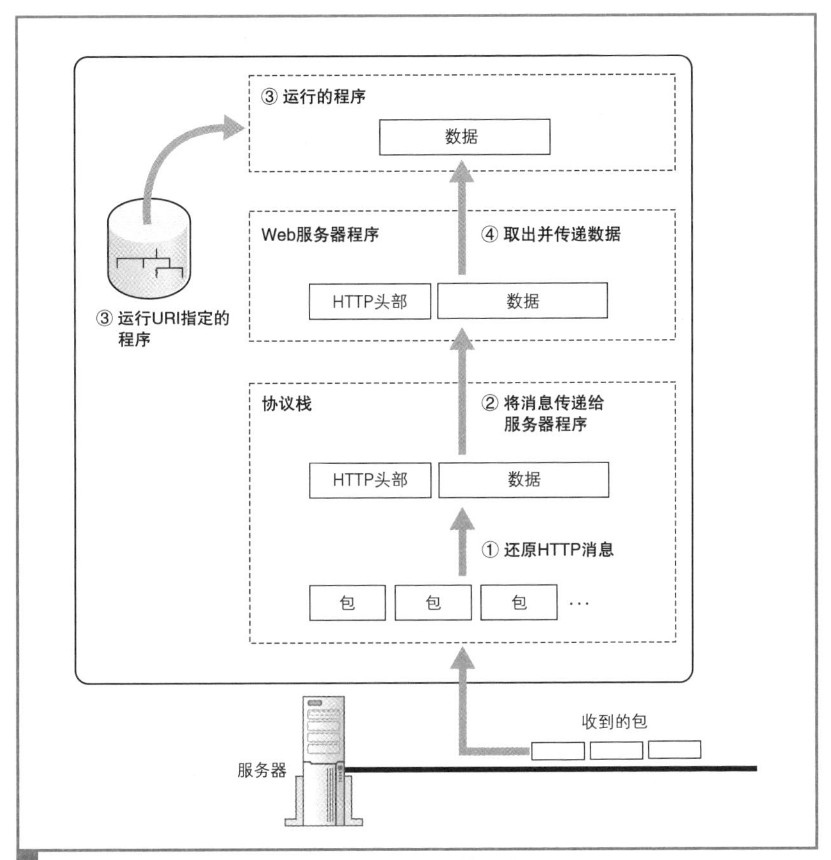

图 6.11　数据如何传递给 Web 服务器上运行的程序
Web 服务器程序在组装网络包、还原数据之后，会运行其中指定的程序（实际是委托操作系统来运行），然后将数据传递给已运行的程序。

器并不过问，也不会去改变程序输出的内容[①]。

6.3.3 Web 服务器的访问控制

正如我们前面讲的，Web 服务器的基本工作方式就是根据请求消息的内容判断数据源，并从中获取数据返回给客户端，不过在执行这些操作之

① 但可以添加一些 HTTP 消息的头部字段。

前，Web 服务器还可以检查事先设置的一些规则，并根据规则允许或禁止访问。这种根据规则判断是否允许访问的功能称为访问控制，一些会员制的信息服务需要限制用户权限的时候会使用这一功能，公司里也可以利用访问控制只允许某些特定部门访问。

Web 服务器的访问控制规则主要有以下 3 种。

（1）客户端 IP 地址

（2）客户端域名

（3）用户名和密码

以上规则可针对作为数据源的文件和目录进行设置，当收到客户端的请求消息时，服务器会根据 URI 判断数据源，并检查数据源对应的访问控制规则，只有允许访问时才读取文件或运行程序。下面我们来看一下设定访问控制规则时，服务器是如何工作的。

首先是根据客户端 IP 地址设置的规则，这个情况很简单，在调用 accept 接受连接时，就已经知道客户端的 IP 地址了，只要检查其是否允许访问就可以了。

当根据客户端域名设置规则时，需要先根据客户端 IP 地址查询客户端域名，这需要使用 DNS 服务器。一般我们使用 DNS 服务器都是根据域名查询 IP 地址，其实根据 IP 地址反查域名也可以使用 DNS 服务器。具体来说，这个过程是这样的。收到客户端的请求消息后，Web 服务器（图 6.12 ①）会委托协议栈告知包的发送方 IP 地址，然后用这个 IP 地址生成查询消息并发送给最近的 DNS 服务器（图 6.12 ②）。接下来，DNS 服务器找出负责管辖该 IP 地址的 DNS 服务器，并将查询转发给它（图 6.12 ③），查询到相应的域名之后返回结果（图 6.12 ④），然后 Web 服务器端的 DNS 服务器再将结果转发给 Web 服务器（图 6.12 ⑤）。这样一来，我们就可以根据发送方 IP 地址查询到域名。接下来，为了保险起见，还需要用这个域名查询一下 IP 地址，看看结果与发送方 IP 地址是否一致（图 6.12 ⑥）。这是因为有一种在 DNS 服务器上注册假域名的攻击方式，因此我们需要进行双重检查，如果两者一致则检查相应的访问控制规则，判断是否允许访问。从图 6.12 中可以看出，这种方式需要和 DNS 服务器进行多次查询，整个过程比较耗时，因此 Web 服务器的响应速度也会变慢。

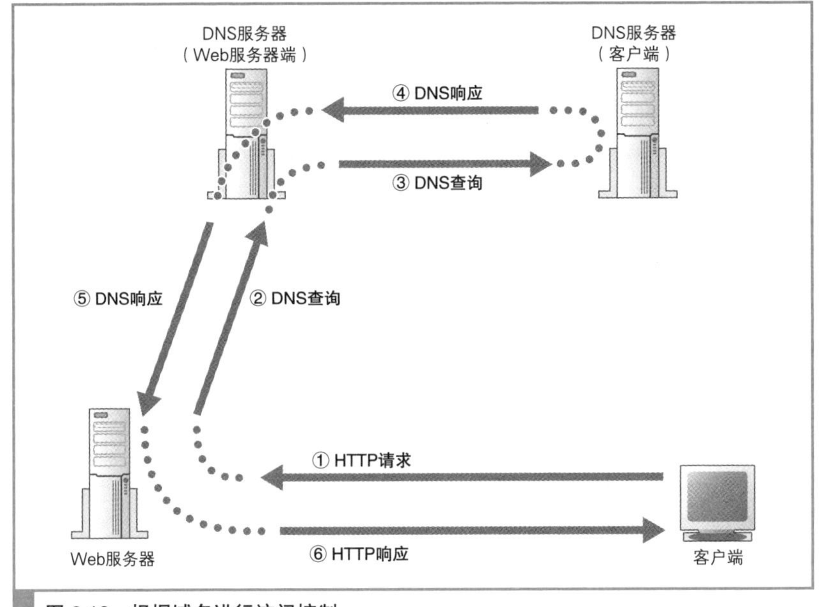

图 6.12　根据域名进行访问控制

如果用户名和密码已设置好，那么情况如图 6.13[①]。通常的请求消息中不包含用户名和密码，因此无法验证用户名和密码（图 6.13 ①）。因此，Web 服务器会向用户发送一条响应消息，告诉用户需要在请求消息中放入用户名和密码（图 6.13 ②）。浏览器收到这条响应消息后，会弹出一个输入用户名和密码的窗口，用户输入用户名和密码后（图 6.13 ③），浏览器将这

① 这里介绍的内容是使用 Web 服务器提供的密码认证功能时的工作过程，除此之外，还可以通过 Web 服务器运行 CGI 认证程序来验证密码。这种情况下，认证程序会生成一个含有密码表单的网页并发送给用户，用户填写密码后发送回服务器，由认证程序进行校验。这种方式会包含密码表单页面和用户提交的密码数据的交互过程，因此和图 6.13 的过程是有区别的。

些信息放入请求消息中重新发送给服务器（图 6.13 ④）。然后，Web 服务器查看接收到的用户名和密码与事先设置好的用户名和密码是否一致，以此判断是否允许访问，如果允许访问，则返回数据（图 6.13 ⑤）。

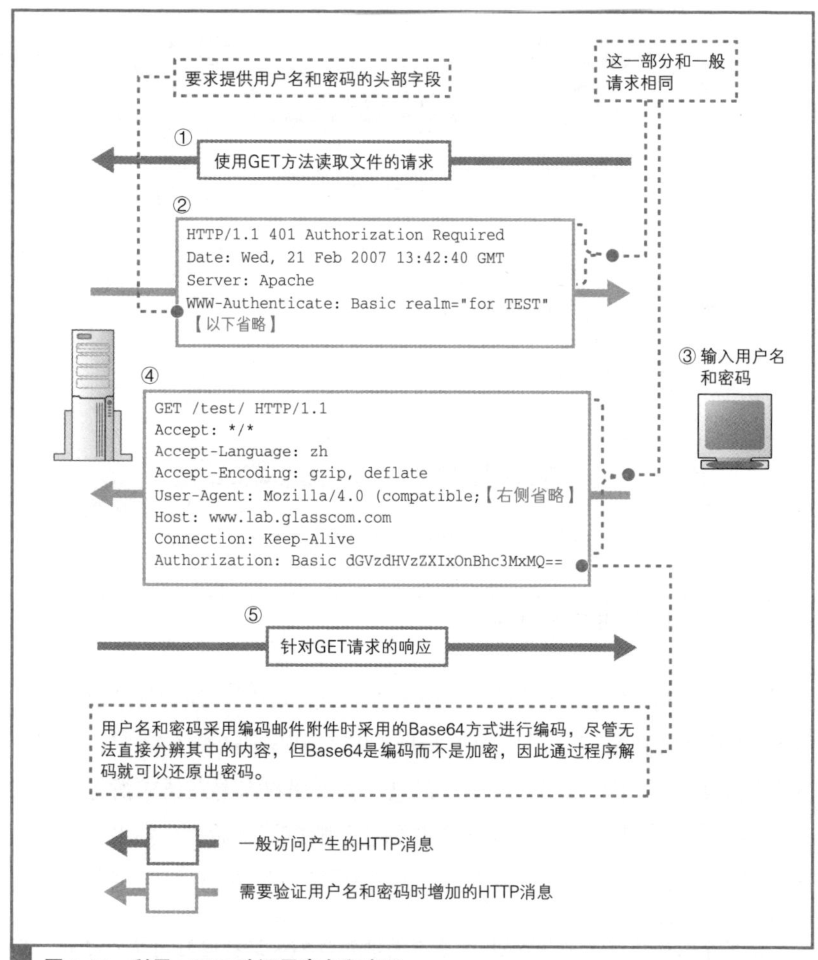

图 6.13 利用 HTTP 验证用户名和密码

当访问设置了用户名和密码保护的页面时，需要在 HTTP 请求消息中添加包含用户名和密码的头部字段（Authorization）。否则，Web 服务器不会返回请求的页面内容，而是会返回一个要求提供用户名和密码的头部字段（WWW-Authenticate）消息。

6.3.4 返回响应消息

当服务器完成对请求消息的各种处理之后，就可以返回响应消息了。这里的工作过程和客户端向服务器发送请求消息时的过程相同。

首先，Web 服务器调用 Socket 库的 write，将响应消息交给协议栈。这时，需要告诉协议栈这个响应消息应该发给谁，但我们并不需要直接告知客户端的 IP 地址等信息，而是只需要给出表示通信使用的套接字的描述符就可以了。套接字中保存了所有的通信状态，其中也包括通信对象的信息，因此只要有描述符就万事大吉了。

接下来，协议栈会将数据拆分成多个网络包，然后加上头部发送出去。这些包中包含接收方客户端的地址，它们将经过交换机和路由器的转发，通过互联网最终到达客户端。

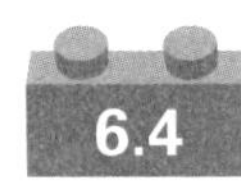

6.4 浏览器接收响应消息并显示内容

6.4.1 通过响应的数据类型判断其中的内容

Web 服务器发送的响应消息会被分成多个包发送给客户端，然后客户端需要接收数据。首先，网卡将信号还原成数字信息，协议栈将拆分的网络包组装起来并取出响应消息，然后将消息转交给浏览器。这个过程和服务器的接收操作相同。接下来，我们来看一看浏览器是如何显示内容的。

要显示内容，首先需要判断响应消息中的数据属于哪种类型。Web 可以处理的数据包括文字、图像、声音、视频等多种类型，每种数据的显示方法都不同，因此必须先要知道返回了什么类型的数据，否则无法正确显示。

这时，我们需要一些信息才能判断数据类型，原则上可以根据响应消息开头的 Content-Type 头部字段的值来进行判断。这个值一般是下面这样的字符串。

```
Content-Type: text/html
```

其中“/”左边的部分称为“主类型”，表示数据的大分类；右边的“子类型”表示具体的数据类型。在上面的例子中，主类型是 text，子类型是 html。主类型和子类型的含义都是事先确定好的[1]，表 6.1 列出了其中主要的一些类型。上面例子中的数据类型表示遵循 HTML 规格的 HTML 文档。

表 6.1 消息的 Content-Type 定义的数据类型

主类型	含　义	子类型示例	
text	表示文本数据	text/html	HTML 文档
		text/plain	纯文本
image	表示图像数据	image/jpeg	JPEG 格式的图片
		image/gif	GIF 格式的图片
audio	表示音频数据	audio/mpeg	MP2、MP3 格式的音频
video	表示视频数据	video/mpeg	MPEG 格式的视频
		video/quicktime	Quicktime 格式的视频
model	表示对物体等的形状和动作进行建模的数据	model/vrml	VRML 格式的建模数据
application	除上述以外的数据，Excel、Word 等应用程序的数据都属于这一类型	application/pdf	PDF 格式的文档数据
		application/msword	MS-WORD 格式的文档数据
message	直接存放邮件等消息时使用的类型，表示直接存放某种格式的消息	message/rfc822	一般的邮件数据，包含 From:、Date: 等头部数据
multipart	消息体中包含多个部分的数据	multipart/mixed	消息体中包含各种不同格式的数据，其中每个部分的数据都有单独定义的媒体类型

此外，当数据类型为文本时，还需要判断编码方式，这时需要用 charset 附加表示文本编码方式的信息，内容如下。

① 类型的含义和公有 IP 地址、端口号一样，都是全世界统一管理的。

```
Content-Type: text/html; charset=utf-8
```

这里的 utf-8 表示编码方式为 Unicode，如果是 euc-jp 就表示 EUC 编码，iso-2022-jp 表示 JIS 编码，shift_jis 表示 JIS 编码[①]。

除了通过 Content-Type 判断数据类型，还需要检查 Content-Encoding 头部字段。如果消息中存放的内容是通过压缩或编码技术对原始数据进行转换得到的，那么 Content-Encoding 的值就表示具体的转换方式，通过这个字段的值，我们可以知道如何将消息中经过转换的数据还原成原始数据。

Content-Type 字段使用的表示数据类型的方法是在 MIME[②] 规格中定义的，这个规格不仅用于 Web，也是邮件等领域中普遍使用的一种方式。不过这种方式也只不过是一种原则性的规范，要通过 Content-Type 准确判断数据类型，就需要保证 Web 服务器正确设置 Content-Type 的值，但现实中并非总是如此。如果 Web 服务器管理员不当心，就可能会因为设置错误导致 Content-Type 的值不正确。因此，根据原则检查 Content-Type 并不能确保总是能够准确判断数据类型。

因此，有时候我们需要结合其他一些信息来综合判断数据类型，例如请求文件的扩展名、数据内容的格式等。比如，我们可以检查文件的扩展名，如果为 .html 或 .htm 则看作是 HTML 文件，或者也可以检查数据的内容，如果是以 <html> 开头的则看作是 HTML 文档。不仅是 HTML 这样的文本文件，图片也是一样。图片是经过压缩的二进制数据，但其开头也有表示内容格式的信息，我们可以根据这些信息来判断数据的类型。不过，这部分的逻辑并没有一个统一的规格，因此不同的浏览器以及不同的版本都会有所差异。

---

① 中文常用的编码包括 gb2312、gbk、gb18030、big5 等。——译者注

② MIME：Multipurpose Internet Mail Extensions，多用途因特网邮件扩充。原本是为在电子邮件中附加图片和附件等非文本信息而制定的一种规格，后来在 Web 的领域也得到了广泛使用。

6.4.2 浏览器显示网页内容！访问完成！

判断完数据类型，我们离终点就只有一步之遥了。接下来只要根据数据类型调用用于显示内容的程序，将数据显示出来就可以了。对于HTML文档、纯文本、图片这些基本数据类型，浏览器自身具有显示这些内容的功能，因此由浏览器自身负责显示。

不同类型的数据显示操作的过程也不一样，我们以HTML文档为例来介绍。HTML文档通过标签表示文档的布局和字体等样式信息，浏览器需要解释这些标签的含义，按照指定的样式显示文档的内容。实际的显示操作是由操作系统来完成的，浏览器负责对操作系统发出指令，例如在屏幕上的什么位置显示什么文字、使用什么样的字体等。

网页中还可以嵌入图片等数据，HTML文档和图片等数据是分别存在在不同的文件中的，HTML文档中只有表示图片引用的标签[①]。在读取文档数据时，一旦遇到相应的标签，浏览器就会向服务器请求其中的图片文件。这个请求过程和请求HTML文档的过程是一样的，就是在HTTP请求消息的URI中写上图片文件的文件名即可。将这个请求消息发送给Web服务器之后，Web服务器就会返回图片数据了。接下来，浏览器会将图片嵌入到标签所在的位置。JPEG和GIF格式的图片是经过压缩的，浏览器需要将其解压后委托操作系统进行显示。当然，为了避免图片和文字重叠，在显示文字的时候需要为图片留出相应的位置。

像HTML文档和图片等浏览器可自行显示的数据，就会按照上述方式委托浏览器在屏幕上显示出来。不过，Web服务器可能还会返回其他一些类型的数据，如文字处理、幻灯片等应用程序的数据。这些数据无法由浏览器自行显示，这时浏览器会调用相应的程序。这些程序可以是浏览器的插件，也可以是独立的程序，无论如何，不同类型的数据对应不同的程序，这一对应关系是在浏览器中设置好的，只要按照这一对应关系调用相应的

① 扩展名为.html或.htm的文件中只包含HTML文档的数据。

程序，并将数据传递给它就可以了。然后，被调用的程序会负责显示相应的内容。

到这里，浏览器的显示操作就完成了，可以等待用户的下一个动作了。当用户点击网页中的链接，或者在网址栏中输入新的网址时，访问 Web 服务器的操作就又开始了。

小测验

本章的旅程告一段落，我们为大家准备了一些小测验题目，确认一下自己的成果吧。

问题

1. 在包收发操作中，服务器和客户端的区别是什么？
2. 当包到达服务器时，网卡会接收信号并通知 CPU，此时使用的机制叫什么？
3. Web 服务器可以同时处理多个客户端的访问，这里利用了操作系统的什么功能？
4. 当需要对 Web 服务器的访问进行限制的时候，可以根据哪些条件来判断是否允许访问？
5. Web 服务器返回的数据包括文档、图片等多种类型，客户端如何判断返回数据的不同类型？

Column
网络术语其实很简单

Gateway 是通往异世界的入口

探索队员： 网关（gateway）有各种不同的种类呢。

探索队长： 是啊。

队员： 话说，gateway 这个词到底是什么意思啊？

队长： 在问别人之前呢……

队员： 我知道，我现在就查字典。唔，字典上说是墙上的像门一样的入口。

队长： 没错，入口的里面是什么呢？

队员： 里面？是什么呢？天堂？

队长： 天堂……怎么说呢，不算对也不算错吧，总之，入口的里面是和外面不一样的世界。

队员： 噢……

队长： 通往异世界的入口就是 gateway 啦。

队员： 怎么感觉像问禅一样的……

队长： 哪有。要不我们还是举个例子吧。Web 服务器有一种叫 CGI（Common Gateway Interface，通用网关接口）的功能，这又是什么东西呢？

队员： Web 服务器运行 CGI 程序，然后 CGI 程序处理用户发来的数据，对吧？

队长： 从 Web 服务器的角度来看确实如此，但如果从客户端发送的消息的角度来看呢？

队员： 消息首先会到达 Web 服务器。

队长： 没错，然后呢？

队员： 然后……会进入 Web 服务器中，接着又会进入 CGI 程序中，是吗？

队长： 没错。准确来说，CGI 指的不是 CGI 程序本身，而是连接程序与 Web 服务器程序的接口规格。所以说，客户端发送的消息是通过 CGI 这样一个接口，从 Web 服务器程序进入 CGI 程序的。

队员： 原来如此。那么这个接口就是通往 CGI 程序这个异世界的入口咯？

队长： 看来你总算是有点长进了。除了 CGI 之外，还有其他一些通往异世界的入口，这些都叫 gateway。

队员：那么 TCP/IP 设置窗口中的默认网关也是一种 gateway 咯？

队长：这里的网关就是路由器的意思。

队员：那么为什么不叫默认路由器，而是叫默认网关呢？

队长：因为一开始并没有路由器这个词，那时候是管路由器叫网关的。从某种角度来说，路由器就是通向另一个网络的入口，所以默认网关的叫法也是那时候遗留下来的。

队员：这样啊，那后来为什么又出来路由器这个词了呢？

队长：以前，对于相当于路由器这样的东西，有很多不同的叫法。TCP/IP 中叫网关，TCP/IP 之外的路由器又有别的叫法。即便是现在，像交换机、集线器之类的叫法也不是很明确呢，是不是？

队员：这样下去可不行呢。

队长：我觉得也是。所以说，后来就统一叫路由器了。

队员：原来如此。那现在的交换机、集线器之类的名字能不能也统一一下呢？

队长：跟我说也没用啊。

队员：别这样嘛，帮帮忙吧！

小测验答案

1. 没有区别（参见【6.1.1】）
2. 中断（参见【6.1.2】）
3. 多任务和多线程（参见【6.2.3】）
4. (a) 客户端 IP 地址；(b) 客户端域名；(c) 用户名和密码（参见【6.3.3】）
5. 原则上根据响应消息的 Content-Type 头部字段的值来判断（参见【6.4.1】）

附录　网络包的旅程

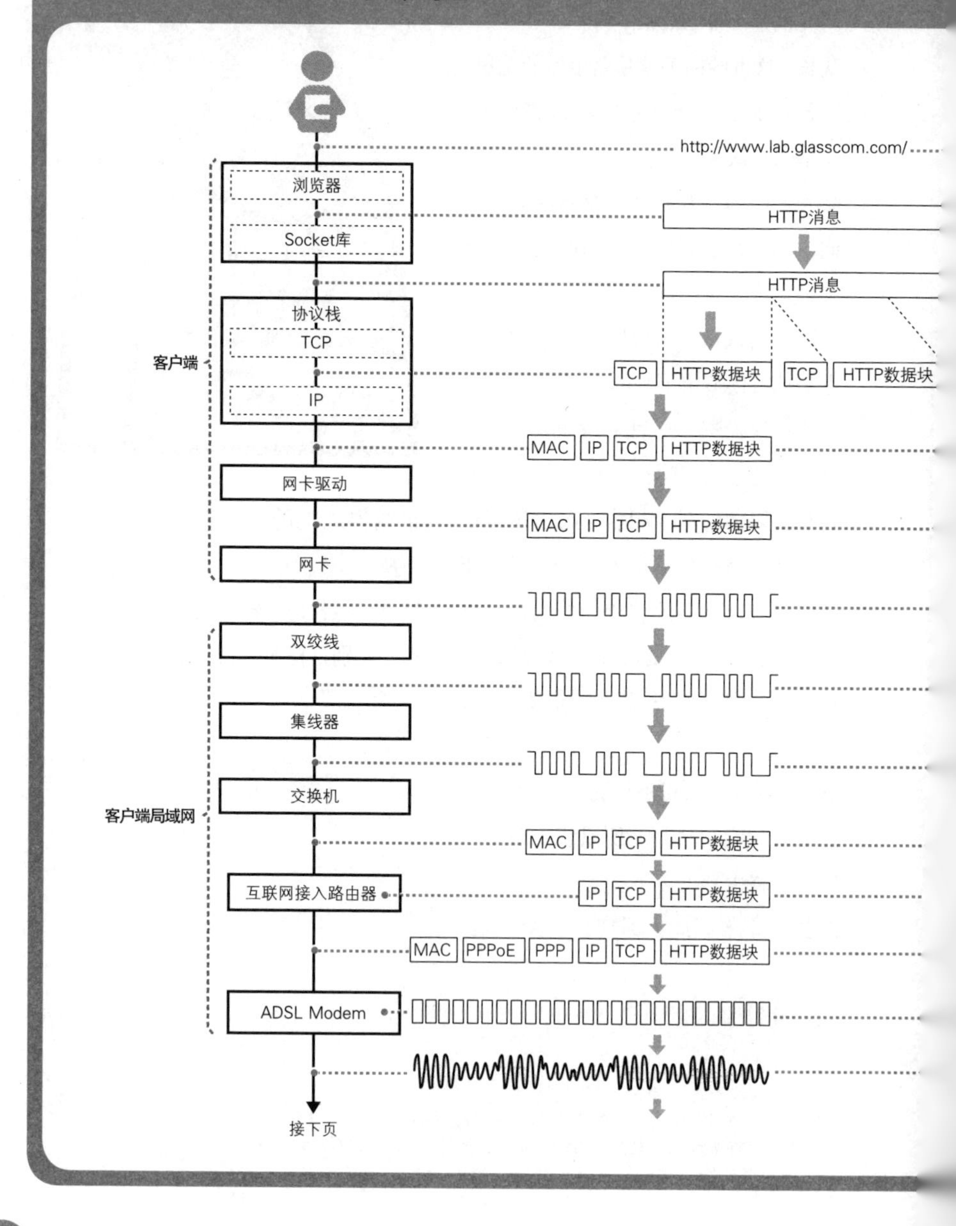

http://www.lab.glasscom.com/
浏览器
Socket库
HTTP消息
HTTP消息
协议栈
TCP
IP
客户端
TCP
HTTP数据块
TCP
HTTP数据块
MAC
IP
TCP
HTTP数据块
网卡驱动
MAC
IP
TCP
HTTP数据块
网卡
双绞线
集线器
交换机
客户端局域网
MAC
IP
TCP
HTTP数据块
互联网接入路由器
IP
TCP
HTTP数据块
MAC
PPPoE
PPP
IP
TCP
HTTP数据块
ADSL Modem
接下页

如图，计算机生成的网络包其内容是不变的，但在传输到 Web 服务器的过程中，其形态会发生变化。

接收方MAC地址	接收方IP地址	概览	对应章节
		首先，用户输入网址	第1章
		浏览器解析网址，生成HTTP消息并转交给Socket库	
		Socket库将收到的HTTP消息作为数据转交给协议栈	
		TCP按照网络包的长度对数据进行拆分，在每个包前面加上TCP头部并转交给IP	第2章
最近的路由器的MAC地址	Web服务器的IP地址	IP在TCP包前面加上IP头部，然后查询MAC地址并加上MAC头部，然后将包转交给网卡驱动	
最近的路由器的MAC地址	Web服务器的IP地址	网卡驱动收到IP发来的包，将其转交给网卡并发出发送指令	
		网卡检查以太网的可发送状态，将包转换成电信号通过双绞线发送出去	
		信号通过双绞线到达集线器	第3章
		集线器将信号广播到所有端口，这样信号便到达交换机	
最近的路由器的MAC地址	Web服务器的IP地址	交换机根据收到的包的接收方MAC地址查询自身的地址表找到输出端口，并将包转发到输出端口	
	Web服务器的IP地址	互联网接入路由器根据收到的包的接收方IP地址查询自身的路由表找到输出端口，并将包转发到输出端口	第4章
BAS的MAC地址	Web服务器的IP地址	互联网接入路由器输出到互联网的包带有PPPoE头部和PPP头部	
		ADSL Modem将收到的包拆分成ATM信元	
		ADSL Modem将拆分后的 ATM 信元转换成电信号通过电话线发送出去	

网络包的旅程（续）

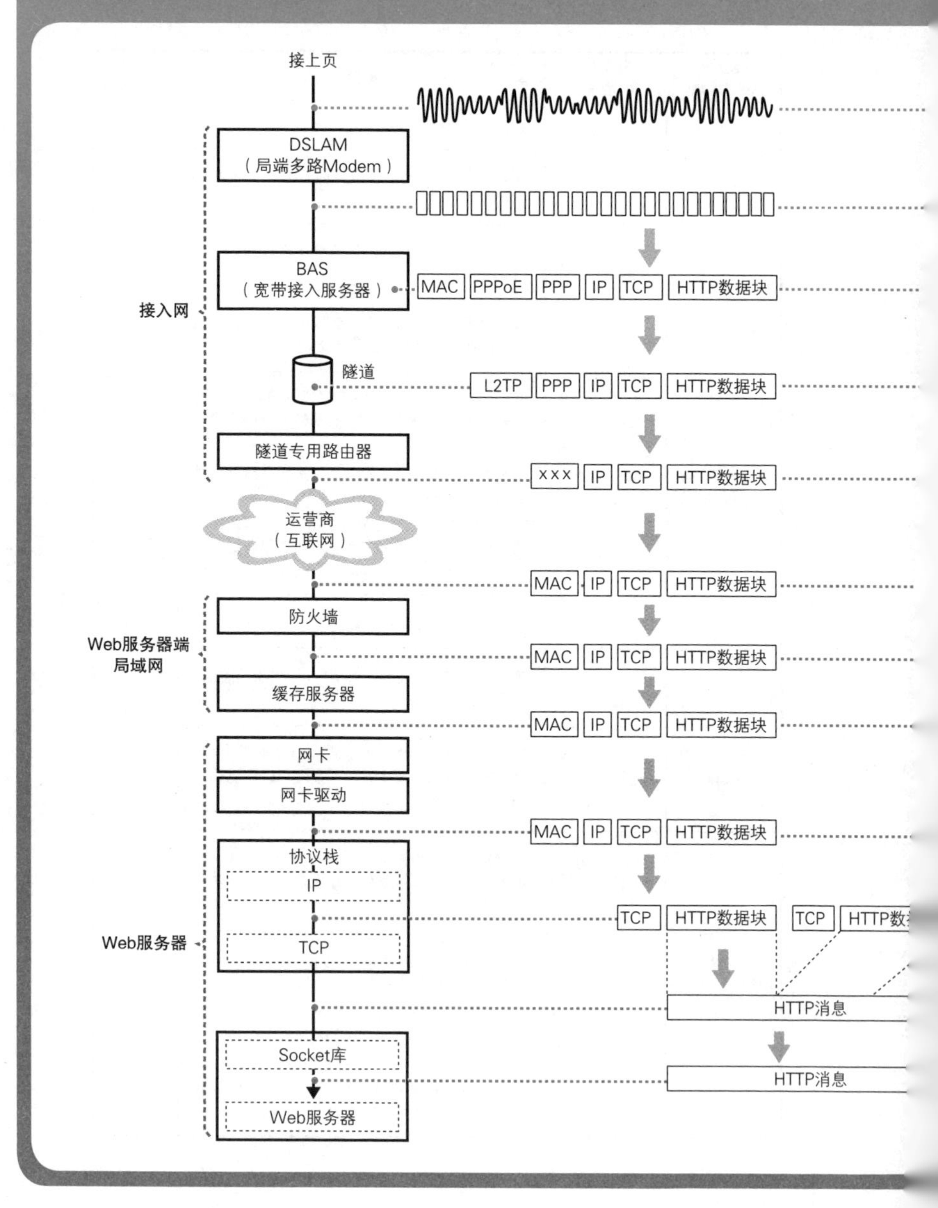

接上页
DSLAM
（局端多路Modem）
BAS
（宽带接入服务器）
MAC
PPPoE
PPP
IP
TCP
HTTP数据块
隧道
L2TP
隧道专用路由器
×××
运营商
（互联网）
防火墙
缓存服务器
网卡
网卡驱动
协议栈
IP
TCP
HTTP消息
Socket库
Web服务器
接入网
Web服务器端
局域网
Web服务器

接收方MAC地址	接收方IP地址	概览	对应章节
		ADSL Modem发送的信号经过电线杆上的电话线到达电话局的DSLAM（局端多路Modem）	第4章
		DSLAM将收到的电信号还原成ATM信元并发送给BAS	
	Web服务器的IP地址	BAS将ATM信元还原成网络包，根据接收方IP地址进行转发	
	Web服务器的IP地址	BAS转发的包被加上L2TP头部并通过隧道	
	Web服务器的IP地址	网络包到达位于隧道出口的隧道路由器，L2TP头部和PPP头部被丢弃，通过互联网流向Web服务器	
缓存服务器或者Web服务器的MAC地址	Web服务器的IP地址	服务器端的局域网中有防火墙，对进入的包进行检查，判断是否允许通过	第5章
缓存服务器或者Web服务器的MAC地址	Web服务器的IP地址	Web服务器前面如果有缓存服务器，会拦截通过防火墙的包。如果用户请求的页面已经缓存在服务器上，则代替服务器向用户返回页面数据	
Web服务器的MAC地址	Web服务器的IP地址	如果请求的页面没有被缓存，缓存服务器会将请求转发给Web服务器	
	Web服务器的IP地址	Web服务器收到包后，网卡和网卡驱动会接收这个包并转交给协议栈	第6章
		协议栈依次检查IP头部和TCP头部，如果没有问题则取出HTTP消息的数据块并进行组装	
		HTTP消息被恢复成原始形态，然后通过Socket库转交给Web服务器	
		Web服务器分析HTTP消息的内容，并根据请求内容将读取的数据返回给客户端	

后记

从输入网址到显示出网页内容，这个过程只有短短几秒的时间。然而，正如本书所讲，在这短短几秒的背后，离不开各种设备和软件的相互配合。我们在探险之旅中所涉猎的这些内容已经十分复杂了，但这还仅仅是网络世界的一小部分而已，还有很多内容我们无法一一讲解，如果深入挖掘其中一些细节也是难以穷尽的。网络的复杂度由此可见一斑。

不过，通过这段探索之旅，大家应该已经看到了网络的全貌，也了解了网络的基本设计思路。尽管我们没探索到的地方还有很多，但大家现在应该可以靠自己的力量去探索了。下一个探索的目标是什么，这取决于各位读者的兴趣在哪里了。

致谢

感谢在本书出版过程中提供帮助的各位，特别是欣然接受采访并提供了诸多重要信息的各位通信服务业人士，以及为本书第一版提供了帮助的日经 BP 社瀬川弘司先生、三轮芳久先生、高桥健太郎先生，为第 2 版提出宝贵意见的林哲史先生、藤川雅朗先生、中川宏美小姐，还有继第 1 版之后继续为第 2 版提供宝贵支持的高畠知子小姐。最后，本书第 2 版的出版离不开各位读者的喜爱，在此表示衷心感谢。

作者简介

户根 勤(Tsutomu Tone)

我叫户根勤，以前从事软件开发，后来有一天通过一个偶然的机会参与了局域网的构建工作。当时是 1985 年，那时候还没什么人知道以太网，不像现在可以到店里买好设备，让专业人士帮你搞定。那时，我们从几家不同的厂商搞了一些网线和网卡等设备，然后自己来搭建局域网。当时的那些设备都像测试版一样，但是经过各种尝试之后，总算是能够工作了。到这里为止还算好，但可能是因为软件实在是不成熟，大家对局域网还不熟悉，所以也没能提高工作效率，只能放着积灰了。不过，现在回忆起来，以当时的技术水平来说，做到这个程度已经很不容易了。这就是我与网络的第一次结缘。

后来，我就进入了网络行业，其中的细节就不多说了，主要是在外资网络设备厂商和国内网络集成商那里从事产品开发和技术咨询等工作。

在此期间，我在工作之余进行演讲和写作，又是一个偶然的机会，我于 1998 年离开公司，演讲和写作成了我的主业，一直持续到现在。

关于我的著作中的各种问题，都可以在我运营的论坛上提问。如果看完了书还有不明白的地方，欢迎来提问试试看，可能会获得一些有帮助的答案。

http://tonetsutomu.com/tone/

近年主要著作

- 《网络的设计思路》[①](户根勤著，欧姆社)
- 《专业网络设计、分析与管理》[②](户根勤著，日本实业出版社)

---

① 原书名为『ネットワークの考え方』，暂无中文版。——编者注

② 原书名为『プロフェッショナル・ネットワーク設計・分析・管理 徹底解説』，暂无中文版。——编者注

- 《网络术语大全》[1]（户根勤著，欧姆社）
- 《新手系统工程师的基础网络入门》[2]（户根勤等合著，日经 BP 社）
- 《搭建 Linux 互联网服务器基础教程》[3]（户根勤等合著，日经 BP 社）
- 《完全理解 TCP/IP 网络》[4]（户根勤著，日经 BP 社）

本书基于《日经 NETWORK》杂志 2002 年 4～9 月的连载专栏《网络是怎样连接的》第 1～6 回，经全面审校、补充和修订而成。

① 原书名为『ネットワーク用語事典』，暂无中文版。——编者注

② 原书名为『新人 SE のための基礎からわかるネットワーク入門』，暂无中文版。——编者注

③ 原书名为『基礎から身に付ける Linux インターネットサーバ構築術』，暂无中文版。——编者注

④ 原书名为『完全理解 TCP/IP ネットワーク』，暂无中文版。——编者注